发现科学百科全书

动物

②

Discovery Science Encyclopedia

Animals

美国世界图书公司 编

何鑫 程翊欣 译

上海辞书出版社

上海市版权局著作权合同登记章：图字 **09-2018-341**

Animals (Vol I and Vol II)

WORLD BOOK and GLOBE DEVICE are registered trademarks or trademarks of World Book, Inc.

Chinese edition copyright: 2021 SHANGHAI LEXICOGRAPHICAL PUBLISHING HOUSE All rights reserved. This edition arranged with WORLD BOOK, INC.

麻雀

Sparrow

麻雀是一类在世界上大部分地区都有分布的小鸟。分布于北美洲和南美洲的大多数麻雀体长为15厘米，身体呈褐色。许多麻雀都能发出美妙的鸣声。

麻雀主要以种子为食。它们会用脚抓取食物。许多种类的麻雀会在地上、草丛中或矮树丛中筑巢。它们会用草、植物纤维和小树枝筑巢。麻雀蛋大约会在2周内孵化，幼鸟会在出生8~10天后离巢。麻雀会把昆虫喂给幼鸟。雄性和雌性麻雀都会照顾幼鸟。

延伸阅读：鸟。

麻雀

马

Horse

马是与人类一起生活和工作了数千年的大型动物。人们曾经依靠马匹旅行。马也曾是劳动力的重要来源，农民用马拉货车、犁和其他工具。

时至今日，马仍然很有用。有些牧场主会用马把牛圈起来。人们也骑马娱乐和运动，观看赛马、马戏团表演、牛仔竞技表演以及马展。

马

阿米什人仍在使用马车作为交通工具。

数百万年前，马的祖先还没有小狗大，如今，已有150多种不同大小的马。最高、最强壮、最重的马体高可达173厘米，体重能超过910千克。最小的马即使完全长大，也只有76厘米高。

马有多种不同颜色，包括白色、金色、红色、黑色或棕色。有些马身上有大斑点，还有一些马的额头、胸部或脚上有白色的小斑点。大多数马能活20～30年。

延伸阅读： 驴；哺乳动物；骡；野马；普氏野马；有蹄类；斑马。

马的体高范围（以马背部鬐甲的最高部分计算）从不到0.9米到1.5米以上。

马蜂

Hornet

马蜂是一类与蜜蜂和黄蜂亲缘关系紧密的昆虫。它们身形纤细、飞行迅速。

马蜂以它们的大型纸状巢而闻名。马蜂巢可能有篮球那么大，通常悬挂在树上和建筑物上，是马蜂用从植物中寻觅到的碎木屑和纤维筑成的。蜂后在春天开始筑巢，随后会产卵，孵化后的马蜂称为工蜂，这些工蜂会帮助喂养其他马蜂幼体，并把马蜂巢修筑得更大。

如果有人或有东西干扰了它们，马蜂便以刺来攻击。对人而言，马蜂的蜇伤很痛，但通常不会造成严重的伤害。马蜂会为幼体捕捉蝇类和其他昆虫作为食物。

延伸阅读： 蜜蜂；昆虫；巢；黄蜂。

马蜂以它们用碎木屑和植物纤维制作的圆形大巢而闻名。

马蝇

Horse fly

马蝇属于大型蝇类，它们栖息于靠近旷野和森林的水域环境。雌马蝇成虫以血液为食，它们会叮咬马、牛和人类；雄马蝇成虫则在花朵上觅食。

雌马蝇会在水面或湿土上的植物上产卵。它们的幼虫会在泥中生长，以蠕虫和其他小型动物为食。

雄马蝇具有很大的眼睛。两只眼睛甚至会在头顶相互接触；雌马蝇的眼睛则没有那么大，两眼不会相互接触。

一些雌马蝇携带病原体，它们的叮咬能够在动物间传播疾病。有些人会用喷雾剂来杀死马蝇。

延伸阅读： 苍蝇；昆虫；变态发育。

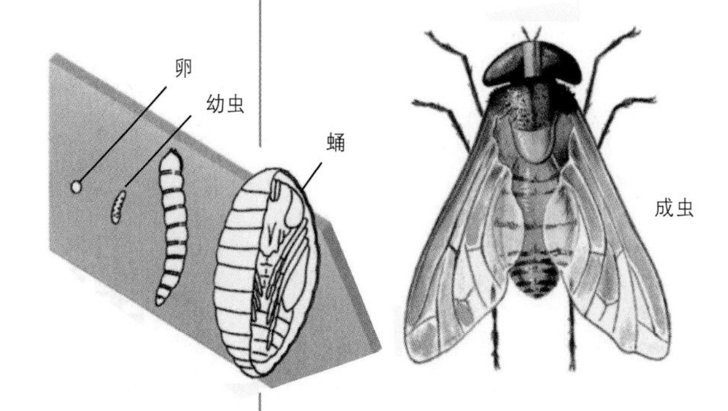

马蝇的发育有三个阶段。第一个阶段是觅食阶段，孵化出的幼虫会不断进食并持续长大。当它们停止进食时，会变得不活跃，并形成一个叫作蛹的硬壳。在蛹内，它们会成长为成虫，并从壳里飞出来。

蚂蚁

Ant

蚂蚁是一类集群生活的昆虫，它们的群体称为蚁群。世界上现存数千种蚂蚁。

与其他昆虫一样，蚂蚁有六条腿，身体分为三部分。蚂蚁也长着触角，触角具有触摸、品尝和聆听的功能。大多数种类的蚂蚁体色为黑色、棕色或红棕色。不过蚂蚁的体型也很多变，有些小到肉眼几乎看不清，有些能达到2.5厘米长。

大多数蚂蚁以其他昆虫等小型动物为食，有些蚂蚁会取食植物或其他食物。蚂蚁通过蜇或咬来保护自己。就体型而言，蚂蚁十分强壮。一只蚂蚁能够扛起自身重量30倍的物体。

地球大部分的陆地上都生活着蚂蚁。它们在许多

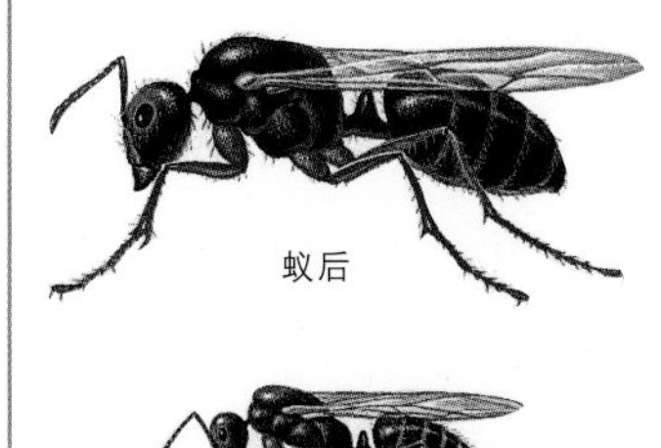

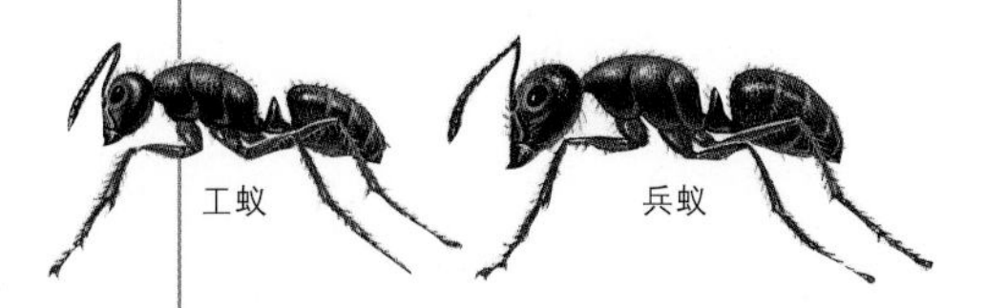

不同的地方建造家园，大多数蚂蚁居住在土壤洞穴中，还有些居住在树上，或是建造临时住所。

蚂蚁是群居昆虫，集群生活。蚂蚁与蜜蜂和黄蜂的亲缘关系很近，后两者也是群居昆虫。群体中的蚂蚁主要有三种类型，分别是工蚁、蚁后和雄蚁。

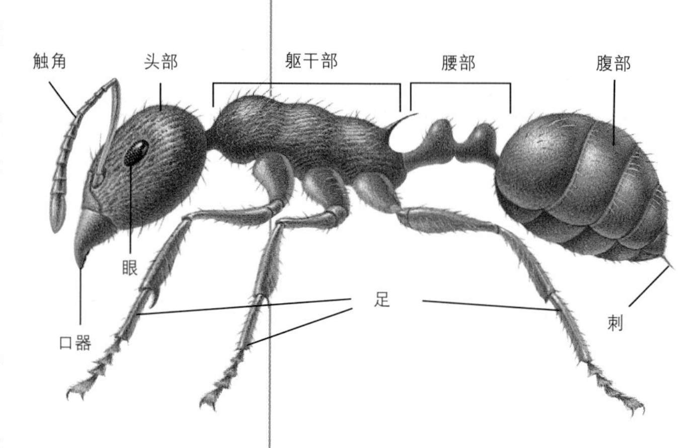

一个蚁群中的大多数成员都是工蚁，并且所有的工蚁都是雌性。工蚁建造巢穴、搜寻食物、哺育幼蚁、保卫家园。蚁后是唯一产卵的雌蚁。雄蚁的唯一工作就是和蚁后进行交配。

不同种类的蚂蚁生活方式不同。行军蚁通常会派出由成千上万甚至数以百万计蚂蚁组成的大型突击队，吃掉所有它们能捕获的小动物。使用奴隶的蚂蚁会袭击其他蚂蚁的巢穴，并偷走幼蚁作为奴隶。有些蚂蚁能从蚜虫那里获得一种叫作蜜露的甜液体作为食物。切叶蚁采集植物，用以培养真菌。真菌是有助于分解动植物残骸的生物，生长在植物上，切叶蚁取食真菌。收获蚁收集种子并把它们储存在巢中的特殊房间里，作为整个蚁群的食物储备。

蚂蚁是大自然重要的组成部分。蚂蚁取食大量昆虫，避免其造成过大的危害。蚂蚁自身也是鸟类、蛙类、蜥蜴和其他许多动物的食物。在地下挖掘巢穴的蚂蚁还能帮助破土、松土以及混合土壤，使土壤有助于植物更好地生长。

延伸阅读： 蚜虫；行军蚁；昆虫。

鳗鱼

Eel

鳗鱼是一类身体黏糊糊并呈蛇形的鱼类。鳗鱼的身体长而柔软，它们又大又肥的尾巴能在水中摆动增加前进的动力。鳗鱼具有用来捕捉鱼类和其他猎物的锋利牙齿。世界上现存的鳗鱼有数百种。

咸水鳗鱼一生都在海洋中度过，这些鳗鱼包括海鳗、康吉鳗、蛇鳗和锯犁鳗。淡水鳗鱼一生中有一部分时间在海洋中度过，还有一部分时间在湖泊和河流中度过，它们包括美洲鳗鱼和欧洲鳗鱼。美洲鳗鱼分布于北美洲的大西洋沿岸，欧洲鳗鱼分布于欧洲的大西洋沿岸。

美洲和欧洲的鳗鱼会在海洋中产卵。卵会孵化成幼鱼，幼鱼被水流带到欧洲或北美洲沿岸。雄鳗鱼仍然会生活在沿海水域，雌鳗鱼则游进河流和湖泊，在那里它们成长为成鱼。雌鱼的体长可以达到1.2米，雄鱼的体长则较小。每年秋天，大量的鳗鱼会聚集到开阔的海域，在位于大西洋加勒比群岛东北部的马尾藻海繁殖。

延伸阅读： 电鳗；鱼。

电鳗能产生电击。

锯犁鳗分布于深海中。

螨虫

Mite

螨虫是一类体型微小的八足动物。螨虫既不是昆虫也不是蜘蛛，而是属于蛛形动物。蛛形动物包括蝎子、蜘蛛和蜱虫。

世界上现存的螨虫有数千种。有些螨虫在陆地上生活，有些则在水中生活。有些螨虫在没有显微镜的条件下很难看见。即使是体型最大的螨虫，体长也只有约4毫米。

一只成年螨虫具有能够切割和吮吸的口器。在许多种类螨虫的生活史中，至少有一部分时间是以寄生状态生活的。这些营寄生状态生活的螨虫以动物的血液或植物的汁液为食。许多螨虫会以羽毛或皮肤为食。螨虫也会以人的皮肤为食，这些螨虫可能会引起皮肤发炎和过敏反应。

延伸阅读： 蛛形动物；寄生虫；蜱虫。

显微镜下的螨虫。螨虫是一类体型微小的八足动物，最大的螨虫体长也只有4毫米。

曼巴蛇

Mamba

曼巴蛇是一类分布于非洲中部和南部的毒蛇，与眼镜蛇具有紧密亲缘关系。

曼巴蛇的体长通常约为1.8~2.4米，但是有的体长能达到4.3米。曼巴蛇是速度最快的蛇类之一。它们能产生致命的毒液。

黑曼巴蛇在幼年时为绿色，成年后则为深褐色。而绿曼巴蛇则一生都为绿色。

延伸阅读： 眼镜蛇；有毒动物；爬行动物；蛇。

曼巴蛇除了能在地面上快速移动外，还能快速爬升。图中所示的这条曼巴蛇正在高高的树枝间爬行。

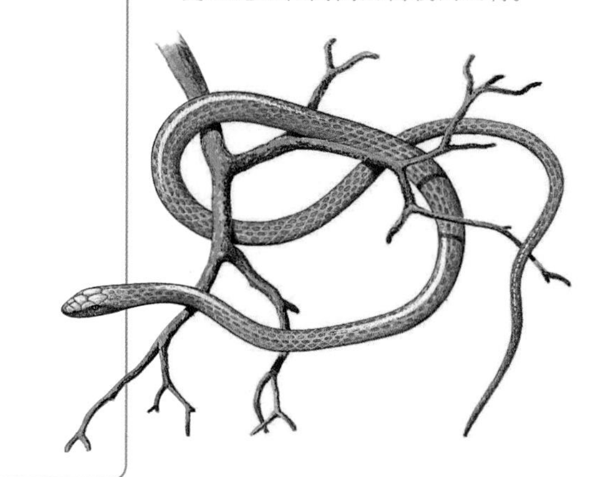

盲鳗

Hagfish

盲鳗是一类看起来有点像鳗鱼的鱼类。与大多数鱼类不同，盲鳗没有下颌。盲鳗有许多不同种类，有些盲鳗长达80厘米。大多数盲鳗栖息于海底，集群生活在一起。

盲鳗有一张圆圆的嘴巴，周围还有六个短须，这种短须是一种肉质的、须状的衍生物。盲鳗的舌头上布满锋利的牙齿，盲鳗会用牙齿在死亡的鱼体或濒临死亡的鱼身上开挖，然后吃掉它们。盲鳗的眼睛很小，但它们有良好的嗅觉。

盲鳗能产生大量黏液。当受到惊扰时，它们便会产生足够多的黏液，一分钟就能装满一桶。

盲鳗能把自己打结，它们也可以很轻易地解开这个结。盲鳗会利用这种扭曲打结的方式帮助它们撕下小块的肉。

延伸阅读： 鳗鱼；鱼。

盲鳗全身都是软骨，没有下颌。它们只能在咸水环境中生存。

盲蛛

daddy longlegs

盲蛛是一类具有长腿、像蜘蛛一样的小型动物。许多人认为盲蛛是昆虫或蜘蛛，但它们不是昆虫，昆虫具有六条腿。盲蛛也不是蜘蛛，蜘蛛长着尖牙，结蜘蛛网，盲蛛没有尖牙，也不织网。不过盲蛛和蜘蛛具有亲缘关系，盲蛛也属于蛛形动物，蛛形动物有八条腿。

盲蛛的腿通常是弯曲的，它们的身体会紧贴地面。它们捕捉小昆虫为食，还会取食死去的昆虫和植物。

当受到威胁时，不少种类的盲蛛会散发出难闻的气味。它们不咬人。一些盲蛛会聚集在灌木丛中，并一起摇动整个灌木丛，以吓跑攻击者。

盲蛛是有八条腿的蛛形动物。

延伸阅读： 蛛形动物；蜘蛛。

蟒

Python

蟒是一类大型蛇类，分布于东南亚、印度、非洲和澳大利亚等地。蟒喜欢具有强降雨的温暖森林。几乎所有的蟒都会游泳和爬树。有些蟒是世界上最大的蛇之一。东南亚的网纹蟒和非洲岩蟒的体长能达到9米，南美洲的巨蚺也能达到这一长度。澳大利亚的紫晶蟒体长约为6米，印度和东南亚的亚洲岩蟒也能达到这个长度。

地毯蟒

巨蟒通常会捕食与家猫体型差不多大的动物，但它们有时也会杀死较大的动物，例如重约45千克的野猪。蟒通过缠绕使猎物窒息从而杀死猎物。动物窒息而死后，蟒会将其整个吞下。一条巨蟒可能需要花费几天时间才能消化一个大型动物。

和大多数蛇一样，蟒也是从卵中孵化出来的。蟒具有在爬行动物中很少见的守护自己巢穴的特点。雌蟒会在巢中产卵，然后缠绕在巢的周围直到幼蟒孵化出来。

延伸阅读： 爬行动物；蛇。

猫

Cat

猫是最受人们欢迎的宠物之一。猫属于小型哺乳动物，它们浑身被毛，在幼年时依靠母亲的乳汁成长。猫有时也被称为家猫，它们起源于亚洲和非洲的野生猫科动物。猫最早选择栖息于人类周围可能是为了捕捉啮齿动物，这些啮齿动物往往被人类储藏的粮食所吸引。大约5000年前，人类就开始饲养猫作为宠物了。美洲豹、狮和虎都属于猫科动物。

家猫是分布于亚洲和非洲的野猫的后代。人类把猫当作宠物已经有5000年的历史了。

成年家猫的肩高约为20~25厘米，体重为2.7~7千克。家猫骨骼和肌肉的组合赋予了它极大的灵活性和敏捷性。猫的头几乎可以接触到身体的每一部分，这使得猫能够用自己的舌头清洁全身。

猫的平衡感很强，能够很轻易地沿着狭窄的篱笆行走。当猫从高处跌落的时候，它能够扭曲自己的身体，使自己几乎总是以脚先着地。同时，猫还具有很强的跳跃能力，它们的奔跑速度最快可达48千米/时。

猫的毛皮颜色和样式各异。大多数猫具有短而柔软的绒毛以及覆盖在外层的更长刚毛。

猫具有比人更好的嗅觉和听觉。猫的眼睛后部有像镜子一样的结构，这能帮助它们在昏暗的光线条件下也看得清。猫也可以在漆黑的环境中，利用自己长长的胡须感触物体，四处走动。猫能够感知到微小的动静，这有助于它们发现鼠类和其他小型动物。

猫的脚趾末端是钩状尖爪，这些爪子通常缩在皮肤下面。当需要时，爪子便会在特殊肌肉的控制下弹出，猫会用它们的爪子防御以及捕捉小型动物。

家猫有许多品种。某些品种的毛很短，例如暹罗猫。有些品种毛则很长，例如波斯猫。而杂交品种则是不同品种的混合产物。

雌猫一胎通常生3～5只小猫。大多数猫能够存活12～15年，有些个体的寿命甚至可超过20年。

延伸阅读： 育种；哺乳动物；宠物；野猫。

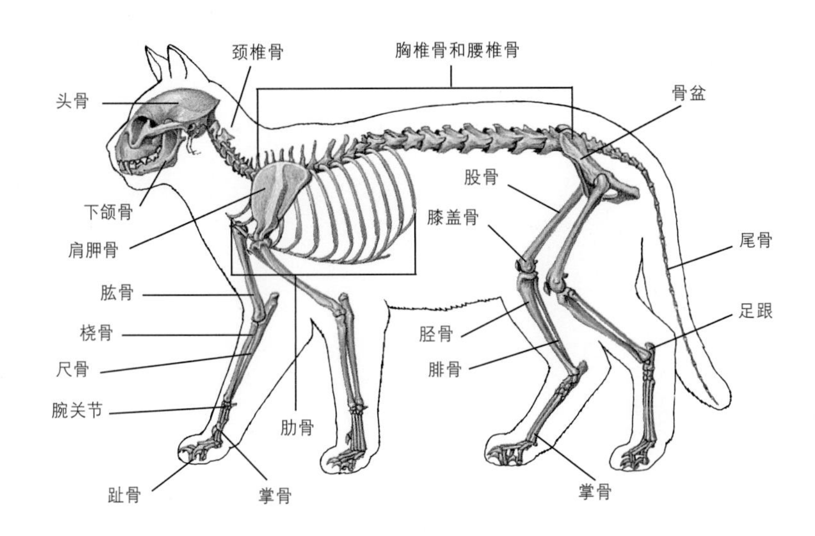

猫全身大约有250块骨头，这些骨头支撑和保护着身体的组织和器官。骨头确切数目不同，是因为不同猫的尾巴不同。

猫头鹰

Owl

猫头鹰是一类通常在夜晚觅食的鸟类。猫头鹰对农民有益，因为它们会吃老鼠和其他危害农作物的动物。

世界上现存的猫头鹰有很多种。最小的猫头鹰是娇鸺鹠，体长约为15厘米。最大的是乌林鸮，体长为76厘米，翼展可达152厘米。

猫头鹰具有一个又大又宽的脑袋，眼睛周围的羽毛呈放射状，形成"面盘"。这种"面盘"能够将声音反射进猫头鹰

美洲雕鸮

的耳朵。与大多数鸟类的眼睛不同，猫头鹰的眼睛很大且正视前方。因为猫头鹰不能移动自己的眼睛，所以它们必须通过转动自己的头部来观察移动的物体。据说猫头鹰的眼睛使它们看起来很聪明，所以猫头鹰一直是智慧的象征。

猫头鹰具有短小而浑厚的身形，还具有强壮的钩状喙和强有力的爪子。它们的羽毛又长又软，通常为黑色，所以它们能够融入周围的环境。

猫头鹰主要以小型哺乳动物为食。体型较大的猫头鹰会捕食兔子和松鼠，体型较小的猫头鹰则捕食老鼠和鼩鼱。如果食物足够小，猫头鹰会把它整个吞下去。之后它们会吐出由无法消化的骨头和皮毛组成的球，这些球叫作猫头鹰的食团。在猫头鹰的巢和栖息点下都会有猫头鹰的食团。

猫头鹰所筑的巢很简单。大多数雌鸟一次产3～4枚卵，但有些种类只会产1枚卵。有些猫头鹰则可产下多达12枚卵。雄鸟和雌鸟都会照顾自己的卵和幼鸟。

延伸阅读： 鸟；猛禽；横斑腹小鸮。

世界上现存约145种猫头鹰。猫头鹰遍布全世界，包括大洋中的岛屿上。

毛虫

Caterpillar

毛虫的外形与蠕虫类似，但是它们能够用腿移动。

毛虫是一类会变成蝴蝶或蛾的蠕虫状昆虫。毛虫是蝴蝶和蛾生命周期中的第二阶段，卵是它们生命周期中的第一阶段，毛虫从卵中孵化而来。毛虫会把大部分时间都花在进食上。它们与蠕虫有些相似，但两者也有区别，毛虫有腿，而蠕虫没有，这是两者最明显的差异。

毛虫会花费数周时间不断取食和成长。它们的皮肤并不会长大，所以毛虫必须蜕皮，抛弃旧皮肤而长出新皮肤。每隔几天，毛虫就会再次蜕皮，它们会重复蜕皮过程4～5次之后，才会进入它们生命周期的第三阶段。在这一阶段，毛虫会最终转变为成年的蝴蝶或蛾，成年期便是它们生命周期的最后阶段。

大多数毛虫是绿色的或棕色的。有些毛虫的皮肤光滑，有些则被毛覆盖。有些毛虫的体色便于它们隐藏，还有一些毛虫则体色艳丽，这类颜色能够警告其他动物自己的味道并不好。

人们认为有些毛虫是害虫，因为它们会损坏农作物。但是毛虫是大自然的重要组成部分，它们是许多不同种类动物的食物。

延伸阅读： 蝴蝶；茧；蝶蛹；昆虫；幼体；变态发育；蛾；蛹。

舞毒蛾的幼虫是一种森林害虫，它们以树叶为食。

成年舞毒蛾不进食。左图所示的这只蛾是雌性。

毛丝鼠

Chinchilla

毛丝鼠是一类以柔软厚实的毛皮而闻名的啮齿动物。它们身形矮胖，包括毛茸茸的尾巴在内，体长约为28～46厘米。毛丝鼠的雌性体型比雄性大。这类动物厚实发亮的蓝灰色皮毛长度超过2.5厘米，人们早就利用毛丝鼠的毛皮制作柔软、奢华的外套。人们也把毛丝鼠当作宠物饲养。

毛丝鼠

毛丝鼠有两种类型：长尾毛丝鼠和短尾毛丝鼠。两者都是原产于南美洲安第斯山脉雪线以上的物种。它们的厚实皮毛有助于在寒冷的岩石环境中保持体温，长而强壮的后腿使它们能在岩石表面轻松地奔跑和跳跃。毛丝鼠成群生活。它们白天在巢穴中睡觉，晚上出来寻找诸如草、鳞茎和根这样的食物。

毛丝鼠在9月至12月龄时开始繁殖。雌性通常一年分娩2次，每次产下2～3个幼崽。在野外，毛丝鼠可以活大约10年。被当作宠物饲养的毛丝鼠能够活到20岁。

到20世纪40年代，人类几乎已经杀死了所有野生毛丝鼠，因此，人们开始人工繁育毛丝鼠。野生毛丝鼠如今受法律保护，不过在野外仍然非常罕见。

延伸阅读： 濒危物种；哺乳动物；宠物；啮齿动物。

牦牛

Yak

牦牛是分布于亚洲部分地区的一种野牛，栖息于又冷又干的高原地区。

牦牛是美洲野牛的近亲。牦牛主要有两种类型：野牦牛和家牦牛。野牦牛是一种披着黑色或棕黑色毛的大型动物。家牦牛比野牦牛体型小，并且更温顺。家牦牛通常为白色的或带有斑点，而不是全身黑色。根据它们所发出的叫声，人们常常称它们为“咕噜牛”。虽然牦牛体型又大又笨重，但它们可以在开阔地带快速移动。

家牦牛对亚洲一些地区的人们很重要。它们被用来运送旅行者、信件，以及其他重物。此外，人们还会喝家牦牛的奶、吃牦牛肉。人们还会用家牦牛的毛制作布料、垫子和帐篷的覆盖物。

延伸阅读： 哺乳动物；牛。

野牦牛覆盖着黑色或棕黑色的毛，它们的毛长而柔滑，分布在肩膀、身体两侧和尾巴上。

美国爱斯基摩犬

American Eskimo dog

美国爱斯基摩犬是一个小型犬种，以其毛茸茸的白色毛皮著称。20世纪初，美国的繁育者培育了这个犬种。它们是欧洲斯皮茨犬的后代，通常简称爱斯基摩犬。美国爱斯基摩犬有三种不同的类型——标准型、迷你型和玩具型。标准型的身高为38～48厘米；迷你型的身高为30～38厘米；玩具型则为23～30厘米。

美国爱斯基摩犬聪明、机警、精力充沛。它们曾经在许多美国的马戏团表演。如今它们主要作为宠物饲养。

延伸阅读： 狗；哺乳动物；西伯利亚哈士奇犬。

美洲豹

Jaguar

美洲豹是北美洲和南美洲体型最大、最强壮的野生猫科动物。它们分布于美国西南部、墨西哥、中美洲和南美洲。

包括尾巴在内，美洲豹的体长可达2.6米，它们的体重为40～140千克。生活在南美洲的美洲豹比那些生活在中美洲的美洲豹体型大不少。美洲豹的毛皮为金色或棕黄色，上面有许多斑点。美洲豹会栖息在森林、草地以及灌木丛地带。它们能够捕猎包括鹿、鱼、龟在内的多种不同动物。

雌美洲豹一胎会产下2~4只幼崽。幼崽出生时的体重约为0.9千克，它们会跟着母亲一起捕猎两年时间。美洲豹在许多地区已经变得稀有。栖息的森林受到破坏，使它们的生存受到威胁。牧场主也会杀死美洲豹，以保护他们的牲畜。美洲豹在它们生活的大部分国家都受到法律的保护。

延伸阅读： 猫；濒危物种；豹。

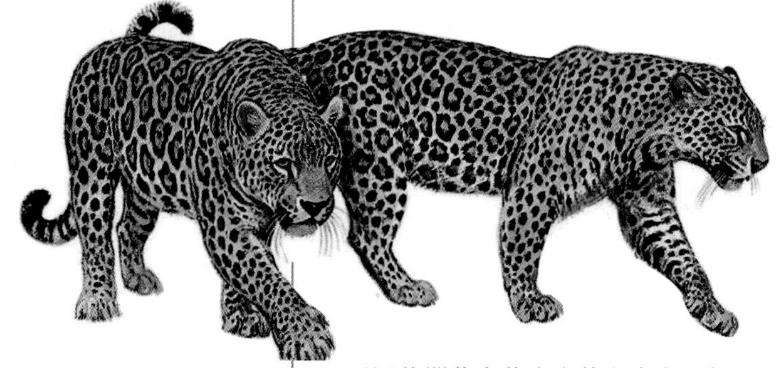

不同美洲豹个体身上的斑点各不相同，其中许多斑点呈现黑色，还有一些斑点则为浅色，但斑点的周围和中心为黑色。

美洲旱獭

Woodchuck

美洲旱獭也叫土拨鼠，是一类松鼠科动物，分布于加拿大和美国的东部和中西部地区。

现存的美洲旱獭有好几种。包括浓密的尾巴在内，加拿大和美国东部的美洲旱獭体长约为60厘米。它们的脑袋又宽又肥，身体上部则具有灰褐色的毛皮，身体下部则呈棕黄色。

美洲旱獭以禾本科植物、苜蓿等植物为食。它们会在地下挖掘洞穴。美洲旱獭会在冬季冬眠。

传说中，如果美洲旱獭在2月2日看到自己的影子，那么冬季就还将持续6周时间。如果看不到自己的影子，那么春天很快就会到来。也是因为这个原因，在美国，2月2日被称为土拨鼠日。

延伸阅读： 哺乳动物；冬眠；松鼠。

美洲旱獭也叫土拨鼠。成年美洲旱獭会在地下挖掘洞穴。

美洲鹤

Whooping crane

美洲鹤是北美洲最稀有的鸟类之一，叫声响亮。美洲鹤是北美洲最高的鸟类，体高约为1.5米，腿长颈长。成鸟全身为白色，翅膀为黑色，头上则有一块裸露的红色皮肤。1岁以下的美洲鹤全身为铁锈色。

野生美洲鹤在加拿大西北部地区的伍德布法罗国家公园的沼泽区域产蛋。通常雌鸟会一次产两枚蛋，但只有一只雏鸟能够存活。美洲鹤会飞往美国得克萨斯州的阿兰萨斯国家野生动物保护区越冬。

美洲鹤曾经在美国路易斯安那州和加拿大之间的区域繁殖。19世纪，随着许多人类来到这个地区居住，美洲鹤逐渐走向灭绝。到了1941年，只剩下约20只美洲鹤。如今，人们用法律保护美洲鹤。科学家还从一些鸟巢中取出了鸟蛋，然后把这些雏鸟养大。科学家把这些人工繁育的美洲鹤放归野外，使它们形成新的自然种群。

延伸阅读： 鸟；鹤；濒危物种。

美洲鹤是北美洲最高的鸟，体高约为1.5米。

美洲鹫

Vulture

美洲鹫是一类以动物尸体为食的大型鸟类。其体色有棕色、黑色或白色。大多数美洲鹫的头部和颈部没有羽毛。它们具有很好的视力，能够长时间在高空飞翔。所有的美洲鹫都具有钩状的喙。

王鹫是其中色彩最丰富的一种，头上长着橙色的、起皱的皮肤。最大的美洲鹫是安第斯神鹫，翼展约为3米，体长可达140厘米。

美洲鹫经常群居，会在悬崖下、原木上和洞穴里筑巢。雌雄双方会共同哺育雏鸟。

延伸阅读： 鸟；猛禽；鹫；神鹫。

黑头美洲鹫和红头美洲鹫遍布南美洲和北美洲。

美洲狮

Mountain lion

美洲狮是分布于北美洲和南美洲的大型野生猫科动物，在墨西哥大部分地区、中美洲和南美洲都比较常见。它们曾经分布于美国的大部分地区和加拿大的南部，但是这些地区的大部分美洲狮已经被人类捕杀殆尽。如今，美洲狮仍然分布在加拿大和美国的部分地区，其中尤其以西部地区更多。

美洲狮的体色通常为棕黄色。有些个体体色会呈灰色，甚至略带红色。它们主要在晚上活动。美洲狮主要捕食各种鹿类以及驼鹿。美洲狮一次会产下1~5只幼崽。它们会照顾幼崽大约两年，教会它们如何觅食。美洲狮会攻击甚至杀害人类，但这种攻击行为极为罕见，大多数美洲狮都会避免与人类接触。

延伸阅读：猫；哺乳动物。

美洲狮

美洲鸵

Rhea

美洲鸵是一类分布于南美洲的不会飞的大型鸟类。它们看起来就像小型的非洲鸵鸟。不过，美洲鸵的脚上有三个脚趾，非洲鸵鸟的脚上则有两个脚趾。美洲鸵还具有更大的翅膀，并且在颈部和头部还具有更多羽毛。美洲鸵身高约为1.5米，体重约为23千克。

美洲鸵分布于阿根廷、巴西南部、巴拉圭和乌拉圭的平原上。它们通常以5~30只的规模集群生活，栖息于灌木丛覆盖的水域附近，在那里它们可以洗澡和游泳。美洲鸵以昆虫、树叶和树根为食。

美洲鸵具有与众不同的筑巢习惯。雄鸟会在地上挖一个浅洞，并在洞里铺上干草。随后，它会把几只雌

美洲鸵是一类长得像小型鸵鸟的不会飞的鸟类，分布在南美洲的草原上。

鸟带到自己的巢里。每只雌鸟都会在巢里产下一枚蛋。这个过程会重复好几次，一个巢里可能会有30枚蛋。然后雄鸟会孵蛋并照顾幼鸟。

延伸阅读： 鸟；鸵鸟。

门

Phylum

门是科学家用来对所有生物进行分类的阶元之一。分类的最大阶元称为界，每个界被分为几个门。同一门的成员比同一界的成员亲缘关系更紧密。门能够被进一步划分为纲。同一纲的成员比同一门的成员亲缘关系更紧密。

由于具有共同祖先，所以同一门的所有生物都有某些共同的基本特征。例如，在动物界里，有脊椎骨的动物被归入脊索动物门。两栖类、鸟类、鱼类、哺乳类和爬行类都属于脊索动物，因为它们都具有脊椎骨。

动物界中最大的门是节肢动物门，它由100多万种节肢动物组成。节肢动物是一类具有分节的附肢和外骨骼的动物，包括昆虫、蜘蛛、蜱虫、蟹类、龙虾、蜈蚣和马陆。

延伸阅读： 纲；科学分类法；界。

脊索动物门是组成动物界的30多个门之一，包括两栖类、鸟类、鱼类、哺乳类和爬行类，这些动物都有脊椎骨。

猛犸象

Mammoth

猛犸象是一类与大象具有紧密亲缘关系的动物。在距今约1万年前，猛犸象在大部分地区已经灭绝。猛犸象是体型巨大的兽类，有些猛犸象的肩高超过4.3米。猛犸象具有长约4米的大象牙。象牙从它们的上颚向下弯曲，然后再向上弯曲，并在躯干前交叉。一些猛犸象具有用来保暖的长毛，它们被称为真猛犸象。

猛犸象分布于亚洲、欧洲和北美洲。人们在西伯利亚的冰层中发现了猛犸象的尸体。已知最古老的猛犸象骨骼可以追溯到距今400万年前的非洲。一群栖息在岛屿上的猛犸象可能直到距今4000年前才灭绝。

延伸阅读：象；哺乳动物；乳齿象；古生物学；史前动物。

真猛犸象是一种体型巨大的动物，它们有着长而弯曲的象牙。真猛犸象如今已经灭绝。

猛禽

Bird of prey

猛禽是一类捕捉其他动物为食的大型鸟类。世界上现存数百种猛禽，其中包括雕、隼、鹰、猫头鹰以及兀鹫。

猛禽以各种各样的动物为食。有些种类主要捕食兔子和蛇等小型动物，有些主要吃鱼，有些猛禽能够在半空中捉住其他小鸟，而兀鹫这样的鸟类则通常以动物尸体为食。

大多数猛禽具有强有力的翅膀、锋利的喙和强壮的足和利爪，这些特征有助于它们攻击其他动物。猛禽通常是优雅而强壮的飞行者。隼类是地球上运动速度最快的动物，游隼能够在空中以超过320千米/时的速度俯冲。

猛禽具有敏锐的视力，能够在高空中发现下方的小型动物。像猫头鹰这样的猛禽还有敏锐的听觉，它们能在夜间捕食猎物。

延伸阅读：鸟；雕；隼；鹰；猫头鹰；游隼；美洲鹫。

猫头鹰就是猛禽的一类，它们依靠捕捉诸如啮齿动物和小型蛇类为生。

獴

Mongoose

獴是一类以能杀死蛇而著称的小型哺乳动物，分布于非洲和南亚。世界上现存的獴有很多种。

常见的獴体长约为40厘米。它们与鼬类有些相像。獴的硬毛主要呈黄灰色，其中也会夹杂一些棕黑色。

獴能通过快速跳跃避免被蛇咬伤。这样的速度使它们能够抓住并杀死诸如眼镜蛇这样颇具危险的蛇。獴也会捕杀鼠类、鸟类和其他小型动物，它们也会取食鸟蛋。

延伸阅读： 哺乳动物；蛇。

獴能与蛇进行搏斗，因为它们具有闪电般的闪躲和突袭能力。

迷惑龙

Apatosaurus

迷惑龙是一种体型巨大的恐龙。它们生活在距今约1.5亿年前的北美洲西部。它们的体长约为24米，臀高为4.6米，重约30吨。迷惑龙属于蜥脚类恐龙，它们具有长长的颈部、粗壮的腿和长长的尾巴。迷惑龙的鼻孔长在头顶上。

长久以来，人们一直把迷惑龙与另一种蜥脚类恐龙雷龙联系在一起。19世纪70年代，美国科学家马什（Othniel C. Marsh）把发现的一具恐龙骨架命名为迷惑龙。两年后，他又研究了另一具骨架，并命名为雷龙。科学家后来认为这些骨骼属于同一种恐龙。因为马什首先以迷惑龙为它命名了，所以学界只能使用这个名字。但是雷龙这个名字仍然很流行。2015年，科学家再次对这些骨骼进行了研究，并得出结论，这两种恐龙可能仍然是不同的种类。

延伸阅读： 恐龙；古生物学；史前动物；爬行动物。

迷惑龙

猕猴

Rhesus monkey

猕猴是分布于亚洲的一种常见猴类。猕猴的毛皮呈棕色到灰色，上面还会有些浅黄色的斑纹。它们的面部和臀部呈粉红色。在不包括尾巴的情况下，成年猕猴的体长为46～64厘米。它们的尾巴通常会有体长的一半左右。成年猕猴的体重为4.5～9千克或更重。雄性的体型通常比雌性更大。

猕猴

猕猴栖息于包括沙漠、沼泽和山林在内的多种环境中。它们每天会花费大部分时间收集食物。它们的食物主要是浆果、昆虫和树叶。猕猴以10只或更多个体的规模集群生活。

猕猴很能适应圈养环境。此外，它们也会患上许多和人类相同或近似的疾病。因此，科学家会用猕猴进行人类疾病研究。

延伸阅读： 哺乳动物；猴；灵长类动物。

米纳

Miner，Jack

杰克·米纳（1865—1944）是一位致力于保护绿头鸭和加拿大雁等北美鸟类的加拿大人。1904年，他就在自己的农场建立了一个鸟类保护区。米纳还对鸟类的迁徙进行了研究。他用脚环对上千只雁和鸭进行了标记。这些脚环都带有编号，猎人会把他们所射杀的鸟的脚环返还回来。这使米纳得以知晓候鸟去了哪里。1931年，他的朋友成立了杰克·米纳候鸟基金会。该基金会帮助米纳继续进行他的研究工作。

米纳原名约翰·托马斯·米纳，他于1865年10月10日出生于美国俄亥俄州多佛中心，于1944年11月3日去世。

延伸阅读： 鸟；加拿大雁；自然保护；绿头鸭；迁徙。

米诺鱼

Minnow

米诺鱼是一类小型鲤科淡水鱼的通称，有上百种。这类鱼在非洲、亚洲、欧洲和北美洲都有分布。

大多数米诺鱼体型很小，体长不会超过15厘米，但是也有一些会长得很大。美国科罗拉多州的尖头叶唇鱼体长能达到60～120厘米，印度鲃的体长能达到2.7米。

米诺鱼可以作为鱼类饲料，可以给体型更大的能够作为人类食物和钓鱼目标的鱼类作为饲料。人们经常使用米诺鱼作为诱饵。他们会用网直接捕捉野生米诺鱼，也会在孵卵场购买养殖的米诺鱼。

延伸阅读：鲤鱼；鱼；金鱼。

虽然一些米诺鱼的体长能达到2.7米，但大多数米诺鱼的体型很小，体长不超过15厘米。

蜜袋鼯

Sugar glider

蜜袋鼯是一种分布于澳大利亚的小型哺乳动物，它们能在树与树之间滑翔50米。

蜜袋鼯是一种分布于澳大利亚的小型哺乳动物。它们能够在树和树之间滑翔很长的距离。它们的皮肤像翅膀一样，从前肢一直延伸到后肢，因此它们能够在空气中滑翔。攀爬或奔跑时，蜜袋鼯会把多余的皮肤折叠起来贴近身体。

蜜袋鼯会吃糖分和昆虫所分泌的甜味液体，还会咬桉树吸食树汁。蜜袋鼯的体长可达40厘米，其尾部约为体长的一半。

在澳大利亚北部、东部和新几内亚，蜜袋鼯相当常见。蜜袋鼯与分布在澳大利亚东部和东南部的黄腹袋鼯亲缘关系密切。

延伸阅读：有袋类动物；哺乳动物。

蜜蜂

Bee

蜜蜂是会飞行的昆虫。和大多数昆虫一样，蜜蜂具有六条腿和四个翅膀。蜜蜂能制造蜂蜜和蜂蜡。世界上现存数千种蜜蜂，分布于地球上的大部分地区。

蜜蜂从花朵中获取食物。它们会在花朵间飞舞，吸食花中蕴含的花蜜，并使用花蜜酿造蜂蜜。蜜蜂也会采集花粉。蜜蜂既吃蜂蜜也吃花粉。蜜蜂会在花朵间传播花粉，叫作授粉。没有授粉，许多植物就不能产生种子，蜜蜂以这种方式帮助植物繁衍。

熊蜂与蜜蜂类似，也是群居的，它们一起生活在蜂箱中。蜂后是唯一能够产卵的雌性；工蜂是生殖器官发育不完全的雌性，它们负责收集食物。雄蜂是后代中的雄性，它们唯一的任务就是与蜂后交配。

所有的雌性蜜蜂在身体的末端都有用于自卫的毒刺。不过也有些被称为无刺蜂的蜜蜂，它们通过撕咬来进行防卫。

蜜蜂可以分为两种类型：独居型蜜蜂和群居型蜜蜂。独居型蜜蜂独自生活，有数百种蜜蜂属于独居型蜜蜂。而群居型蜜蜂则以蜂群的形式集成大群生活和工作。

典型的蜜蜂和熊蜂都是群居的。它们居住在蜂箱里。蜂箱总会包含一只蜂后、数以千计的工蜂和数以百计的雄蜂。蜂后是唯一能够产卵的雌性。工蜂也是雌性，它们会从事各种不同的工作。例如，它们会收集食物，建造和保护蜂箱。雄蜂的唯一任务就是与蜂后交配。

蜜蜂是大自然的重要组成部分，许多植物都需要蜜蜂帮助它们繁殖。人类也用蜜蜂为许多农作物授粉。

21世纪初，美国的养蜂人注意到，由于出现了成年蜜蜂从整个蜂巢中消失的神秘现象，所以一些蜂群崩溃并消失。造成这一情况的原因不明，可能是由于疾病、寄生虫和杀虫剂。

延伸阅读：熊蜂；昆虫。

蜜蜂

蜜獾

Ratel

蜜獾是一种外形与獾很像的哺乳动物。它们经常取食蜂蜜，故名。蜜獾以凶猛著称，在攻击比自己大得多的动物时也毫不犹豫。蜜獾分布于沙特阿拉伯、印度、尼泊尔和非洲的许多地区。

蜜獾的上半身具有白色或灰色的毛，下半身则具有黑色的毛。它们的皮肤又厚又松，能够保护它们免受叮咬。蜜獾会释放一种恶臭的液体来阻止攻击者。它们还具有又长又尖的爪子。

蜜獾会在洞穴、岩石、树桩或树上栖息。它们单独或成对活动。蜜獾以蜂蜜、昆虫、小型哺乳动物、蜥蜴和蛇为食，也会取食植物的根茎和浆果。

一种称为向蜜鸟的鸟类常常会把蜜獾引导至蜂巢，随后蜜獾会用它的爪子撕破蜂巢，从而使得两种动物都有蜂蜜吃。

延伸阅读：獾；哺乳动物。

蜜獾的皮毛顶部为浅色，底部为深色。这与大多数哺乳动物截然相反。

蜜熊

Kinkajou

蜜熊是浣熊的近亲。它们可以用自己的长尾巴倒挂在树枝上。蜜熊的身形苗条，包括尾巴在内，它们的体长约为90厘米。它们具有毛茸茸的黄褐色浓密毛皮。蜜熊栖息于从墨西哥南部到巴西的热带森林中。它们白天会躲在树洞里，夜里会以水果和昆虫为食。雌性蜜熊一年可产1~2只幼崽。

延伸阅读：哺乳动物；浣熊。

蜜熊

绵羊

Sheep

绵羊作为一种重要牲畜，是以草和其他植物为食的哺乳动物。人类饲养绵羊的历史已经有几千年了。绵羊为人们提供肉、奶和羊毛。世界上许多地方的人都饲养绵羊。

绵羊的蹄由两趾组成。公羊都有角，一些母羊也有角。最小的母羊体重可能只有45千克，公羊的体重则可达159千克。大多数母羊一次能产下一两只小羊，幼羊称为羊羔。

绵羊最早可能驯化自亚洲高山和平原。一些野生绵羊目前还分布在那里。

延伸阅读： 大角羊；多利；山羊；牲畜；哺乳动物。

罗姆尼羊是一种最早在英国东南部繁育出的长毛羊。这个绵羊品种在美国的西北地区和其他几个地区也很常见。

灭绝

Extinction

当一种生物的所有个体都死亡时，它们就会灭绝。包括植物、动物和微生物在内的所有类型的生物都有可能灭绝。

灭绝是生命正常过程的一部分，大部分曾经存在的生物现在都已经灭绝了。当一种生物灭绝时，一种新的生物就可能取而代之。例如，恐龙是千百万年来生活在陆地上的最大的动物类群之一，但它们在6500万年前灭绝了。如今，哺乳动物是陆地上最大的动物类群。如果恐龙没有灭绝，许多如今的大型哺乳动物类群可能不会出现。

人类已经造成了数百个物种的灭绝。

灭绝物种的著名例子包括渡渡鸟、袋狼和旅鸽。人类捕杀使一些动物灭绝，旅鸽就是典型的例子。人类也破坏了野生动物的许多栖息地，例如，砍伐雨林正在导致许多野生动物的灭绝。

许多人尝试拯救濒临灭绝的生物，在世界上的大多数国

如今已经灭绝的渡渡鸟的体型有一只大火鸡那么大。渡渡鸟的翅膀太小，不能飞行。

家，捕杀濒临灭绝的动物都是违法的。

延伸阅读： 自然保护；恐龙；渡渡鸟；濒危物种；进化；旅鸽；史前动物。

摩尔根

Morgan, Thomas Hunt

托马斯·亨特·摩尔根（1866—1945）是一位美国科学家。他研究遗传。遗传指的就是性状一代代相传。摩尔根指出基因携带了这些特征。

摩尔根主要研究了果蝇中的基因。1926年，他在《基因论》一书中论述了自己的发现。1933年，他因对遗传学的卓越贡献获得了诺贝尔生理学或医学奖。摩尔根还写了另外三本关于遗传学的书。

摩尔根出生于美国肯塔基州列克星敦。他在美国和欧洲学习科学和医学。

延伸阅读： 果蝇；基因；遗传学。

摩尔根

魔鬼蟾蜍

Devil toad

魔鬼蟾蜍是一种生活在很久以前的巨型蛙类。它们生活在距今大约7000万～6500万年前的马达加斯加。这种动物也被称为魔鬼蛙，其体型与一个扁平的沙滩球差不多。

不包括腿，魔鬼蟾蜍可能曾经长到40厘米长，体重可能重达4.5千克。魔鬼蟾蜍比今天的任何蛙类都要大。

相对于它们的身体尺寸而言，魔鬼蟾蜍具有一个超级宽大的嘴。它们很可能是冲上去用大嘴捕捉猎物的。魔鬼蟾蜍也许会以刚孵出的恐龙为食。

延伸阅读： 蛙；古生物学；史前动物。

魔鬼蟾蜍生活在距今大约7000万～6500万年前，它们比现存的任何蛙类都要大很多倍。

抹香鲸

Sperm whale

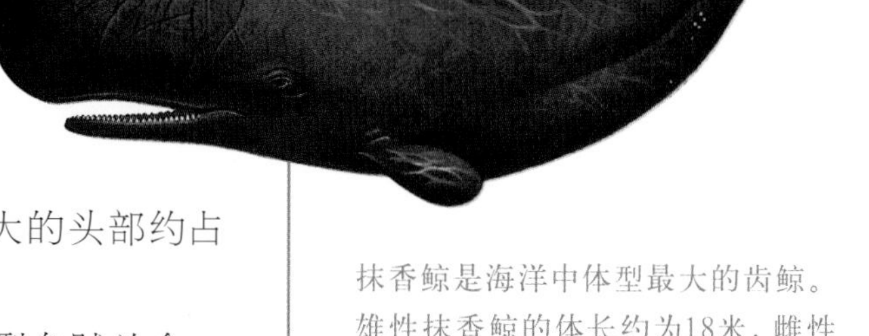

抹香鲸是海洋中体型最大的齿鲸。雄性抹香鲸的体长约为18米，雌性的体长约为12米。一些须鲸的体型则更大，但是这些鲸没有牙齿，而是用鲸须过滤水中的食物。

抹香鲸的体色呈黑棕色到深灰色，它们巨大的头部约占身体的三分之一。

抹香鲸栖息在温暖的热带水域，主要以大型乌贼为食。它们常常会下潜到1000米以下的海洋里寻找食物，并可以在水下停留超过一个小时。

由于体内的油脂非常珍贵，人们曾经捕杀了大量抹香鲸。这些捕鲸行为大大减少了抹香鲸的数量。如今鲸类受到国际法的保护。

延伸阅读：濒危物种；哺乳动物；鲸。

抹香鲸是海洋中体型最大的齿鲸。雄性抹香鲸的体长约为18米，雌性的体长约为12米。

貘

Tapir

貘是一类长鼻子的动物，看起来与猪有些相似。貘习性隐秘，栖息在森林深处。它们会在水边建立自己的家园，因为它们经常游泳。

貘以树枝、树叶和水果为食。一些种类的貘分布在中美洲和南美洲。其中有一种生活在高高的安第斯山脉上，体色为深褐色。另一种貘则分布于苏门答腊和马来半岛，体色黑白相间。

人类为了貘的肉和厚皮猎杀它们。由于狩猎和森林砍伐，貘在许多地区已经变得罕见。

延伸阅读：马；哺乳动物；犀牛。

貘具有强壮的身体和可转动的长鼻子。

牡蛎

Oyster

牡蛎是一类海洋动物，它们柔软的身体位于坚硬的两片外壳中。有些种类的牡蛎能够产生珍珠，人们会用珍珠制作首饰。牡蛎栖息于气候温和的沿海区域。人们每年都会捕捞和取食数百万只牡蛎。

牡蛎属于双壳类，也就是具有两片外壳的动物。它们的壳是由一种叫外套膜的皮肤状器官产生的，外套膜排列在壳的内部。壳的内部表面光滑，呈白色，并具有彩虹光泽。一种叫闭壳肌的肌肉能使外壳打开和关闭。如果遇到危险，牡蛎会将壳紧紧关闭。它们可以闭着壳生存好几个星期。

牡蛎用鳃在水下呼吸，它们的鳃还能捕获小块的食物。牡蛎以浮游生物为食。浮游生物由随波逐流的微小生物组成。

牡蛎的许多种类既有雄性生殖器官，也有雌性生殖器官。一些牡蛎开始时是雄性，但后来会发育成雌性。还有一些种类的牡蛎在它们的一生中，会在雄性和雌性之间交替好几次。大多数牡蛎能活6年左右，但有些牡蛎能活20年以上。

有些牡蛎能产生珍珠，天然形成的珍珠是最有价值的宝石之一。珍珠由诸如一小片贝壳这样的外来物质进入牡蛎体内而形成。随后，牡蛎会用多层叫作珍珠质的闪亮物质覆盖这些外来物质。多层的珍珠质最终构成了坚硬而闪亮的珍珠。

珍珠有许多形状和颜色。有些珍珠是圆形、按钮形或者水滴形。珍珠通常是彩虹色的，但也可能是深灰色、粉色、橙色、金色、奶油色或白色。

只有少数种类的牡蛎能产生出色彩艳丽的珍珠质，从而形成有价值的珍珠。有价值的珍珠产自栖息在热带海洋中的一些牡蛎种类，人们会用这些珍珠制作珠宝和其他物品。

延伸阅读：双壳动物；软体动物；壳。

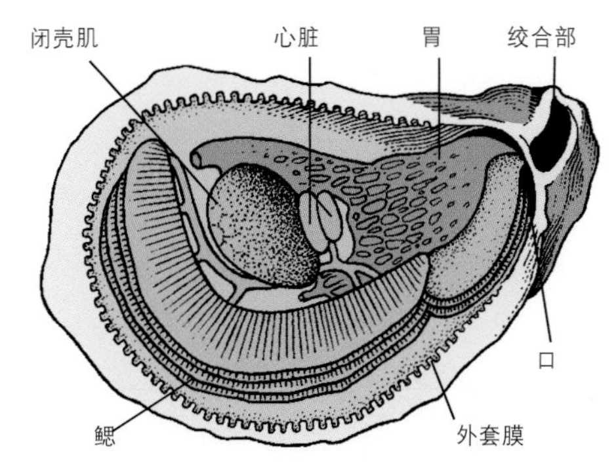

牡蛎的身体结构

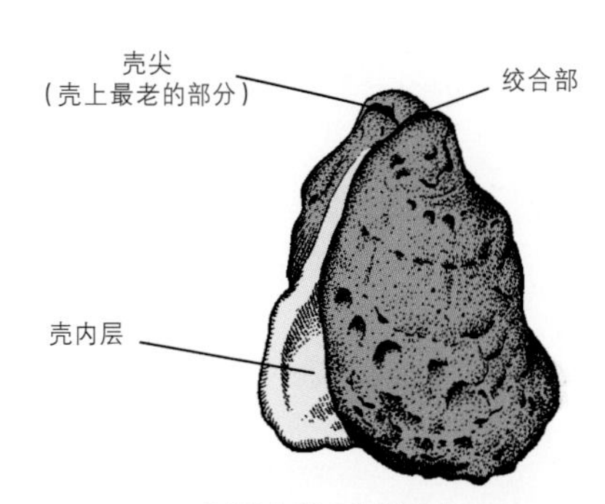

牡蛎壳的不同部分

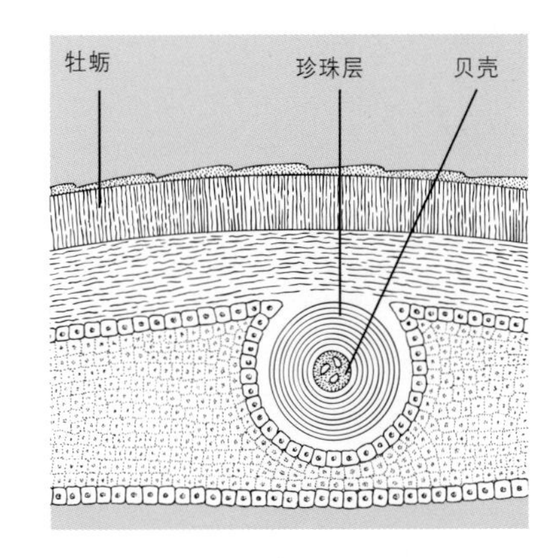

珍珠由诸如一小片贝壳这样的外来物进入牡蛎体内而形成。随后，牡蛎会用多层叫作珍珠质的闪亮物质将这些外来物覆盖。多层的珍珠质最终构成了珍珠。

目

Order

目是由一大批相关的动物、植物或其他生物组成的分类阶元。它是科学家用来对生物进行分类的阶元之一。同一个目的生物具有一些共同的基本特性，因为它们具有共同的祖先。

动物分类的阶元包括界、门、纲、目、科、属和种。每个目都属于一个更大的阶元，称为纲。同目物种之间的亲缘关系比同纲物种之间更为紧密。

目可以继续分成更小的阶元，称为科。同科物种之间的亲缘关系比同目物种之间更为紧密。

灵长目就是一个由猿类、猴类、人类和其他相关物种组成的目。灵长目中有好几个科。例如，黑猩猩和其他类人猿还有人类组成了人科。东半球的猴类共同组成了猴科。灵长目属于哺乳纲，所有的哺乳动物都属于这个纲。哺乳动物是一类以乳汁喂养幼崽、全身被毛的动物。

延伸阅读：猿；科学分类法；哺乳动物；灵长类动物。

食肉动物所分属的不同科共同组成了食肉目。下图展示了几种食肉动物。

奶蛇

Milk snake

奶蛇是一类王蛇的通称。美国农民曾经认为它们会从奶牛身上摄取牛奶。如今，科学家已经知晓没有蛇能够从奶牛身上获取牛奶。奶蛇的种类很多，最著名的是东部奶蛇。与其他王蛇一样，奶蛇也捕食蜥蜴和啮齿动物。奶蛇常常会进入谷仓，寻找在那里筑巢的啮齿动物。

东部奶蛇的体长可达1.2米。而其他一些种类的王蛇体长可达1.8米。东部奶蛇体色为灰色，背部和两侧具有带着黑边的栗色斑点。栖息于美国西部和南部的一种奶蛇则具有环状或斑点的图案，这些环状或斑点有橘红色、黑色、白色或黄色。

延伸阅读： 爬行动物；蛇。

对于美国农民而言，奶蛇很有价值，因为它会捕食栖息在农场建筑里和周围的鼠类。

南浣熊

Coati

南浣熊是一种与浣熊亲缘关系密切的哺乳动物。它们具有长而灵活的鼻子和有环纹的长尾巴，它们经常会把尾巴直立起来。

不包括长长的尾巴，南浣熊的体长为41～66厘米，体重为4.5～6.8千克。

南浣熊分布于从美国亚利桑那州南部至阿根廷北部的森林地区。在亚利桑那州，它们的毛皮为浅金色，在巴拿马的雨林中，它们为巧克力色，在南美洲，它们为红棕色。

南浣熊以昆虫、蟹、蜗牛、蜘蛛和水果为食，生活在地面上和树上。雌性和幼年的南浣熊会以6～20只为一队集体活动，成年雄性则独居。雌性南浣熊每胎会生3～4个幼崽。

延伸阅读： 哺乳动物；浣熊。

南浣熊会用爪子在地上挖掘。

囊鼠

Gopher

囊鼠是一类毛茸茸的小型哺乳动物，它们在长长的地下隧道中生活。它们与松鼠有亲缘关系。囊鼠会使用自己前脚的大爪子挖掘洞穴，也会用自己的门牙挖掘。这些洞穴可长达240米。囊鼠行动缓慢，它们大部分时间都待在黑暗的隧道里。除了遥远的北部和东部地区外，囊鼠分布于整个北美洲。

囊鼠有宽而钝的头部，还有小小的耳朵和眼睛。它们的腿和尾巴很短，尾巴上几乎没有毛。在隧道中后退时，囊鼠会用尾巴摸索方向。囊鼠的脸颊里有内衬的颊囊，它们经常会把食物放进自己的颊囊。它们以嫩芽、草、根和坚果为食。

延伸阅读： 哺乳动物；松鼠。

囊鼠会用牙齿和前爪挖掘自己居住的洞穴。

拟八哥

Grackle

拟八哥是一类黑色的鸟。拟八哥有好几种，它们分布于北美洲和南美洲。

最著名的拟八哥是普通拟八哥。它们全身黑色，长着黄色的眼睛，体长约为30厘米。雄鸟的头部和颈部具有紫色或蓝绿色的光泽。普通拟八哥分布于从加拿大绵延至墨西哥湾沿岸的落基山脉的东侧。

宽尾拟八哥分布于大西洋和墨西哥湾沿岸，也分布于美国佛罗里达州。大尾拟八哥分布于美国中南部和西南部，也分布于墨西哥、中美洲和南美洲北部。宽尾拟八哥和大尾拟八哥的体型都要比普通拟八哥大一点。这两种动物的雌鸟体色都呈现棕色，体型也要比雄鸟小很多。

宽尾拟八哥集群生活。它们会用泥和草筑起庞大的巢。雌鸟每次会产3～6枚卵，卵呈现绿色或蓝白色，上面还带有黑点。

延伸阅读： 鸟；黑鹂。

拟八哥

拟态

Mimicry

拟态是用来描述一种动物看起来与另一种动物或植物相像的科学术语。通常而言，拟态能够使动物避免被捕食。

在贝氏拟态中，本身无毒的动物看起来会与危险或令人讨厌的动物很相像。例如，一些无毒的王蛇会具有与剧毒珊瑚蛇相似的颜色图案，其他动物往往会因为将它们与珊瑚蛇混淆，而避开这些王蛇。

在米勒拟态中，两种或两种以上的危险动物相互之间外观相似。例如，许多蜜蜂和黄蜂具有明黄色和黑色的条纹，这些条纹能够警告其他动物，它们本身具有毒刺，被蜇过一次的动物会把这些条纹当作警告。因此，蜜蜂和黄蜂的相似之处有助于保护它们。

有些动物利用拟态来帮助它们捕捉食物，例如鳄龟的舌头上具有像虫一样的诱饵结构。鳄龟会扭动这个结构来诱捕食物。

某些植物也会用拟态来吸引昆虫。例如，铁锤兰能长出与雌性黄蜂相似的花朵。这种拟态能够吸引雄性黄蜂，从而帮助铁锤兰传播花粉。

延伸阅读： 适应；保护色；环境；自然选择。

有些动物会模仿环境中的其他生物以躲避捕食者。这种昆虫的身体和腿就像树叶一般。

一只没有刺的食蚜蝇（左图）模拟了具有蜇刺的黄蜂（右图）的颜色和图案。拟态赋予了处于无保护状态的昆虫迷惑天敌的机会。

拟眼镜蛇

Brown snake

拟眼镜蛇是澳大利亚最危险的几类蛇之一。当它们咬到猎物时会分泌极毒的毒液。幸运的是，这种蛇的毒牙和毒腺相对较小，被咬到的人恢复的机会很大。

拟眼镜蛇的种类有几种。普通拟眼镜蛇分布于澳大利亚东部。大多数普通拟眼镜蛇的体长约为1.5米，但也有个体能长到2米以上。它们的体色多样，从浅灰色、棕色到几乎黑色的都有，腹部为奶油色或黄色，上面还带有橙色斑点。它们以蜥蜴和小型哺乳动物为食。

拟眼镜蛇是原产于澳大利亚的毒蛇。

延伸阅读： 有毒动物；爬行动物；蛇。

鲶鱼

Catfish

鲶鱼是一类嘴边长有胡须的淡水鱼类。这些胡须称为触须，鲶鱼的英文名直译为猫鱼，就是因为它们的触须类似于猫的胡须。鲶鱼会用触须在湖泊和河流的底部寻觅食物。世界上现存数百种鲶鱼，只有很少的种类生活在海洋中。

鲶鱼有强壮的身体。与大多数鱼类不同，鲶鱼没有鳞片。许多种类的鲶鱼身体上都具有锋利的刺，这些刺能够向那些捕食鲶鱼的动物分泌毒液。有些鲶鱼能长得很大，其中体型最大的是欧洲鲶鱼，它们的体长能达到3米，体重达到180千克。美国最常见的鲶鱼是扁鮰、斑点叉尾鮰和牛头鮰。

在鱼类养殖业中鲶鱼的比重正不断增长，它们是人类食物的一个重要来源，许多国家都在养殖鲶鱼。

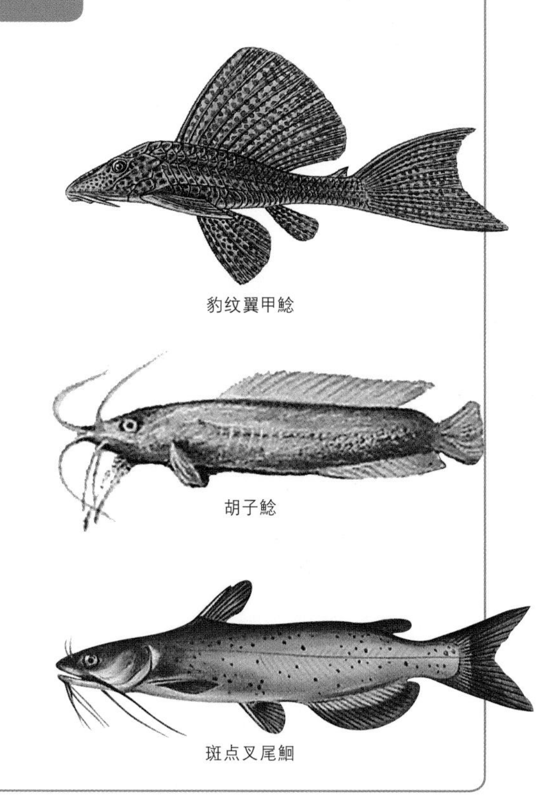

延伸阅读： 鱼；有毒动物。

鸟

Bird

鸟是一类有羽毛的动物。所有鸟类都具有羽毛和翅膀，并且大多数鸟类都会飞。

大多数鸟类通过飞行前往不同地点。起飞时，鸟常常会用双腿一跃而起。一旦进入空中，鸟儿便会开始扇动自己的翅膀。

飞行最快的鸟能够以超过320千米/时的速度俯冲。没有其他动物能够像鸟类这样快速移动。

并非所有鸟类都会飞行。例如，鸵鸟和企鹅就不会飞。鸵鸟主要以行走或奔跑的方式运动，它们用翅膀保持平衡。企鹅主要以游泳的方式运动，它们在水中挥动翅膀的姿势就像飞行一般。

雪雁会沿着从加拿大北部一直延伸到墨西哥南部的路线进行迁徙。

世界上现存上万种鸟类，其中最小的鸟是吸蜜蜂鸟，它的体长约5厘米，非洲鸵鸟是体型最大的鸟，它们的身高能达到2.4米。

世界各地都生存着鸟类，它们栖息在森林、沙漠、湖泊、海洋和城市中。在热带地区，鸟的种类比其他任何地方都多。但鸟类也同样生活在地球上最寒冷的地方。

对于许多鸟而言，夏季生活的温暖区域在冬季会变得寒冷，而且会下雪。当秋季天气开始变冷时，这些鸟中的一部分会离开它们在夏季的家园，当春季天气又暖和起来时，它们

只分布于古巴的吸蜜蜂鸟是世界上最小的鸟类。

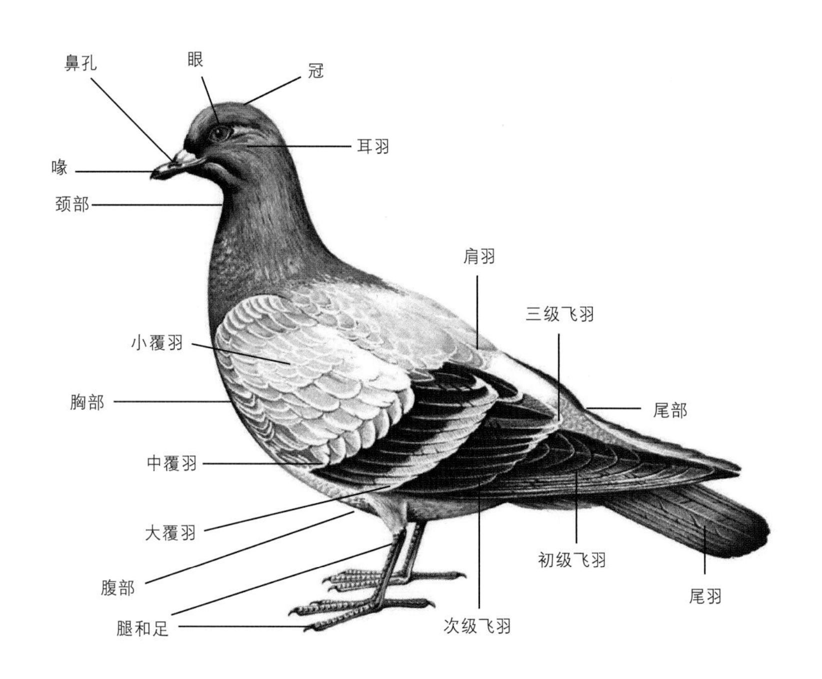

又会返回夏季的家园，这种旅行就叫作迁徙。

鸟类具有脊椎骨，它们属于脊椎动物这个大的动物类群。脊椎动物还包括两栖动物、鱼类、哺乳动物和爬行动物。人类也属于脊椎动物。

鸟类是恒温动物。恒温动物通常具有稳定的体温，即使天气变冷或变热，鸟的体温也能保持不变。与之相比，变温动物的体温会随着周围的环境而变化。

鸟类没有牙齿，它们具有坚硬的喙。喙从鸟类的面部伸出，是嘴的延长。鸟类用它们的喙获取适合自己的食物。

不同的鸟吃不同的食物。有些鸟吃果实、种子或其他植物性食物，有些鸟吃鱼类、昆虫或啮齿动物，有些鸟则既吃植物，也吃动物。

大多数鸟类会为产卵筑巢。它们通常在树木或地面筑巢，也有些鸟在悬崖的边缘地带筑巢。鸟类筑巢时会使用树枝、草、泥土、树叶以及其他材料。大多数雌鸟把蛋产在巢中。

所有的鸟都是从蛋中孵化出来的。大多数种类的小鸟在孵化后几个星期内仍然会留在巢里。父母会喂养和保护它们，直到它们能独立生活。

几乎所有的鸟都有自己的声音。它们会鸣叫或鸣唱。鸣叫声是一种单音节的声音，例如咯咯叫或唧唧叫，鸣唱声通常听起来像是用长笛或其他乐器演奏出来一般。鸟类使用鸣唱和鸣叫互相交流，小鸟用鸣叫告诉父母自己感到饥饿或恐惧，成鸟使用鸣叫和鸣唱来吸引配偶，或者向其他鸟类示警。

鸟类还有其他方法来保护自己。许多鸟类的羽毛具有与周围环境一致的颜色，有助于隐藏自己。例如，一只生活在沙漠中的鸟，其羽毛可能与沙子的颜色一样。鸟类的飞行能力也能帮助它们远离捕食它们的动物。有些鸟可以用它们的翅膀和强壮的喙与进犯者搏斗。

鸟类是大自然的重要组成部分。鸟类会捕食大量的昆虫，从而抑制昆虫数量过多。吃果实的鸟会帮助传播种子，促使新植物生长。许多鸟对人有益。鸟类通过捕食庄稼的害虫而帮助了农民。人类还从鸡、鸭和其他一些鸟的身上获取肉类和蛋类。

人类其实已经使许多种鸟灭绝了，其中包括大海雀、渡渡鸟和旅鸽。人类已经破坏了许多鸟类的栖息地，捕猎也杀死很多种鸟，而且人类还将一些对鸟类有害的动物引入某些地区，这一点在岛屿上尤为明显。此外，污染也已经造成众多鸟类的死亡。

延伸阅读： 奥杜邦；喙；猛禽；保护色；卵；濒危物种；羽毛；迁徙；巢；鸟类学。

非洲鸵鸟是世界上现存最大的鸟。它不能飞，但它的长腿能够以每步4.6米的步伐行走，时速高达64千米。

企鹅不会飞行，但它们会在水中像飞行一般扇动翅膀。

活动

鸟儿的自助餐

在有些时候，野生鸟类很难吃到足够的食物，这种情况在秋天和冬天尤为明显。我们可以为它们提供食物。不同鸟类分别喜欢什么食物呢？鸟儿的实际行动会回答我们的问题！我们可以尝试用几种不同方式喂食鸟类，然后观察这些鸟儿分别会吃什么和在哪里进食。以下就是具体操作方法。

你需要准备：

- 3个大而浅的盒子的顶部或底部（这些将是喂料托盘）
- 能够黏合的贴纸
- 3个大的旧塑料桶
- 6枚小钉子和锤子
- 3种鸟食，例如葵花籽、葡萄干、白米、红谷子或面包屑
- 标记用的马克笔

具体操作方法：

1. 用贴纸将3个托盘完全覆盖

2. 把桶倒过来，把一个托盘放在桶顶中心。请你的家长帮你用两个钉子把托盘固定在桶上。你的鸟类喂食器应该类似于一张矮矮的小桌子。

3. 像第一个喂食器一样，再做两个。

4. 在托盘外边缘上写出每种食物的名称。字要写得足够大，这样你就可以从远处辨认出来。

5. 把鸟类喂食器水平放置在几米远的户外地表。确保之后没有暴风雨这样的天气。

6. 在每个托盘中放入与书写名称一致的鸟类食物。

7. 制作一个种子喂食图表，并多做几份副本。每天对喂食器观察约15~25分钟，在图表上写下你的观察结果。一个星期后，决定你主要想吸引什么种类的鸟，然后把它们喜欢的食物放在喂食器中。

鸟类学

Ornithology

鸟类学是对鸟类进行研究的学科。研究内容包括鸟类的演化历史和分类，还包括对鸟类的行为、数量和对环境的重要性，以及对鸟类的筑巢、育幼、觅食、飞行、迁徙和交流的研究。

纵观历史，人们一直在研究鸟类。人们羡慕鸟类所具有的美丽外表和有趣的习性。人们会把鸟类作为食物的来源，有时也把鸟类作为衣服的来源。许多人会加入观鸟俱乐部。

延伸阅读： 鸟；动物学。

鸟类学家正在对鸟巢中发现的鸟蛋进行测量。

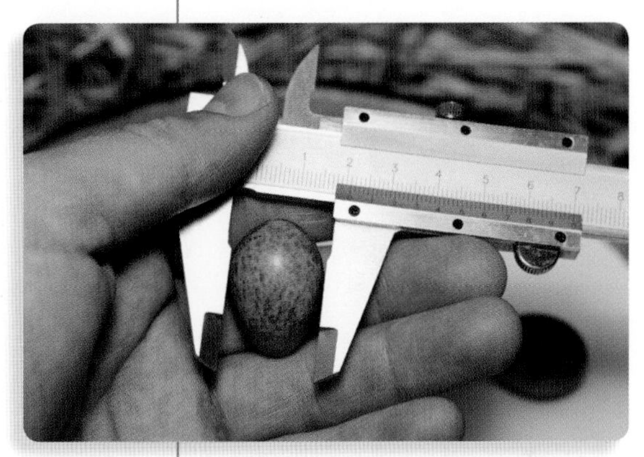

啮齿动物

Rodent

啮齿动物是一类具有不断生长的门齿的毛茸茸的动物。它们用门齿啃食种子和其他坚硬的东西。它们的牙齿会随着啃咬而磨损，但是这些牙齿会一直生长，直到动物变老。啮齿动物有很多种，包括河狸、囊鼠、仓鼠、小鼠、豪猪、大鼠和松鼠。松鼠能用它们的门牙咬碎坚果的壳，河狸能啃穿树干，而大鼠则能啃穿木头和灰泥墙。

世界各地几乎都有啮齿动物分布。它们对人们既有益又有害。一些啮齿动物会取食有害的昆虫和杂草，一些种类则具有珍贵的毛皮。不过，啮齿动物也会破坏农作物和人类的其他财产。此外，一些啮齿动物还会传播疾病。

延伸阅读： 河狸；囊鼠；仓鼠；哺乳动物；鼠；有害生物；豪猪；大鼠；松鼠。

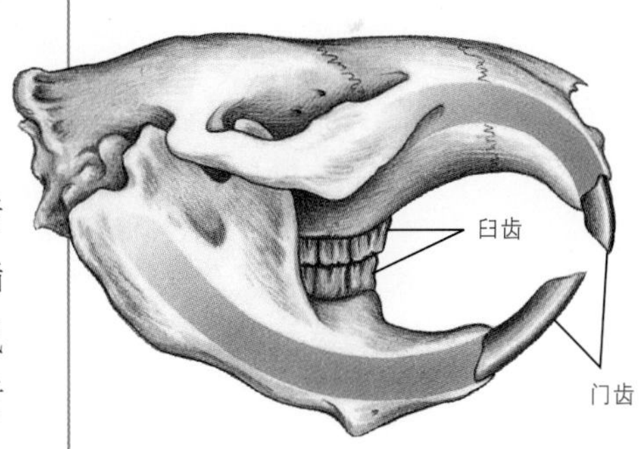

河狸头骨上的牙齿。所有的啮齿动物都有长而尖的上下门齿，称为啮齿。它们还有一排排较小的臼齿。

北美灰松鼠是一种常见于北美城市和郊区的啮齿动物。

牛

Ox

牛是一类有角的有蹄动物，通常包括家牛、水牛、牦牛和麝牛。大多数牛类起源于亚洲和欧洲，麝牛和美洲野牛则起源于北美洲。

牛具有粗壮的身体和长长的尾巴，它们的角从头部两侧突出，光滑而弯曲。牛会将吃下去的食物从胃里退回口中再次咀嚼。这种过程称为反刍，有助于动物消化坚硬的草。

被饲养在农场和牧场中的牛用来提供肉、奶和皮革。它们是强有力的使役动物。在世界的一些地方，牛仍然被用于犁地。

延伸阅读： 家牛；哺乳动物；水牛；牦牛。

牛是强有力的使役动物。在世界上的一些地方，它们仍然被人类用来拉犁耕作。

牛奶

Milk

在所有食物中，牛奶是最有营养的。它也是全世界人民最喜爱的饮料。牛奶几乎含有人体生长和健康所需的所有物质。它包含水、碳水化合物、脂肪、蛋白质、矿物质和一些维生素。

所有的雌性哺乳动物都会产奶来喂养幼崽。不过当我们想到奶时，我们通常想到的是来自奶牛的牛奶。奶牛供给着美国、加拿大和许多其他国家所使用的大部分牛奶。但是在世界上的其他一些地方，人们也会喝骆驼、山羊、家羊驼、驯鹿、绵羊和水牛的奶。

大多数牛奶是在牛奶场生产的。牛奶会从农场运到工厂。在工厂里，牛奶会被制成饮品或作其他用途。其中最重要的步骤之一是巴氏消毒或者加热，巴氏消毒能够杀死牛奶中可能含有的细菌。

运入工厂的牛奶中，几乎有一半会被制成牛奶和奶油以供饮用。其余的则会被制成奶酪、奶油冰淇淋、酸奶以及

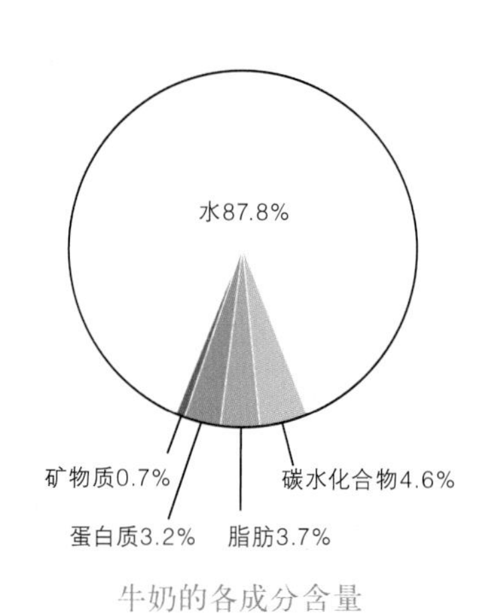

牛奶的各成分含量

其他食物。牛奶分为好几种类型。每一种都含有不同数量的脂肪。全脂牛奶含有3%～4%的脂肪，减脂牛奶含有2%的脂肪，低脂牛奶含有1%的脂肪，脱脂牛奶则几乎没有脂肪。

延伸阅读： 牛；农业与畜牧业；山羊；哺乳动物。

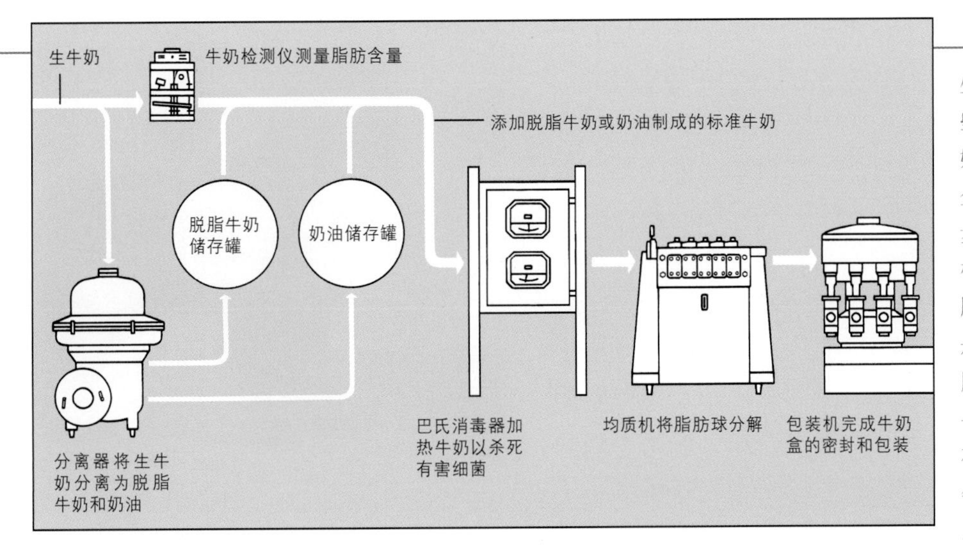

生牛奶到达工厂后，其中一些会被分离成脱脂牛奶和奶油。剩下的则会被加工成全脂牛奶。这个过程的第一步是标准化（分离）。牛奶检测仪是一种测量牛奶中脂肪含量的装置，它能显示出是否应该添加奶油（以增加脂肪含量）或应该添加脱脂牛奶（以降低脂肪含量）。在达到适当的脂肪含量后，会对牛奶进行巴氏杀菌和均质化操作，然后包装成全脂牛奶。

牛蛙

Bullfrog

牛蛙是一种遍布整个北美洲的大型蛙类。不算后腿，牛蛙也能长到约20厘米，而它们的后腿能够长达25厘米。大多数牛蛙有黄绿色或橄榄绿色的背部，腹部通常为白色，上面有棕色斑纹。有些个体的背部还有黄色斑纹。

雄性牛蛙的叫声似牛，这种声音通常出现于春季和夏季的夜晚。雌性牛蛙并不鸣叫。

牛蛙大部分时间都生活在池塘或流速缓慢的溪流附近，很少在陆地上长途行进。牛蛙以昆虫和其他小型动物为食。

雌性牛蛙每次产卵多达20000个。这些卵通常靠近水面，会在5～20天的时间内孵化成蝌蚪。蝌蚪以小型水生植物为食，它们最终会成长为成年的牛蛙。

延伸阅读： 两栖动物；蛙。

牛蛙原产于北美洲，它们具有十分独特的叫声。

纽芬兰犬

Newfoundland dog

纽芬兰犬是世界上体型最大、身形最强壮的犬种之一。雄性纽芬兰犬的体重约为64千克，肩高约为70厘米。雌性则略小一些。纽芬兰犬具有一身能够应付各种天气的厚重毛皮。它们最常见的毛色为黑色，同时在胸部、下巴或脚趾上通常会有一小块白色。这类犬的毛色也可能呈灰色、棕色或者是带有白色斑点的黑色。

纽芬兰犬以其在陆地和水中都能从事繁重工作而闻名。

没有人知道纽芬兰犬是什么时候被培育出来的。无论是在陆地上还是在水中，这个犬种都能用来完成繁重的工作。早期的蒸汽船和帆船上经常会有一只纽芬兰犬。如今，这个犬种仍然以在水中工作和救助落水者的能力而闻名。它们所具有的耐心、活泼好动的性格和良好的保护能力使它们成为孩子们的好伙伴。

延伸阅读：狗；哺乳动物；宠物。

纽形动物

Ribbon worm

粉红丝带纽虫的体长可达8厘米。巨纵沟纽虫通常能长到2米。不过科学家曾经测量过一只巨纵沟纽虫，它几乎可以拉伸到27米。

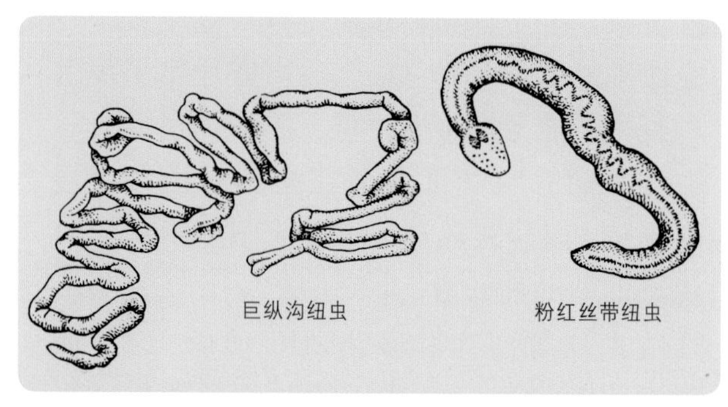

纽形动物是一类身体细长而扁平，并且具有长长吻部的蠕虫。与所有的蠕虫一样，它们也没有脊柱和腿。

纽形动物能够用吻部来抓取食物。一些纽形动物的吻部具有能够刺向食物的锋利尖刺。纽形动物通常以其他蠕虫或小型贝类为食。它们不会伤害人类。

大多数纽形动物栖息在海洋中，也有一些种类栖息在潮湿的地面或淡水中。

不同种类的纽形动物大小不一。有些只有2.5厘米长，有些则能长到超过27米。

延伸阅读：蠕虫。

农业与畜牧业

Farm and farming

农业是世界上最重要、最古老的工作之一。人没有食物就不能生存。

我们吃的绝大部分食物都来自农业和畜牧业产出的植物和动物。那些用来制作衣服的材料，例如棉花和羊毛，也来自农业和畜牧业。

在人类历史的大部分时间里，大多数人都是农民，他们必须通过种植农作物来养活自己。他们会使用马、牛等动物拖曳农具，也会用动物的粪便进行施肥，帮助农作物生长。

直到20世纪初，农民仍然在使用马或骡拉的简单的犁耕种农田，为种植做准备。

自19世纪以来，科学的进步使农业生产变得更为便捷。人类发明了化肥和杀虫剂，杀虫剂能够杀死昆虫、杂草以及其他危害农作物的生物。此外，人们还开始用电动机器代替动物牵引农具，因此，农业所需人手日趋减少。

牲畜指的是在养殖场饲养的动物。一些养殖场为了获取肉类而养殖牲畜，还有一些养殖场则为了获取奶类、蛋类或毛皮而养殖家禽家畜。要想成功饲养牲畜，人们必须给动物提供适当的食物、住所和卫生保健。许多家畜其实是在拥挤的围栏或庇护所中养殖的，它们会被喂食高能量的食物，所以能够长得很快。人们也可能会给动物服用药物，使它们能够长得更快或抵抗疾病。

以牛和羊为代表的有些动物会被放牧在牧场上吃草，它们会被转移到拥挤的围栏里等待肥育。在肥育过程中，人们会集中用饲料喂养它们，它们在被屠宰前体重会迅速增加。

人们饲养绵羊既为了获取肉类，也为了获取用来制作衣物的毛皮。

有机肉类、牛奶和鸡蛋来自按照一些特定标准养殖的动物。这些动物必须有一些户外活动空间，也不能给它们饲喂某些药物或食物。

延伸阅读： 家牛；鸡；山羊；卵；猪；牲畜；有害生物；家禽；绵羊。

欧亚驼鹿和美洲马鹿

Elk

美洲马鹿

欧亚驼鹿和美洲马鹿都是鹿科动物。欧亚驼鹿分布于亚洲和欧洲，美洲马鹿分布于北美洲。这两种动物并不是近亲，它们具有相同的英文名是源于早期欧洲人开始在北美殖民时，英国殖民者用elk这个词来称呼美洲马鹿。

美洲马鹿，体色为棕色或棕灰色。雄性的肩高为1.5米，体重可达320～500千克，雌性的体型则更小一些。同时，雄性的头顶上还具有大而圆的鹿角，鹿角的直径可达1.5米，雌性则没有鹿角。

欧亚驼鹿比美洲马鹿体型更大，并具有勺形的鹿角。它和美洲驼鹿曾被认为是同一种动物。按照新的分类系统，两者已经分别成为独立物种。

欧亚驼鹿通常以草本植物为食，冬天它们也会取食小树枝和灌木。在欧洲和北美曾经生存着许多驼鹿，但是捕猎者已经杀死了其中的大部分。如今，驼鹿只生存在欧洲、北美洲西部和亚洲北部的少数地区。

延伸阅读： 鹿角；鹿；哺乳动物；驼鹿。

鸥栖息于大面积水域附近。

鸥

Gull

鸥是一类生活在水域附近的鸟类。大多数鸥栖息于海洋附近，也有一些鸥栖息于湖泊附近。它们是另一类被称为燕鸥的水鸟的近亲。

鸥的种类很多。大多数成年鸥具有白色和灰色的羽毛。鸥有宽大的翅膀和丰满的身形，它们游泳技能很不错，经常会浮在水面上休息。鸥在水边的悬崖上筑巢。许多种类的鸥会在冬季经历长距离飞行前往温暖的区域。

鸥以死去或垂死的鱼类和其他水生动物为食，它们也取食昆虫、其他鸟的鸟蛋和雏鸟，以及人类的一些垃圾。鸥常常会一次连续跟随船只好几个小时，取食从船上扔到海里的垃圾。

延伸阅读： 鸟；燕鸥。

P

爬行动物

Reptile

爬行动物是一类具有干燥、带鳞片皮肤的动物类群。世界上的爬行动物有数千种，包括蜥蜴、蛇类、龟类、短吻鳄、鳄类和喙头蜥。恐龙是生活在6500万年前的爬行动物。爬行动物属于变温动物，这意味着它们的体温会随着周围温度的变化而变化。爬行动物通常通过一些行为来控制体温。例如，白天活跃的爬行动物会在阳光充足的地方和阴凉的地方之间活动。栖息在炎热地区的爬行动物通常会在白天躲藏起来，只在晚上活动。而栖息在冬天较冷区域的爬行动物，则通常会在最冷的冬季冬眠。

大多数爬行动物以其他动物为食，它们几乎会捕食任何它们能捕捉到的动物。许多爬行动物主要以昆虫为食。有些爬行动物则会以啮齿动物、鸟类或其他小动物为食。还有一些爬行动物主要以植物为食，这些爬行动物包括几种蜥蜴和龟类。爬行动物通常会快速抓住食物，随后咀嚼或者整个吞下。爬行动物能够长时间不进食。蛇类在吃了一顿大餐后，能够几周甚至几个月不再进食。一些鸟类和哺乳动物以及其他爬行动物会捕食爬行动物。

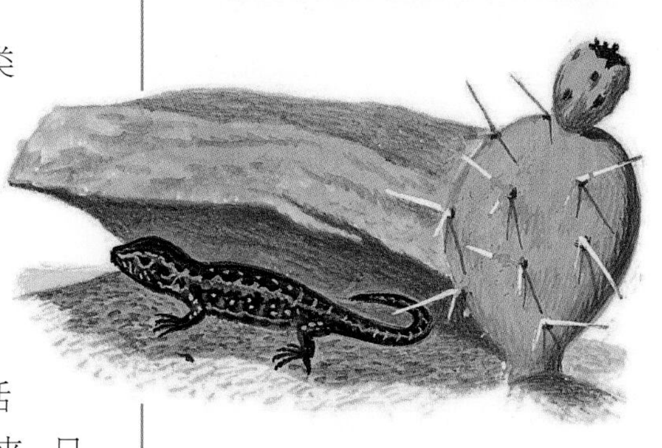

爬行动物是变温动物——也就是说，它们的体温与周围环境的温度相差不大。爬行动物会在炎热、阳光灿烂的日子里活动，它们也会到阴凉的地方使自己降温。

爬行动物在大小、形状和颜色上差异很大。不过，它们的皮肤都是由干燥、坚韧的鳞片组成的。

爬行动物栖息在沙漠、森林、草地、湖泊、河流等环境。除了南极，其他大洲都有它们的分布。它们也栖息在除了极地以外的所有海洋里。

蜥蜴和蛇是爬行动物中最大的类群。大多数蜥蜴具有四条腿和长长的尾巴。蛇则没有腿。

龟类是另一大类爬行动物。它们是唯一一类有壳的爬行动物。大多数龟类能够把它们的头、腿和尾部缩进壳里来保护自己。

短吻鳄、鳄类以及它们的亲缘物种组成了另一类爬行动物。它们都栖息在水中或水域附近。它们具有长长的吻部、强有力的颌部和有蹼的后腿，能够用自己的长尾巴游泳。

另一类爬行动物由喙头蜥组成。喙头蜥原产于新西兰海岸附近的几个岛屿。它们与蜥蜴很像，但它们其实属于一类古老的爬行动物。这类爬行动物曾经十分常见。

许多爬行动物在生长过程中会经常蜕皮。新鳞片形成后，上面的皮肤会变得松弛。旧的皮肤之后会裂开，随后会被遗弃，有时也会被爬行动物自己吃掉。新的皮肤一开始是软的，但很快就会变硬。

大多数爬行动物产卵。它们会在腐烂的木头中、由树叶和潮湿土壤制成的窝中或陆地上的其他地方产卵。大多数爬行动物并不会照顾它们的卵或幼崽。

延伸阅读： 短吻鳄；变温动物；鳄；恐龙；蜥蜴；蛇；陆龟；喙头蜥；龟。

蜕皮

许多爬行动物，如蜥蜴，一年会蜕好几次皮。皮肤下形成新鳞片后，就会变得松弛。蜥蜴的皮肤会随之大片脱落。

孵化

大多数爬行动物产卵。它们会将卵产在腐烂的木头中，以及树叶和潮湿土壤制成的窝中，或者在陆地上的其他地方。它们利用太阳的热量将卵孵化。

狭缝状的瞳孔

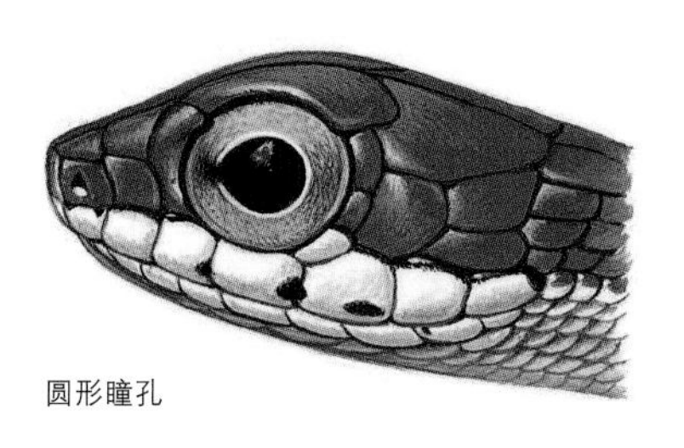
圆形瞳孔

爬行动物瞳孔的形状能够表明它是在夜间活动还是在白天活动。大多数夜间活动的爬行动物，瞳孔呈狭缝状，在强光下几乎可以完全闭合。而在白天活动的爬行动物的瞳孔为圆形。大多数爬行动物都具有良好的视力，其中有些种类还能分辨不同的颜色。

实验

如果你是一只变温动物

如果你像爬行动物一样是变温动物，你会去哪里调控自己的体温呢？本页所展示的这项活动将帮助你找到地方来保持体温。试着找出温度为24～29℃的地方。记住，如果这个地方太冷（10℃以下），你的身体会变得僵硬，很难移动。而如果太热（超过38℃），你则可能会受伤。

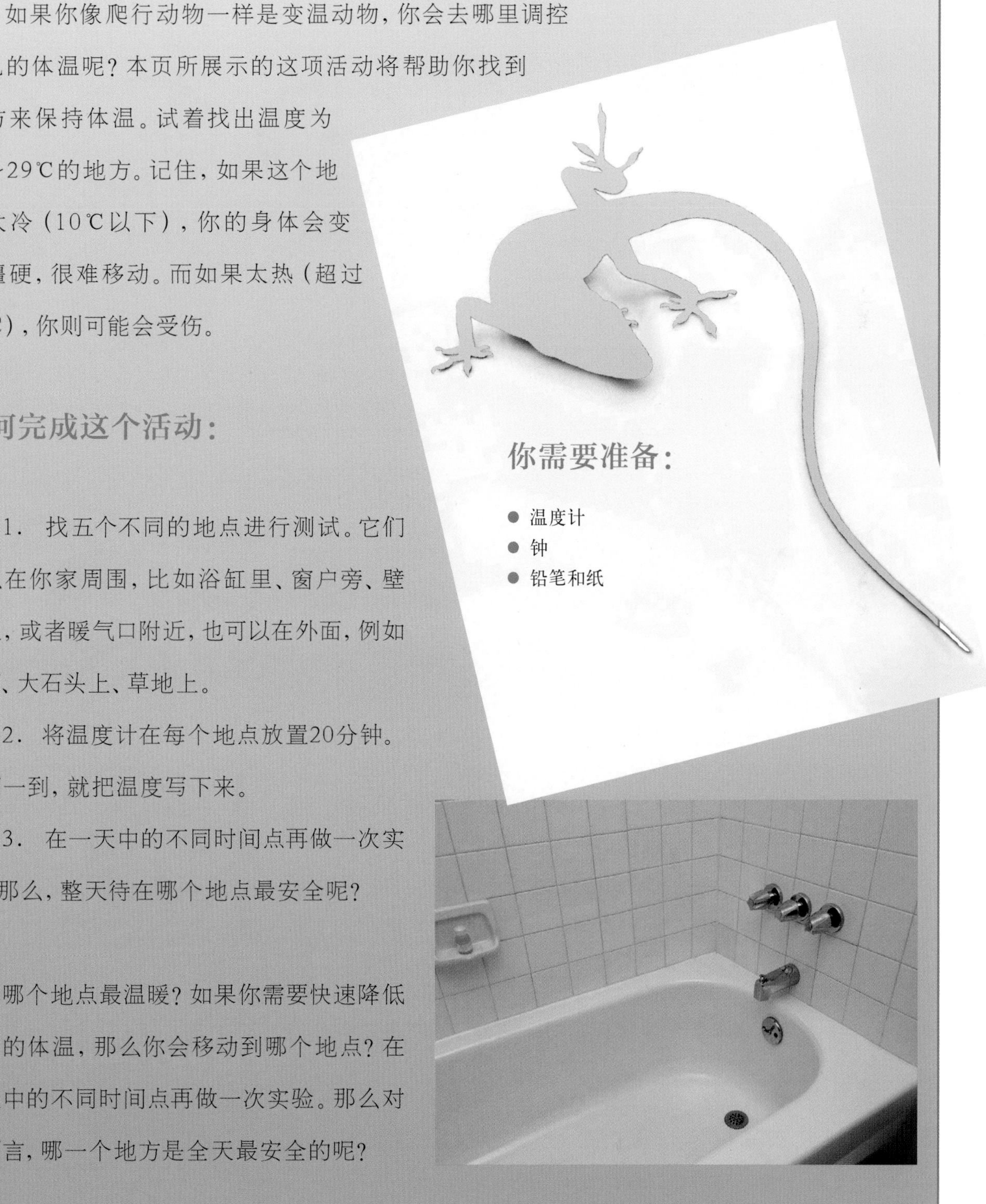

你需要准备：

- 温度计
- 钟
- 铅笔和纸

如何完成这个活动：

1. 找五个不同的地点进行测试。它们可以在你家周围，比如浴缸里、窗户旁、壁橱里，或者暖气口附近，也可以在外面，例如树下、大石头上、草地上。

2. 将温度计在每个地点放置20分钟。时间一到，就把温度写下来。

3. 在一天中的不同时间点再做一次实验。那么，整天待在哪个地点最安全呢？

哪个地点最温暖？如果你需要快速降低自己的体温，那么你会移动到哪个地点？在一天中的不同时间点再做一次实验。那么对你而言，哪一个地方是全天最安全的呢？

胚胎

Embryo

胚胎是动物或植物在其生命初期的阶段。胚胎是精子（来自父本的特殊细胞）与卵细胞（来自母本的特殊细胞）结合后所形成的，这个结合过程就叫作受精。受精卵会一遍又一遍地分裂，形成一团相连的细胞，这组细胞就是胚胎。胚胎会发育成完整的植物或动物。

在几乎所有哺乳动物（用母乳喂养幼崽的动物）中，胚胎都在母体内生长。对于人类而言，受精后的头两个月的人类婴儿称为胚胎，之后直到出生前，都称为胎儿。

延伸阅读： 卵；受精；胎儿；孵化；生殖。

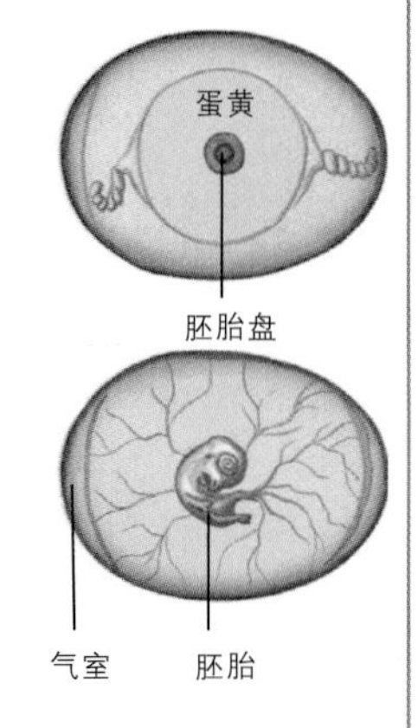

从下蛋到蛋被孵化之间的整个孵化期，鸟类胚胎发育都在蛋里进行。这期间，蛋会一直处于保暖状态。大多数营养成分都位于蛋黄内，骨骼生长所需要的钙则来自蛋壳。

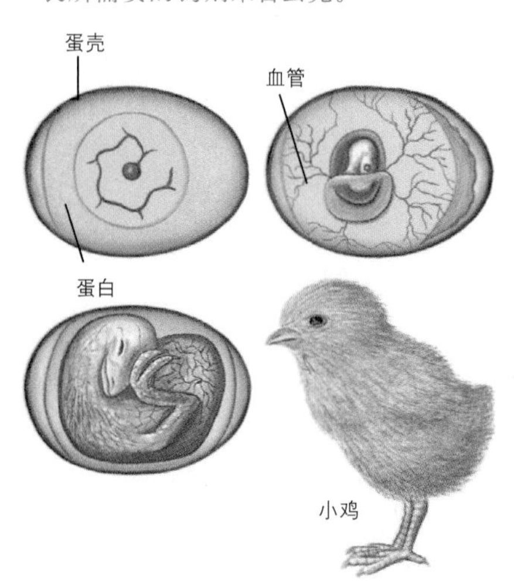

蜱虫

Tick

蜱虫是一类以血液为食的微小动物。蜱虫会附着在动物身上，然后刺穿动物的皮肤取食。蜱虫叮咬鸡、牛、狗和羊等各种动物，也会叮咬人类。

有些人以为蜱虫是昆虫，然而，蜱虫属于蛛形动物。其他蛛形动物包括螨虫、蝎子和蜘蛛。

蜱虫属于寄生虫。寄生虫通常生活在另一种称为寄主的生物体内，从寄主摄取营养和其他物质。寄生虫通常会对寄主造成伤害，但不会杀死寄主。蜱虫是有害的，因为它们会在人和动物身上传播疾病。

蜱虫身体呈椭圆形，看起来是一个整体，但事实并非如此。它们的头部可以移动。一只成年蜱虫具有从身体两侧伸出来的八条腿。蜱虫会用这些腿抓住寄主，随后吸取寄主的血液。一只雌性蜱虫一次可以产18000枚卵。

延伸阅读： 蛛形动物；鹿蜱；寄生虫。

美洲犬蜱

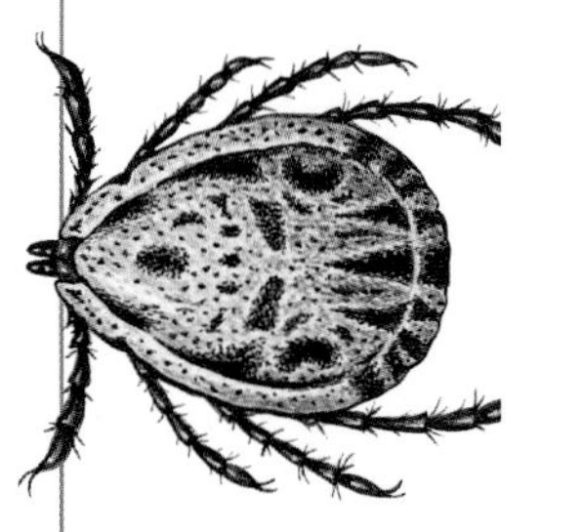
斑疹热蜱

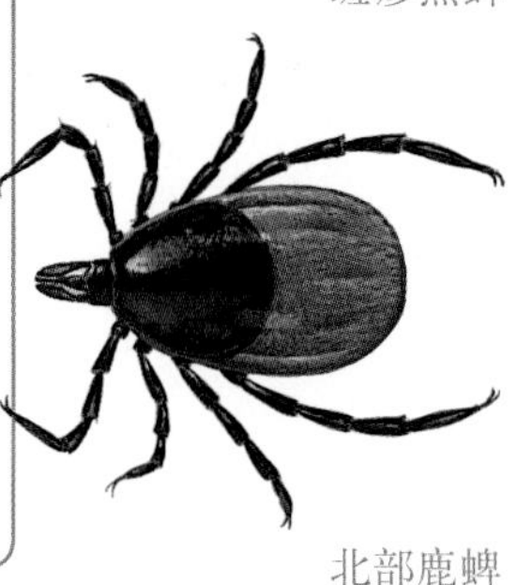
北部鹿蜱

瓢虫

Ladybug

瓢虫是一类以颜色鲜艳而著称的小型动物。瓢虫圆圆的身体形状就像半瓣豌豆。瓢虫有坚硬的革质翅膀，它们的翅膀通常呈现明亮的红色或黄色，上面还有黑色、红色、白色或黄色的斑点。与其他昆虫一样，瓢虫也具有六条腿。

瓢虫主要以包括许多害虫在内的小型昆虫为食。人们会用瓢虫清除花园植物和农作物上的害虫。

世界上的瓢虫种类有数千种，其中有些种类会伤害豆类、瓜类和其他园艺植物，但也有许多有益的种类。瓢虫的益处远大于害处。

延伸阅读： 甲虫；昆虫。

瓢虫常被用来驱除植物上的害虫。

葡萄牙水犬

Portuguese water dog

葡萄牙水犬是一个以非凡游泳能力而闻名的犬种。葡萄牙水犬能游8千米远，并能潜到3.7米的深处。几百年来，葡萄牙人一直用它们在海中捕鱼和寻回渔具。同时葡萄牙水犬也是船与船之间的信使。

葡萄牙水犬肌肉发达，它们具有带蹼的足和卷曲在背后的尾巴。带蹼的足便于它们在水中运动，尾巴则能帮助它们在游泳时像舵一样控制方向。

雄性葡萄牙水犬的肩高为50～60厘米，体重为20～27千克。雌性则略小一些。有些葡萄牙水犬的毛皮是长而卷曲的，也有些是短而卷曲的。它们最常见的毛色为黑色和白色的混合以及棕色和白色的混合。

延伸阅读： 狗；哺乳动物。

葡萄牙水犬以其非凡的游泳能力而闻名。

普氏野马

Przewalski's horse

普氏野马是现存的唯一一种真正的野马。其他“野马”实际上是逃到野外的家马。俄罗斯探险家普什瓦尔茨基（Nikolai M. Przewalski）于1881年在中亚发现了普氏野马的皮张和头骨。大约20年后，动物收藏者捕获了32匹小马。

普氏野马与家马具有紧密的亲缘关系，但外形与驴更像。它们具有灰棕色的毛皮，棕色的鬃毛，背上还有一条黑色的条纹。普氏野马的上肢具有一些模糊的横纹，下肢则为黑色。普氏野马肩高约为135厘米。它们属于濒危物种。

延伸阅读： 驴；马；哺乳动物。

普氏野马是现存的唯一一种真正的野马。它们属于濒危物种。

七鳃鳗

Lamprey

七鳃鳗是一类具有圆形嘴的不同寻常的鱼类。这类鱼会用自己的嘴吸附在其他动物身上，然后吮吸它们的血液和体液。

与大多数鱼类不同，七鳃鳗没有下颌。它们通过圆嘴的吮吸来取食，其口腔里有一排排角质的牙齿。

七鳃鳗具有一个长长的管状身体。它们的背部有鳍，但两侧没有。七鳃鳗全身没有骨骼，甚至连脊椎骨都没有。它们有一个被称为脊索的结构，脊索是由一种橡胶状的软骨构成的。

七鳃鳗的种类有很多。在淡水和咸水中都有它们的身影。淡水七鳃鳗的体长可达20厘米，而海水七鳃鳗则可以长到90厘米。

在一些地区，七鳃鳗已经成为当地的主要危害。七鳃鳗扩散到了北美洲的五大湖区域，并杀死了大量有价值的鱼类。野生动物保护部门一直在寻找减少七鳃鳗数量的方法，在一些地区，它们仍然对一些珍稀鱼类和其他野生动物构成威胁。

延伸阅读：鱼；入侵物种。

七鳃鳗是一类长长的、样子像鳗鱼的鱼类。七鳃鳗的嘴尤其适合从其他鱼类身上吸取体液。

蛴螬

Grub

蛴螬是某些甲虫幼虫的通称。蛴螬看起来与小型蠕虫或毛虫很相像，身体柔软、光滑而厚实，大多数蛴螬有白色或浅色的皮肤。

许多蛴螬栖息于木头或泥土里。生活在泥土里的蛴螬会取食植物的根，这会导致植物死亡。蛴螬能够在短时间内就使大面积的草死亡，蛴螬也会损害农作物。许多种类的蛴螬

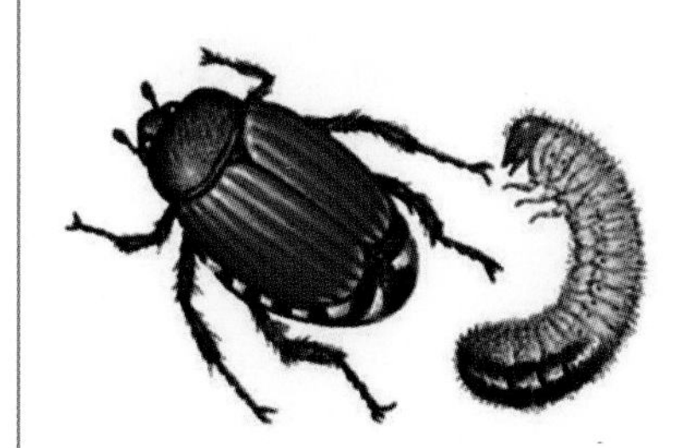

日本金龟子和它的蛴螬

都被认为是害虫。

其他一些种类的昆虫幼虫看起来也和蛴螬很像，这些昆虫包括蜜蜂、蝇类、蛾类和黄蜂，它们的幼虫有时也会被称为蛴螬。

延伸阅读：甲虫；昆虫；幼体。

旗鱼

Sailfish

旗鱼是一类背部长有大鳍的鱼。它们的鳍会像船帆一样展开。旗鱼还具有一个长而尖的吻部。旗鱼的背面为深蓝色，腹面则为白色或银色。成年旗鱼的体长可达1.8~3.7米，体重能够超过100千克。

在世界上大部分海域都有旗鱼的分布。它们通常以小鱼和乌贼为食，会用长长的吻部把这些猎物打晕。人们也曾经看到旗鱼一起协作捕捉猎物。

旗鱼在钓鱼运动中很受欢迎。人们会到美国、中美洲和南美洲海岸附近的温暖水域捕捉旗鱼。

延伸阅读：鳍；鱼；枪鱼；剑鱼。

旗鱼是一类以其背鳍闻名的大型大洋鱼类。它们背上的鱼鳍可以像船帆一样展开。

鳍

Fin

鳍是鱼类身体上伸出来的易弯曲的身体结构。大多数种类的鱼都有鳍，它们用鳍在水中控制方向，并保持身体平衡。鱼在捕食或躲避攻击时也需要依靠自己的鳍。

大多数鱼类的尾巴、后背和身体两侧具有鳍。

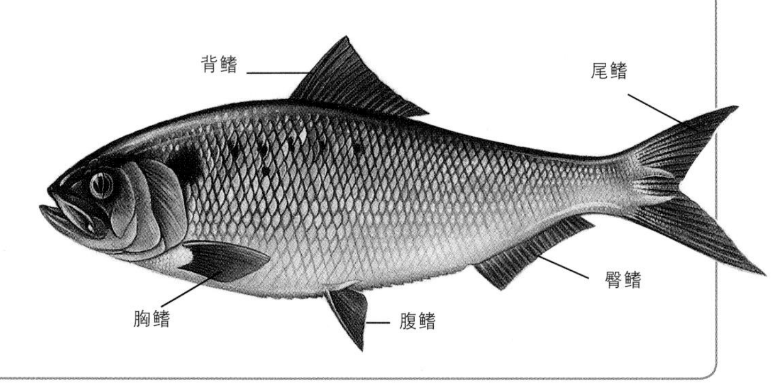

大多数鱼鳍表面有一层薄薄的皮肤，这层皮肤被称作鳍条的尖刺支撑着。鲨鱼和鳐鱼等有很厚实的鳍。

鱼类身上有好几个部位都有鳍。大多数鱼类的尾巴、后背和身体两侧具有鳍。

延伸阅读： 鱼；鳐鱼；鲨鱼。

鳍脚类

Seal

鳍脚类是一类有四个鳍状肢的海洋动物的通称。它们大部分时间生活在海中，不过它们也能在陆地上活动。大多数鳍脚类动物栖息在海岸附近。虽然它们更偏好凉爽的水域，但它们在世界各地都有分布。鳍脚类属于用乳汁喂养幼崽的哺乳动物。

鳍脚类动物主要有三种类型：海狮、海豹和海象。海狮具有能够遮盖耳孔的外耳，能够在陆地上用四个鳍状肢行走。海豹则没有外耳。它们的潜水能力比海狮更好，但是不能用后肢在陆地上移动，只能用强壮的腹部肌肉拱起身体来移动，这种动作有点像毛虫。海象则是唯一一种有突出长牙的鳍脚类。

体型最小的鳍脚类是环斑海豹，体长为1.1米，体重为50～90千克。体型最大的鳍脚类则是象海豹，体长可达5米，体重可达4000千克。

鳍脚类的厚实毛皮为它们提供了御寒的隔热层。与海狮和海象一样，海狗也可以前后转动后鳍从而在陆地上行走。

鳍脚类是游泳和潜水的好手。所有鳍脚类在水下游泳时都能够将鼻孔关闭。鳍脚类以各种海洋动物为食，这些动物包括鱼类、乌贼、章鱼和与虾相似的磷虾。有些鳍脚类以企鹅为食。

延伸阅读： 象海豹；哺乳动物；海象。

企鹅

Penguin

企鹅是一类大部分时间生活在海洋中的鸟类。它们会在陆地上筑巢，养育后代。企鹅不能飞行，它们会把翅膀当作水中的鳍状肢。企鹅在水中敏捷而优雅。当它们在陆地上时，会身体笔直地站着。企鹅的腿很短，相对于它们的短腿，它们的个子高且身体呈子弹形状，所以它们走路时会摇摇晃晃。

世界上现存的企鹅有很多种。大部分野生企鹅生活在赤道以南。大多数企鹅都栖息于南极周围的寒冷水域。它们通常会在南极附近的岛屿上筑巢，一些企鹅甚至在南极大陆筑巢，而成千上万的企鹅可能会在同一区域筑巢。

企鹅身上覆盖着又短又厚的羽毛。它们的背部、头部和翅膀的羽毛是黑色或蓝灰色的，而它们的腹部则为白色。

企鹅以鱼、蟹、虾等动物为食。虎鲸、海豹等动物捕食企鹅。

企鹅可能在数百万年前就丧失了飞行能力，从此大部分时间待在水里。经过许多代的不断演化，它们的翅膀变成了鳍的形状，这使企鹅成为优秀的游泳者。

延伸阅读：海雀；鸟；帝企鹅。

一只小帝企鹅蜷缩在一只成年帝企鹅温暖的身下。成年企鹅会为自己的幼崽提供食物和温暖。

成千上万的企鹅经常在同一个地方筑巢。

迁徙

Migration

迁徙是指动物向生存条件较好的地方迁移的行为。生存条件包括天气、食物和水。许多动物都会迁徙。鸟类、鱼类、昆虫和哺乳动物都具有迁徙行为。迁徙会发生在陆地、水中以及空中。

动物通常会在两个区域之间进行定期的往返迁徙。有些动物只会迁徙很短的距离。例如许多蛙和蟾蜍只会迁徙几千米，前往它们交配产卵的地方。而有些动物则会进行上千千米的迁徙。北极燕鸥每年的迁徙距离能达到35400千米。

迁徙主要有两种，日间迁徙和季节性迁徙。许多海中的小型动物每天都会进行日间迁徙。夜晚时，它们会游到水面觅食。而当白天到来时，它们会沉入更深更暗的水中。这种迁徙使它们避免在白天被别的动物捕食。还有许多其他动物会进行季节性迁徙。季节性迁徙通常一年进行两次。许多蝙蝠、鸟类和其他动物会在冬天迁徙到温暖区域。许多热带鸟类和哺乳动物还会在旱季迁徙，它们会迁徙到拥有更多食物和水的区域。

很多动物，包括众多种类的鸟类，都会向天气、食物和水源较好的区域迁徙。动物会在陆地、水中或空中进行迁徙。

在迁徙时，动物会利用不同的线索来寻找并确定自己的迁徙路径。其中有些由太阳、月亮或星星所引导，另一些则沿着河流或山脉走向迁徙。有些动物受到温度、湿度或风向变化的指引。有些昆虫、鸟类和鱼类的体内具有微小的天然“磁铁”，这些动物能够利用地球磁场找到自己的迁徙路径。

蝙蝠、蝴蝶、山翎鹑、黑尾鹿、鲑鱼、海豹、一些鲸类、角马和浮游动物都具有迁徙行为。

延伸阅读： 鸟；鱼；昆虫；本能。

北美洲
北大西洋
繁殖区
赤道
南美洲
南太平洋
越冬区

作为一种鸣禽，刺歌雀在北美洲筑巢，飞往南美洲过冬。

潜鸟

Loon

潜鸟是一类水鸟的通称。它们有易于游泳和潜水的光滑身体。

潜鸟有短短的尾巴和蹼状的足。当它们待在水面上时，看起来与大型鸭类很像。潜鸟有用于捕鱼的锋利喙，能够在深水中觅食。世界上现存的潜鸟有好几种，它们在加拿大以及包括阿拉斯加在内的美国北部地区有分布。

普通潜鸟栖息于从美国北部到北极圈的湖泊和河流中。它们也会被称为北方大潜鸟。普通潜鸟是美国明尼苏达州的州鸟。它们有一种宛如笑声般的奇怪叫声，这种声音会在水面上回响。

普通潜鸟栖息于从美国北部到北极圈的湖泊和河流中。

延伸阅读： 鸟；鸭。

枪鱼

Marlin

枪鱼是一类强壮有力的鱼类。它们惊人的跳跃能力使它们深受钓鱼者的欢迎。

枪鱼是一类体型巨大、身体强壮、吻部长而尖的鱼类。枪鱼的力量和令人难以置信的跳跃能力，使它深受钓鱼者的欢迎。尝试捕捉这类鱼是具有挑战性的，因为它们在上钩后会进行长时间的搏斗。

大多数枪鱼的体长为1.8~2.7米，体重为23~180千克。但是有一些枪鱼体长可达4.3米，体重可达680千克。枪鱼的背鳍看起来就像镰刀。枪鱼与旗鱼、剑鱼具有亲缘关系。

枪鱼主要以其他鱼类和乌贼为食，它们会用吻部攻击猎物，如用吻部刺向猎物。

延伸阅读：鱼；旗鱼；剑鱼。

腔棘鱼

Coelacanth

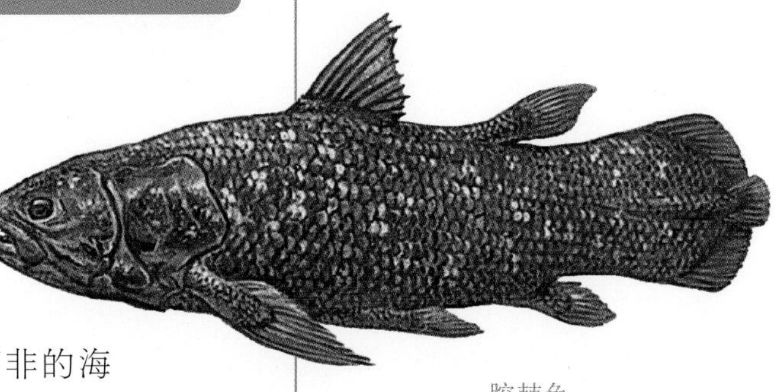
腔棘鱼

腔棘鱼是一种罕见的深海鱼类。腔棘鱼常常被称为活化石，这种动物与历史上曾经十分繁盛的动物非常相似。科学家曾经认为所有的腔棘鱼都在8000万年前灭绝了，但是在1938年，一条腔棘鱼在南非的海岸附近被捕获，从那以后，还有更多的腔棘鱼被不断发现。

腔棘鱼栖息于印度洋。它们的体长可达1.8米，体重可达95千克。腔棘鱼具有肌肉发达、几乎就像腿一样的鳍。

事实上，腔棘鱼与那些最早开始在陆地上生活的鱼类具有亲缘关系。与大多数鱼类不同，腔棘鱼的雌性并不产卵，它们直接生下幼鱼。

延伸阅读：鱼；史前动物。

蜣螂

Dung beetle

蜣螂是一类以动物粪便为食的昆虫。世界上现存的蜣螂有数千种，分布于世界各地。

蜣螂有六条腿和一个坚硬的外骨骼，它们会用头上的触角感知周围的环境。

蜣螂在动物粪便中产卵，有些蜣螂会先把粪滚成一个球。

刚孵出的蜣螂破壳而出后，会以动物的粪便为食。这种行为育肥了土壤，有助于植物生长，因此，蜣螂是自然平衡的重要组成部分。

延伸阅读： 甲虫；昆虫。

蜣螂的俗名屎壳郎来源于它的食物——动物的粪便。

壳

Shell

壳是许多生物用于保护自己的坚硬外皮。蛤蜊、龙虾、螺类、龟类都长着壳。动物的壳有很多不同的类型。

有些动物的壳形状漂亮、颜色鲜艳。有些种类的海螺具有世界上最小的壳，最大的壳则来自砗磲，宽度可达1.2米，重达250千克。

许多人会收集动物的壳，收集的大多是软体动物的壳。软体动物是海洋动物中的主要类群，蛤蜊、牡蛎和螺类都属于软体动物。

软体动物的壳通常有三层。它们由一种含钙矿物质组成。这类壳的内层通常是光滑闪亮的，称为“珍珠层”。

腹足类是一类具有单壳（一体）的动物，由软体动物中的蜗牛等动物组成。它们的壳通常有许多螺纹和其他特征。

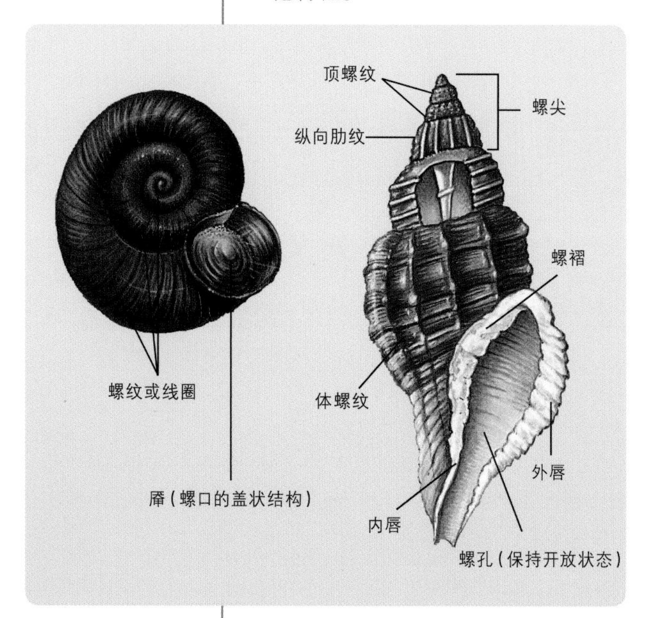

不同种类的软体动物会产生不同的壳。单壳类，例如蜗牛，具有一体式的壳。双壳类，例如蛤蜊，则具有两瓣相互对应的壳。

有些动物的壳长在体内，例如，乌贼具有一个支撑自己身体的内壳。另一些动物的壳则大多位于体外，龟类的壳实际上就是骨骼的一部分。

壳还保护着动物在陆地上所产的卵。例如鳄类、蛇类和许多其他爬行动物的蛋具有革质的外壳。植物也会具有一些不同类型的壳。例如，坚果就是一类种子被坚硬外壳保护的果实类型。

延伸阅读： 犰狳；双壳动物；蛤蜊；甲壳动物；龙虾；软体动物；牡蛎；螺类和蜗牛；龟。

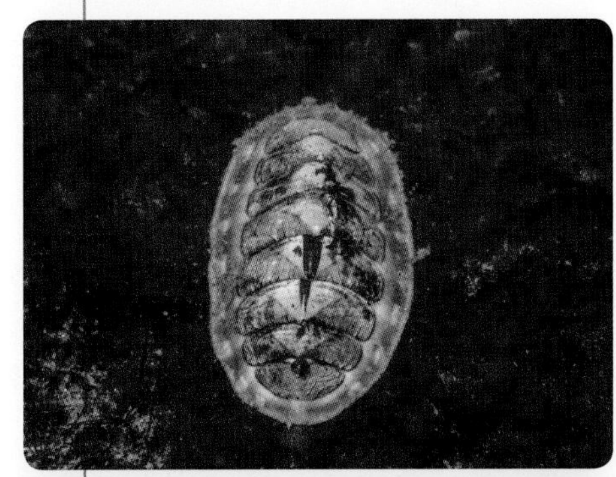

软体动物的壳示例：排石鳖（顶部图）；东方田螺（左图）；掘足类（上图）。

窃蛋龙

Oviraptor

窃蛋龙是一种小型食肉恐龙，看起来有点像鸵鸟，生活在距今9000万到6500万年前。

窃蛋龙的体长约为1.8米，头顶通常有一个骨冠。虽然窃蛋龙吃肉，但它们没有牙齿。相反，它们的嘴前端具有一个骨质喙。它们会用喙刺穿和压碎食物，窃蛋龙会用大前爪抓住猎物，能够用长长的后腿快速奔跑。

窃蛋龙这个名字的意思是偷蛋的贼。科学家曾经认为窃蛋龙吃恐龙蛋，因为第一具窃蛋龙的化石是在一窝恐龙蛋上发现的，他们以为窃蛋龙正在吃蛋。然而，后来的发现表明，这是窃蛋龙在保护它的巢穴，就像鸟一样。科学家并不确定窃蛋龙到底吃什么。

延伸阅读： 恐龙；古生物学；史前动物；爬行动物。

窃蛋龙这个名字的意思是偷蛋的贼，因为人们曾经认为这类恐龙主要取食其他恐龙的蛋。

禽龙

Iguanodon

禽龙的牙齿形状与鬣蜥相似。

禽龙是一种大型植食恐龙。这种恐龙的牙齿形状与现代的鬣蜥很相似。禽龙的体长约9米，体重为3.6~4.5吨。它们会用自己的角质喙和强壮的牙齿取食植物。禽龙的前肢比它们又长又壮的后腿短，它们的前肢上有五个手指，拇指上有一个尖刺，科学家认为这种恐龙会用尖刺保护自己，而且还能把树枝拉向自己嘴边。禽龙的每只脚上有三个脚趾。高大的成年禽龙用四肢行走，更小、更年轻的禽龙则可以用两条腿行走。禽龙的长尾巴可以用来保持身体平衡。

禽龙生活于距今1.35亿~1.25亿年前。它们与鸭嘴龙的亲缘关系很近，但是鸭嘴龙生活在禽龙所处时代的数百万年后。除了南极洲，科学家在每一个大陆上都发现了禽龙的化石。有些禽龙化石被大量发现，这表明这种动物是集群生活的。

延伸阅读： 恐龙；鸭嘴龙；古生物学；史前动物；爬行动物。

蜻蜓

Dragonfly

蜻蜓被认为是飞行速度最快的昆虫，其速度可以达到60千米/时。

蜻蜓是具有四个大翅膀的飞行昆虫。蜻蜓的种类有数千种。它们的身体很长，通常色彩斑斓。它们的大眼睛可以把头部的大部分区域遮住。蜻蜓的每只复眼由20000多个小眼组成。

蜻蜓可能是飞行速度最快的昆虫，其速度可达60千米/时。它们的飞行姿态很优雅，而且会在飞行时捕捉猎物。它们会把腿交织成一个篮子的形状，然后把昆虫捕进篮中。蜻蜓以蚊子和其他有害昆虫为食。

雌蜻蜓在水中产卵。小蜻蜓会在水里生活1～5年，它们没有翅膀，不能飞行，以昆虫和小型水生动物为食。成年蜻蜓只能存活几个星期。

延伸阅读： 复眼；昆虫。

鲭鱼

Mackerel

鲭鱼是一类可供食用的小型鱼类，具有细长的体型和叉状的尾巴。它们集群游动，栖息于大西洋、太平洋和印度洋。

四种最著名的鲭鱼分别是大西洋鲭鱼、东海鲐鱼、王鲭、鲅鱼。大西洋鲭鱼分布于北大西洋，体长大多为25～46厘米。王鲭和鲅鱼栖息于大西洋的温暖水域。它们以大量的小型鱼类、虾和鱿鱼为食。王鲭的体长可达170厘米以上。东海鲐鱼也称太平洋鲭鱼。

人类捕捞了大量鲭鱼。人们会直接以它们为食或用它们榨油。

延伸阅读： 鱼。

鲭鱼经常成群结队地游动。

蚯蚓

Earthworm

蚯蚓是一类生活在土壤中的蠕虫类动物。它们可能会在晚上爬到地面上。蚯蚓常常会被作为鱼饵，所以有时也被称为钓鱼虫。

世界上现存的蚯蚓有数千种，在世界上的大部分地区都有分布。最小的蚯蚓体长只有大约1毫米，最大的蚯蚓体长可达3米。它们的身体光滑而分节，这些分节使蚯蚓看起来就像是身体上有环一样，称为环节，能帮助蚯蚓穿过土壤。蚯蚓红褐色的身体就像两个套在一起的长管子一样，内部是消化管，外部是体壁。

蚯蚓有五对心脏，它们的血管从心脏分出，为全身供给血液。蚯蚓没有眼睛和耳朵，但是对热、光和触碰都很敏感。

蚯蚓主要以土壤中植物的微小碎片为食。当蚯蚓在土壤中移动时，会吞食土壤并消化植物的微小碎片。蚯蚓能够使土壤变得更松并充分混合，它们还会向土壤中释放营养物质。这两种行为都有助于植物生长。蚯蚓也是许多动物的食物，鸟类很喜欢捕食蚯蚓。

延伸阅读：腐烂；蠕虫。

蚯蚓以土壤中死去植物的微小碎片为食。在蚯蚓移动的过程中，它们会吞食土壤，消化死去和腐烂植物的碎片。

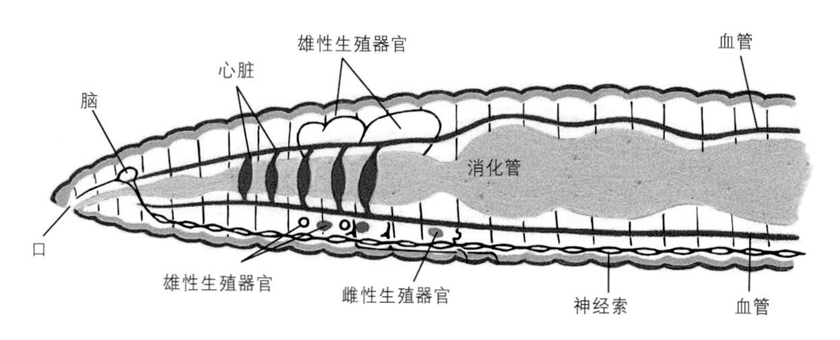

蚯蚓的身体前部具有五对心脏，它们能够帮助蚯蚓进行血液循环。

犰狳

Armadillo

犰狳是有甲胄保护的哺乳动物。犰狳只有背部有骨质甲胄，它们的甲胄呈窄带状结构，这使得犰狳的身体能够弯曲。犰狳分布于北美洲和南美洲，种类有好几种。

犰狳具有强有力的爪子，能在地上挖洞，这些洞穴就是它们的庇护所。犰狳会用爪子撕开昆虫的巢穴，用长长的舌头来舔舐这些昆虫。它们也会吃蜘蛛和蠕虫。

当犰狳在洞穴之外遭遇危险时，骨质的甲胄能让它们免受其他动物的伤害，有一种犰狳甚至可以卷曲成一个“装甲球”。

一些犰狳背上有六条带状甲胄，而分布在美国的犰狳则有九条。包括尾巴在内，这种犰狳的体长约为60厘米。

延伸阅读： 哺乳动物。

犰狳

鼩鼱

Shrew

鼩鼱（jīng）是一类具有尖尖鼻子，形似小鼠的小动物。最小的鼩鼱只有一枚硬币那么重。鼩鼱栖息在世界上大部分地区的田野、森林、花园和沼泽里，种类很多。

鼩鼱会用自己细长的鼻子寻找食物。它们的眼睛和耳朵很小，全身覆盖着又短又黑的毛皮。北美水鼩是体型最大的鼩鼱之一，体长约为15厘米。而体型最小的鼩鼱是小鼩鼱，体长约7.6厘米。

鼩鼱是一类长着尖鼻子的小动物。最小的鼩鼱只有一枚硬币那么重。

鼩鼱主要以蠕虫和昆虫为食，有时也会捕捉小型鸟类和鼠类。黄鼬、狐狸和猫头鹰都会捕食鼩鼱。鼩鼱身上难闻的气味可以保护它们不受攻击。鼩鼱对人无害，但是对于鼩鼱的猎物而言，鼩鼱的咬伤具有一定的毒性。因为鼩鼱会捕食害虫，所以它们对农业有益。

延伸阅读： 象鼩；哺乳动物；有毒动物。

蠼螋

Earwig

蠼螋(qú sōu)是一类身体后部具有一对大钳子的昆虫。它们栖息于石头下面、腐烂的树皮里以及潮湿的环境中。它们在晚上最为活跃。大多数蠼螋的体长为0.6~2.5厘米。

蠼螋的身体表面坚硬而闪亮。它们的前翅短而坚韧，后翅则像薄纱一般。蠼螋的头上有长而纤细的触角。它们在世界各地都有分布，不过在温暖地区最为常见。世界上现存的蠼螋有数百种。

有些种类的蠼螋会破坏水果和花，但它们也会吃掉有害的昆虫和蜗牛。蠼螋的英文名直译为“耳虫”，这来源于它们会爬进熟睡的人的耳朵里产卵的说法，但蠼螋其实是不会在人的耳朵里产卵的。

延伸阅读： 昆虫。

蠼螋的英文名直译为“耳虫”，这来源于一种错误的观念，人们认为这类昆虫会爬进人的耳朵里产卵。

拳师犬

Boxer

拳师犬是一个体型中等的犬种，其名字来源于它们用前腿敲击的顽皮习惯。拳师犬是由其他几个犬种培育出来的，19世纪初，它们被用来与德国斗牛犬杂交。

拳师犬身形矮壮、肌肉发达。它们的毛皮短而发亮，并呈现棕褐色。拳师犬具有很厚实的胸部、宽大的颅骨和大大的眼睛，经常被用作军犬或服务动物。

延伸阅读： 斗牛犬；狗；哺乳动物。

拳师犬

犬瘟热

Distemper

犬瘟热是狗和其他动物的传染病。犬瘟热由病毒引起，通常会发生在幼犬身上，这种疾病常常是致命的。

患上犬瘟热的狗会出现发烧和红眼的症状，它们的嘴也会变得干燥，并失去食欲，脓可能会从它们的鼻子或眼睛流出。随着病情恶化，狗可能会出现咳嗽和呼吸困难，病毒也会侵入大脑，使狗出现抽搐动作。

疫苗接种可以预防犬瘟热。一旦狗患上了犬瘟热，就应该去看兽医。

猫和马也会得叫作瘟热的疾病，但这些疾病不同于犬瘟热。这两种疾病都可以通过药物治疗或接种疫苗预防。

延伸阅读： 猫；狗；马；病毒。

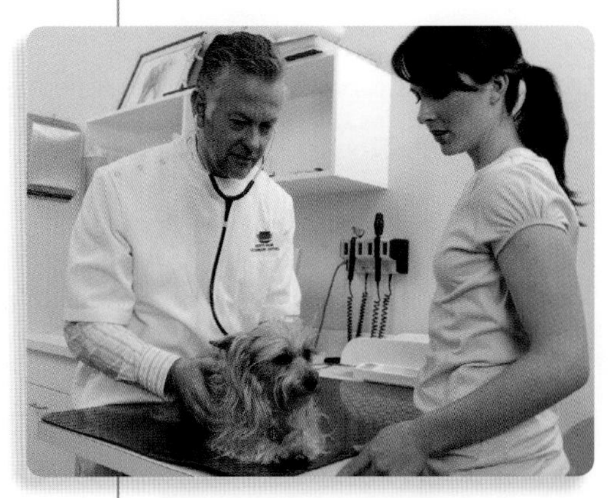

患犬瘟热的狗需要看兽医。

雀

Finch

雀属于小型鸣禽，它们有很多种类。除了南极洲和一些岛屿外，它们在世界各地都有分布。金丝雀、麻雀、金翅雀和红雀都属于广义的雀类。它们的鸣唱声音优美，所以被称为鸣禽。

雀类有短小的锥形喙和强有力的颚，便于取食坚硬的种子。大多数雀类有多彩的羽毛，分布于北美洲的许多雀类具有漂亮的红色和黄色羽毛。

雀在树枝和灌木上筑巢，巢的形状与圆锥很相似，内部会衬有其他动物的毛。

雀类因其出色的鸣唱技艺成为受欢迎的宠物，金丝雀就是最常见的宠物鸟之一。

延伸阅读： 鸟；金丝雀；主红雀；金翅雀；麻雀。

分布于北美洲的许多雀类具有漂亮的红色和黄色羽毛。

蚺

Boa

蚺是一类体型中到大型的蛇类。世界上现存数十种不同的蚺。大多数蚺都是以缠绕收缩的方式进行捕食。蚺会将猎物包裹起来，不断缠绕并挤压得很紧，使猎物无法呼吸。蚺没有毒。绿森蚺是体型最大的蚺，体长可达9米以上，而沙蚺的体长可能还不到90厘米。

大多数蚺在水中、地上或树上都能生存得很好，一些蚺还会挖地下洞穴。它们主要以小型哺乳动物和鸟类为食。一些蚺能够通过感受热量在夜间狩猎，它们上唇处的凹陷能探测到热量。

有些种类的雌蚺不产卵而会直接产下小蛇。与其他蛇类不同，许多蚺具有小小的后腿残余物，称为刺。

蚺栖息于世界大部分温暖地带。最常见的蚺是红尾蚺，分布于从墨西哥到阿根廷的热带地区，而橡皮蚺和玫瑰蚺分布于美国。这些穴居蛇类会在夜间捕食。当受到惊吓或面临威胁时，它们会把自己蜷缩成球状。翡翠树蚺分布于美国南部，它们光滑的鳞片为明亮的绿色，并带有白色斑点，这些蛇在偷袭猎物时会隐藏在树叶间，几乎无法被看见。

大多数蚺都是以缠绕收缩的方式进行捕食的，它们把猎物挤压到无法呼吸，从而杀死猎物。

热带鱼

Tropical fish

色彩鲜艳的热带鱼分布于热带地区，通常会被当作宠物饲养。

热带鱼通常指的是来自热带地区色彩鲜艳的小型鱼类。这类鱼很受家庭养鱼爱好者的喜爱。它们繁殖迅速，体长通常为2.5～30厘米。有许多种类的鱼都生活在热带，不过这里仅讨论能够在家庭水族箱饲养的一些常见热带鱼种类。

大多数热带鱼能够吃由谷物、干虾、鱼、昆虫和水生植物混合制成的食物。人们也可以为它们喂食小片的虾、牡蛎和鱼。许多热带鱼属于食肉性鱼类，不过一些以植物为食的鱼类经过训练后也会取食肉类。一些“难以饲养”的海水鱼类则需要特殊的食物，例如海绵和活珊瑚，但其中也有许多种类会吃各种各样的食物。饲养者应该只喂适量的食物，没吃的食物掉到水底会腐烂，从而将水弄脏，危害鱼的健康。

热带鱼水族箱

热带鱼水族箱上应该覆盖一块平板玻璃用于控制温度。这种覆盖物还可以防止鱼跳出水族箱。饲养者应该在水族箱里种植水生植物，使水保持良好状态，并为鱼类提供氧气。在远离阳光的地方放置水族箱也可以控制温度。

最常见的热带鱼是孔雀鱼。它们原产于加勒比群岛和南美洲的淡水区域。雌鱼的体长约5厘米，雄鱼体型更小。雌鱼的头部呈灰色，而雄鱼的头部则五彩缤纷。孔雀鱼在约3个月大的时候就可以开始繁殖并产下后代，每条雌鱼能够产下20～50条幼鱼。

其他能直接产下幼鱼的淡水热带鱼有剑尾鱼、新月鱼和黑花鳉。有些热带鱼产卵，包括倒刺鱼、斑马鱼、波鱼、脂鲤目和慈鲷科的一些物种。一些海水鱼，如小丑鱼和一些雀鲷科的物种，也可以在家庭水族箱饲养。

延伸阅读： 水族箱；珊瑚；鱼；金鱼；孔雀鱼；宠物。

妊娠期

Gestation

妊娠期指的是雌性动物在体内孕育正在发育胎儿的时期，也叫怀孕期。当婴儿出生时，妊娠期就结束了。

妊娠期从受精开始。受精指的是雌性体内的卵细胞与来自雄性的精子结合。受精卵会附着在雌性的子宫内壁上，慢慢成

图中为大象和它的幼崽。大象的妊娠期为22个月。

长为一个胎儿。

不同种类的动物有不同的妊娠期。人类的妊娠期约为9个月，兔子的妊娠期为28天，狗的妊娠期为9周，许多鲸类的妊娠期长达1年。

延伸阅读： 卵；胚胎；受精；胎儿；生殖。

图中为金仓鼠和它的幼崽。金仓鼠的妊娠期为16天。

狨猴

Marmoset

狨猴也叫绢毛猴，是一类小型猴类。不包括尾巴在内，大多数狨猴的体长不超过30厘米。大多数种类的狨猴体重为300～350克。

狨猴的毛又厚又软，呈银白色、灰色或棕色。一些狨猴的头部和耳朵上还长着一片片毛发。不同于其他猴子，狨猴的指端长的不是指甲，而是爪子。

狨猴栖息于树上。它们会用四条腿行走，主要以昆虫和水果为食。狨猴也会在树上啃出小洞来取食树胶或树液。大多数狨猴栖息于热带森林和林地平原。它们分布于中美洲和南美洲，大多以3～8只的规模群居。

延伸阅读： 哺乳动物；猴；狮面狨和柽柳猴。

侏儒狨的体长为14～16厘米，体重则为150～200克。

绒毛猴

Woolly monkey

绒毛猴是一类栖息于南美洲亚马孙雨林中的大型猴类，具有厚实而柔软的深色毛皮。它们以5～40只的规模群栖。它们会在树林中穿行，主要以水果为食。绒毛猴大部分时间都在睡觉，但清醒时充满活力。它们的“亲吻”式打招呼方式很有名。

现存的绒毛猴有好几种。成年绒毛猴的体重为4.5～11千克。不包括尾巴的话，它们的体长约为50～75厘米。它们的尾巴可以长到58～69厘米。绒毛猴会用尾巴抓东西。绒毛猴的尾巴末端附近没有毛。

绒毛猴有完全灭绝的风险。它们受到雨林被破坏的威胁。人们也会为了获取它们的肉而杀死它们。

延伸阅读： 濒危物种；哺乳动物；猴；灵长类动物。

幼年绒毛猴通常会趴在母猴背上。母猴会带着自己的幼崽，直到幼崽能够安全地独自生存为止。

蝾螈

Salamander

蝾螈是一类皮肤湿润的小型四足动物。蝾螈属于两栖动物，两栖动物是动物的一个主要类群，蛙类也属于两栖动物。蝾螈分布于除南极洲和澳大利亚以外的所有大陆。世界上现存的蝾螈有上百种，其中大多数只有几厘米长。

与其他两栖动物一样，蝾螈生命中的一部分时间在水里度过。蝾螈通常在水中交配并产卵。蝾螈幼体能够用从头部后面伸出的鳃在水下呼吸。随着幼体的成长，它们逐渐转变成成体。这种转变称为变态发育。蝾螈的幼体通常会长出又长又壮的腿。它们会失去鳃，并长出肺。大多数蝾螈的成体栖息在陆地上。它们通常生活在腐朽的原木或岩石下、洞穴里，以及其他凉爽、黑暗的地方。一些蝾螈，例如斑泥螈，则完全生活在水中。

许多蝾螈的皮肤有毒。这类蝾螈的皮肤颜色可能会很鲜艳，这些鲜艳的颜色会警告其他动物，这类蝾螈有毒，不能吃。

延伸阅读： 两栖动物；幼体；变态发育；有毒动物。

在红蝾螈的生活史中，有一部分时间在水中生活，一部分时间在陆地上生活。

儒艮

Dugong

儒艮是一种以植物为食的海洋哺乳动物。和其他哺乳动物一样，儒艮用母乳喂养幼崽。与鱼类不同，它们必须到水面上呼吸空气。儒艮栖息于印度洋和南太平洋的浅海沿岸，从非洲东部到澳大利亚北部都能找到它们的身影。

儒艮

儒艮的身体呈流线型，它们使用鳍和强有力的尾巴在水中游动。这种动物具有一个圆圆的鼻子和长满胡须的上嘴唇。儒艮的体长可以达到2.7米，体重约为270千克，它们可以活到70岁。

在一些地区，人们会因为对肉、脂肪、皮和骨头的需求而猎杀儒艮。人们所使用的渔网也会把儒艮意外缠死。儒艮的种群数量已经大为下降，科学家警告说，它们很可能会完全灭绝。

延伸阅读： 濒危物种；哺乳动物；海牛。

蠕虫

Worm

蠕虫是一类具有柔软的管状身体的动物，它们没有脊柱或腿。世界上现存的蠕虫有成千上万种。体型最大的蠕虫体长可达数米，而体型最小的只有在显微镜下才能看到。

最常见的蠕虫是蚯蚓，它们生活在土壤中。蚯蚓在世界上大部分地区都有分布。它们以土壤中腐烂的植物和动物遗骸为食。这种觅食行为有助于释放那些能够帮助植物生长的营养物质。同时，蚯蚓还能帮助翻动和混合土壤，这也对植物有益。

还有许多其他蠕虫生活在水里，海水和淡水环境中都有。也有一些蠕虫生活在植物或动物体内。这些蠕虫属于寄生虫，也就是一类依靠寄主而生存的生物。属于寄生虫的蠕虫会在寄主体内引起疾病。

大多数蠕虫都具有发达的触觉。它们的身体也能感觉到周围的各种化学物质。许多种类的蠕虫都具有一定的视觉能力，它们有眼睛或眼点。不过，也有些蠕虫不具备视觉。

蠕虫有几种不同的类群。其中最重要的一些类群包括扁形动物、纽形动物、线形动物和环节动物。蚯蚓就属于环节动物。

延伸阅读： 蚯蚓；扁形动物；吸虫；水蛭；纽形动物；线形动物。

世界上现存的蠕虫有成千上万种。扁形动物、纽形动物、线形动物和环节动物是其中最主要的四个类群。

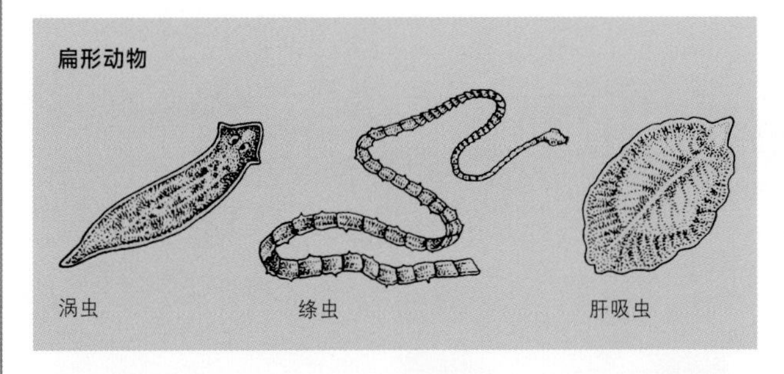

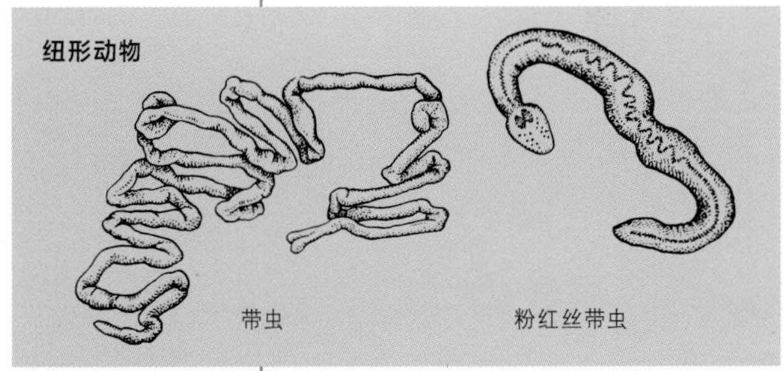

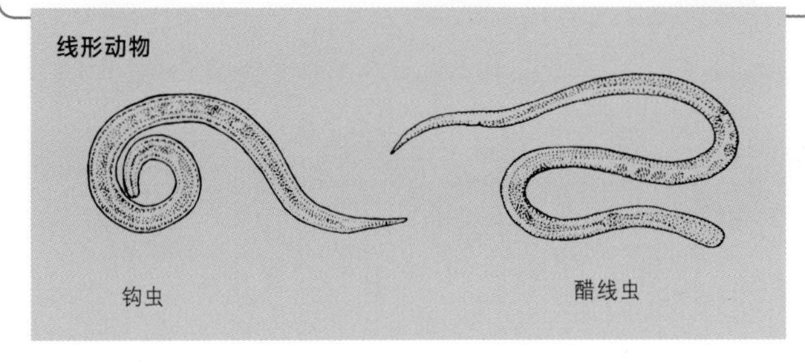

活动

制作你自己的蚯蚓繁殖箱

把蚯蚓放进繁殖箱，你可以亲眼看到蚯蚓是如何穿过土壤的。请观察蚯蚓在孔洞中移动时伸缩自己身体的动作。

你需要准备：

- 粉笔
- 各种类型的土壤，如沙子、泥土或泥炭
- 两个塑料瓶，一大一小
- 蚯蚓

1. 请一个成年人帮你把两个瓶子的瓶盖都剪掉。把小瓶子放在大瓶子里面。在小瓶子外面放一层土。

2. 在第一层土上撒一些粉笔末。粉笔末将帮助你更容易地看到蚯蚓的孔洞。

3. 用同样的方法填满大瓶子，注意用另一层不同的土壤和粉笔末。在顶部留出约2厘米的空间。

4. 在顶部加一层枯叶或插枝，洒足够的水使土壤湿润，注意不要让土壤过于湿润。

5. 现在你要从户外的地里挖几条大蚯蚓，放在你的蚯蚓繁殖箱里。

6. 用布把你的繁殖箱盖上，因为蚯蚓不喜欢光。一天后再看看蚯蚓在做什么。当你不进行观察时，记住一定要把它盖住，当土壤干燥的时候也不要忘记浇适量的水。

乳齿象

Mastodon

乳齿象是一类长得很像现生大象的动物，如今已经灭绝。数百万年前，乳齿象最早出现于北非。随着时间的推移，它们迁移到了北美洲。乳齿象在距今约1万年前灭绝。

与现生大象一样，乳齿象具有两颗长长的象牙。它们与四牙剑齿象具有紧密的亲缘关系。乳齿象比现生大象更矮、更重。早期的乳齿象上下颌都具有象牙。一些晚期的乳齿象则没有下颌的象牙。而铲齿象的类群则具有巨型的扁平象牙。

乳齿象的其他牙齿（臼齿）宽7.5厘米，长15厘米。它们会用这些巨大的牙齿磨碎植物。

延伸阅读： 象；哺乳动物；猛犸象；古生物学；史前动物。

乳齿象是一类与现生大象很相似的动物，如今已经灭绝。

入侵物种

Invasive species

入侵物种指的是那些传播到新区域而造成危害的生物。物种指的是一个特定的生物种类。人类将许多物种从一个区域转移到了另一个区域。入侵物种繁盛的原因是因为它们的生长几乎不受到自然的限制，例如，以这些入侵物种为食的动物通常在它们的新家并不存在。

蔗蟾原产于中美洲，但在许多地区已成为入侵物种。它们对澳大利亚野生动物的伤害尤其严重。人们把蔗蟾带到澳大利亚是为了控制甲虫类的害虫，但这些蟾蜍

蔗蟾原产于中美洲，后来被引进澳大利亚消灭甲虫。它们已经扩散到整个澳洲大陆，杀死了成千上万试图捕食这种有毒蟾蜍的动物。

很快就扩散到澳洲大陆的大部分地区。蔗蟾的皮肤有毒，许多澳大利亚本土动物在吃了蔗蟾后会死亡。而且，蔗蟾还与本土动物争夺食物。人们试图限制蔗蟾的传播，但并不成功。

一个入侵物种可以通过改变整个生境的方式，威胁众多本土物种的生存。

例如，亚洲鲤鱼以水生植物为食，人们把它们引入美国清理饲养鲶鱼的池塘，但亚洲鲤鱼很快就扩散到密西西比河流域的大部分地区。在一些地区，亚洲鲤鱼吃掉了大部分水生植物。而这些植物原本为许多本土鱼类提供住所和食物，并且还有助于固定水中的泥沙。所以亚洲鲤鱼对许多生境造成了极大的破坏。

防止入侵物种传播的最有效方法是把它们拒之门外。许多国家禁止游客携带外国动植物进入本国。人们也可以诱捕或杀死入侵动物，但是，杀死入侵物种可能极其困难，因为它们往往已经扩散得很广泛了。

延伸阅读： 亚洲鲤鱼；生境；有害生物；物种。

原产于欧洲的紫翅椋鸟于19世纪初被引入美国。在没有天敌的情况下，最初引入的椋鸟后代现在已有数百万只。栖息在城市的，已成为当地的主要有害生物。

软体动物

Mollusk

软体动物是主要栖息在水中的一类动物的通称。软体动物没有骨头，但大多具有能够保护自己的壳。蛤、蚌、牡蛎、扇贝、螺类、蛞蝓、乌贼、鱿鱼和章鱼都是软体动物。现存的软体动物种类超过10万种。软体动物在世界各地的海洋中都有发现。有些软体动物栖息在淡水中，还有少数种类栖息在陆地上。

大多数软体动物都具有用来保护柔软身体的坚硬外壳，但包括章鱼和某些蛞蝓在内的少数软体动物则没有外壳。

所有软体动物都具有一个称为外套膜的管状身体部分。在有外壳的软体动物中，外壳正是由外

扇贝

乌贼具有一个叫作海螵蛸的内壳（外套膜），能够保护它们的心脏和其他器官。

套膜所形成。在没有外壳的软体动物中，外套膜为它们的心脏和其他器官提供着保护。

软体动物是自然界的重要组成部分。人类也会取食各种各样的软体动物，还会把软体动物的外壳做成纽扣或珠宝。例如，牡蛎所产生的珍珠可制成珠宝，所以特别珍贵。

延伸阅读： 鲍鱼；蛤蜊；贻贝；章鱼；牡蛎；扇贝；壳；蛞蝓；螺类和蜗牛；乌贼。

所有软体动物，包括乌贼，都有一个称为外套膜的管状身体部分。

鳃

Gill

鳃是动物用于在水下进行呼吸的器官。鱼类有鳃，蛤蜊和章鱼等许多其他水生动物也有鳃。

所有的动物都需要氧气才能生存。陆地上的大多数动物用肺呼吸空气，它们从空气中获取氧气。但是氧气也会混合进海洋、湖泊和河流的水中，鳃能够帮助动物从水中获取氧气。

对于鱼类而言，鳃位于鱼嘴后面，由许多充满血液的薄板组成。水经鱼嘴进入，经鳃流出。水中的氧气通过鳃表面时会进入血液，血液将这些氧气输送到鱼身体的其他部位。

鳃也能排出二氧化碳。当身体组织使用氧气时就会产生二氧化碳，血液会携带二氧化碳到达鳃的表面，二氧化碳会穿过鳃表面进入水中。

延伸阅读： 鱼；呼吸。

与所有动物一样，鱼类也需要氧气，从而才能把食物转化为身体所需的能量。这些图画展示了鱼鳃是如何使鱼类从水中获得氧气并排出二氧化碳的。

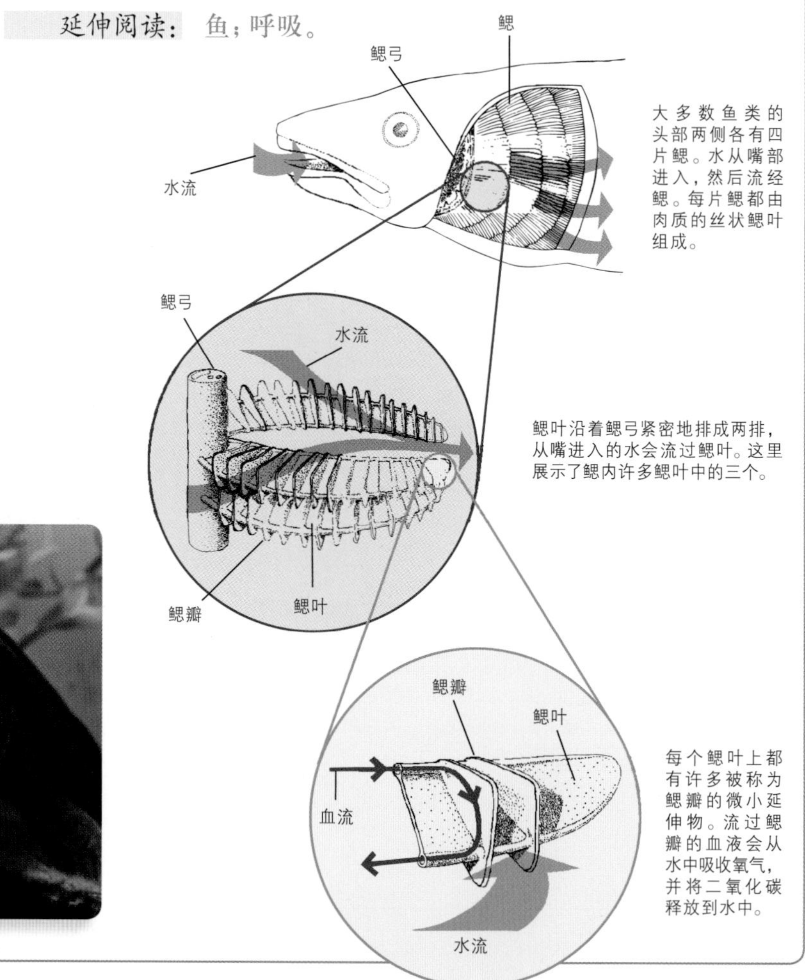

墨西哥钝口螈有外鳃。

塞利诺

Sereno, Paul

保罗·塞利诺（1957— ）是一位美国古生物学家。他有过许多重大发现。1988年，塞利诺在阿根廷完成了他的第一次重大发现，当时他发现了最完整、保存最为完好的埃雷拉龙骨骼化石，埃雷拉龙是一种早期食肉恐龙。1991年，塞利诺团队在同一地区发现了另一种早期食肉恐龙——始盗龙的化石。

塞利诺还去印度、蒙古、摩洛哥和尼日尔等地进行研究。2000年，塞利诺和他的团队在尼日尔发现了一些帝鳄的化石，帝鳄是历史上曾经出现过的体型最大的鳄鱼之一，大约有一辆公共汽车那么长，生活在距今1.1亿年前。

古生物学家塞利诺

延伸阅读： 鳄；恐龙；始盗龙；古生物学；史前动物。

三角龙

Triceratops

三角龙是一种大型植食性恐龙。距今6500多万年前，成群结队的三角龙在如今的北美洲西部游荡。

三角龙的体长约为7.6米，站立时的臀高为2.9米，体重约为7.3吨。三角龙具有粗壮的腿和短而粗的尾巴。

三角龙有一个巨大的头部，长度可达2.1米。它们的眼睛上部有两个又长又尖的角，鼻子上还有一个短角。三角龙具有一个强有力的喙状嘴，可拔掉和切断坚硬的植物进行取食。三角龙有一块延伸到颈部的骨板，称为头盾。头盾有可能帮助三角龙抵御诸如霸王龙这样的大型食肉恐龙的攻击。

三角龙会利用它的三个角和头盾保护自己免受食肉恐龙的伤害。

延伸阅读： 恐龙；古生物学；史前动物；爬行动物。

三声夜鹰

Whip-poor-will

三声夜鹰是一种叫声奇怪的鸟。它们栖息在森林里，主要分布于美国东部、中部和南部地区，会在墨西哥湾沿岸、墨西哥和中美洲越冬。

三声夜鹰的体长约为25厘米。带有斑点的棕色羽毛使它们很难在树林中被发现。它们白天睡觉，晚上取食。三声夜鹰以昆虫为食。因为它们会取食对农作物有害的昆虫，所以对农民有益。

延伸阅读：鸟。

三声夜鹰褐色且带有斑点的羽毛使它们能够与周围的树木融为一体，从而帮助它们躲避天敌。

三叶虫

Trilobite

三叶虫是一类史前海洋动物，生活在古生代时期。古生代从距今约5.42亿年前持续到距今约2.51亿年前。

三叶虫化石在世界各地都有发现。科学家已经发现了超过10000种三叶虫化石。这些化石表明，大多数三叶虫的体长在10厘米以下。不过也有些种类体型大得多。这类动物的大部分身体被一个柔软的外壳覆盖着。两个凹槽将它们的外壳分成了三个裂片（部分）。

三叶虫属于节肢动物。现存的节肢动物包括螃蟹和昆虫等许多动物。三叶虫身体的三个主要部分是头、胸和尾。它们的胸部有许多体节，每节都有腿。三叶虫通过位于腿部的鳃进行呼吸。

延伸阅读：节肢动物；化石；古生物学；史前动物。

三叶虫的化石显示它们的身体被分为许多节，在每节的侧面都具有长刺。

三趾鹬

Sanderling

三趾鹬是一种与沙锥和其他滨鹬类具有亲缘关系的鸻鹬类。但与这些鸟类不同的是，三趾鹬每只脚上只有三个脚趾。

三趾鹬是一种夏季栖息在北极的海滩上，而到了冬季会迁徙到比较温暖的南方的鸻鹬类。

三趾鹬会集群地栖息和迁徙。它们在北极的海滩上繁殖。到了冬季，它们会往南迁徙。有些三趾鹬在冬季会从美国加利福尼亚州和得克萨斯州迁徙到南美洲北部越冬。它们也栖息于许多太平洋岛屿。

三趾鹬的体长约为20厘米。羽毛上半部呈灰色，下半部则呈白色。三趾鹬具有修长的黑色喙以及灰色或棕色的腿和脚。

三趾鹬通常栖息于海滨地带。它们最喜欢的食物是随着涨潮而被冲上海滩的小型贝类和昆虫。雌鸟一次会产下3～4枚卵。卵呈棕绿色，并具有深色的斑纹。

延伸阅读： 鸟；鹬。

僧帽水母

Portuguese man-of-war

僧帽水母是一类不寻常的海洋动物。它看起来像一只水母，但实际上是一个由数百只个体组成的群体。僧帽水母具有长长的触须。它们会用触须捕捉食物。一个大型的僧帽水母可能具有9米长的触须。当接触到猎物时，触须便会释放毒素，这种毒素会杀死鱼类等动物。随后，触须会将死去的鱼运送到外形呈管状的不同个体处。这些个体会为整个群体消化食物。其他个体则会帮助创造新的僧帽水母群体。

一个僧帽水母正漂浮在温暖的海面上。它会用像胳膊一样的有毒触须捕捉鱼类，这些触须都悬在水面以下。

僧帽水母经常会刺伤游泳者。它们通常不会杀死人类，但是被刺伤的人可能会出现皮疹、疼痛和呼吸困难等症状。

延伸阅读： 水母；有毒动物；触须。

杀虫剂

Insecticide

杀虫剂是一种能够杀死昆虫的化学物质。杀虫剂对控制害虫很有用，但是许多杀虫剂也会对人、其他动物或环境造成伤害。杀虫剂必须小心使用，遵循安全使用方法。

许多杀虫剂为喷剂或粉末，能毒杀那些取食它们或触碰它们的昆虫。有些杀虫剂是能够杀死昆虫的蒸气或气体，有些杀虫剂则使昆虫无法繁殖。

农民和园丁会使用杀虫剂来防止昆虫破坏农作物。杀虫剂也被用来保护动物免受蝇类、虱子、螨虫和蜱虫的侵害。杀虫剂可以帮助控制诸如疟疾这样由昆虫传播的疾病。人们有时会在家里使用杀虫剂来控制蚂蚁、跳蚤和蟑螂的数量。

有些有害的杀虫剂在环境中会持久存在，包括DDT、氯丹、林丹和甲氧氯，这些杀虫剂在许多国家已经被更安全的杀虫剂所取代。

延伸阅读： 农业与畜牧业；昆虫；有害生物。

沙袋鼠

Wallaby

沙袋鼠是一类看起来像小型袋鼠的动物。沙袋鼠的脚很大，后腿很长，前腿很小。与大型袋鼠一样，它们也采用跳跃前进。现存的沙袋鼠有好几种，体型大小各不相同。其中最大的沙袋鼠身长超过1.5米，体重可达27千克。

沙袋鼠分布于新西兰和澳大利亚的草原和森林地区，主要以草为食。在沙袋鼠中，许多种类独自生活，只有在觅食或交配时才会聚集在一起。也有些沙袋鼠集群生活。

沙袋鼠属于有袋类动物。有袋类动物的幼崽出生后会在母亲身上的育儿袋内持续生长好几个月。在体型足够大、身体足够强壮前，幼崽都会在育儿袋中以母乳为食。

延伸阅读： 袋鼠；哺乳动物；有袋类动物。

沙袋鼠妈妈把它的孩子装在育儿袋里。

沙丁鱼

Sardine

沙丁鱼是一类小型鲱鱼。这类鱼最初在意大利的撒丁岛附近被捕获，故名。世界上有很多不同种类的沙丁鱼。

在几乎所有大陆海岸附近的温带到热带海洋中，都有沙丁鱼栖息。许多沙丁鱼栖息于日本、非洲西北部和南美洲西部。

沙丁鱼是一类重要的食用鱼，体长约为23～30厘米，体重约为113克。它们的上半身为蓝灰色，下半身则为银色。成年沙丁鱼会成群结队地游动。它们以浮游生物为食。

延伸阅读：鱼；鲱鱼。

沙丁鱼是一类小型鲱鱼，也是重要的食用鱼。

沙鸡

Sandgrouse

沙鸡是一类栖息在沙漠和其他干旱地区的鸟类。沙鸡有许多不同的种类，它们分布于非洲、亚洲和欧洲的部分地区

虽然沙鸡和鸽子不是近亲，但它们看起来有点相像。沙鸡的体长通常为25～40厘米。它们的腿又小又短，羽毛从身上一直延伸到脚上。它们还具有小小的脑袋、短喙和长而尖的翅膀。

沙鸡通常群栖，会聚集成大群于水源处饮水。它们在地上筑巢，主要以种子为食。

延伸阅读：鸟；松鸡。

沙鸡的身体主要呈褐色，上面还具有条纹或斑点。

沙钱

Sand dollar

沙钱是一类看起来像毛茸茸的棕色饼干的海洋动物，栖息在海边的浅水环境中，会把一半身体埋在沙子里。它们的身体呈薄薄的圆形。死亡后留下的干枯骨骼看起来就像是巨大的白色硬币。

沙钱有许多微小的、可移动的刺，可以用来挖掘和爬行。它们的身体顶部具有小的呼吸孔，排列成五角星的形状。沙钱的嘴位于身体底部的中心位置。这类动物以在沙粒或水中发现的微小生物为食。

沙钱属于棘皮动物。棘皮动物是一类皮肤上带刺的海洋动物群体。

延伸阅读： 棘皮动物。

沙钱是一类栖息在沿海水域的浅水沙土环境中的小型动物。

沙鼠

Gerbil

沙鼠是一类与老鼠有亲缘关系的毛茸茸的小动物。野生沙鼠分布于非洲和亚洲的干旱地区。

包括尾巴在内，沙鼠的体长约为20厘米。它们的体色呈现黄色、灰色或棕色，尾巴上具有一个黑色的尖。

因为沙鼠很容易饲养，所以它们能够成为良好的宠物。要饲养沙鼠，笼子底部应铺设刨花或木屑供它们睡觉。沙鼠以食物颗粒或水果、种子和蔬菜的混合物为食。它们能够从食物中获取大部分所需的水。

在10～12周大的时候，沙鼠就可以开始繁殖。雌性通常每胎产4～5个幼崽，有时也会更多。宠物沙鼠的寿命可达4年或更长。

延伸阅读： 哺乳动物；宠物；大鼠；啮齿动物。

生性活泼的蒙古沙鼠能够成为不错的宠物，可以用水果、种子和蔬菜的混合物喂养它们。蒙古沙鼠的饲养场内应铺设刨花或木屑。

沙燕

Martin

沙燕是一类与家燕有亲缘关系的小型鸟类，有好几种。紫崖燕是北美洲最著名的沙燕，体长约为20厘米，雄鸟体色为深紫蓝色。冬季紫崖燕会迁徙到中美洲和南美洲。而到了夏季，在遥远的加拿大也能见到它们。

紫崖燕会成群结队地在枯树洞里筑巢。如今，它们也可能会在人们建造的具有许多房间的大型人工鸟屋中筑巢。它们会年复一年地返回相同的位置筑巢。雌鸟每次会产3～8枚白色的卵。

沙燕取食蚂蚁、蝇类、蚊子和其他昆虫，对人们有益。沙燕经常在半空中捕捉昆虫。

延伸阅读： 鸟；燕子。

雄性紫崖燕在北美洲以深紫蓝色的羽色而闻名。

沙蝇

Sand fly

沙蝇是一类体型微小的深褐色昆虫，体长约为3.2毫米。雌性沙蝇在夜间活动，会从人和动物身上吸血。沙蝇会携带细菌，传播沙尘热等疾病。

世界上现存的沙蝇有数百种。世界上的大部分地方都有沙蝇分布。

沙蝇的幼虫栖息于潮湿的区域，以腐烂的植物为食。

蛾蝇和沙蝇具有亲缘关系，但是蛾蝇并不吸血。

延伸阅读： 苍蝇；昆虫。

沙蝇

沙螽

Weta

沙螽有两条具有感知和嗅闻功能的长长触角。

沙螽是新西兰的一类大型昆虫，它们是世界上体型最大的昆虫之一。一些种类的体长可达10厘米，这已经和小家鼠差不多大了。

沙螽看起来就像巨大的蚱蜢。它们的腿上有刺。当受到威胁或干扰时，它们会用腿发出奇怪的刮擦声，还会挣扎或跳开，甚至使劲地咬上一口。一些雌性沙螽的尾部末端看起来还具有毒刺，但这实际上是一个长管状的产卵器。

大多数沙螽夜间很活跃。在白天，它们会躲在洞里或空心的木头里。它们主要以植物为食，但也会取食其他昆虫。

有些沙螽生活在洞穴里，具有很小的眼睛和非常长的触角和腿。它们用触角来感知和嗅闻周围的事物。

有些种类的沙螽具有灭绝的危险，它们受到被引入到新西兰的外来动物的威胁。同时，它们还面临着栖息地受到破坏的威胁。

延伸阅读：濒危物种；昆虫。

砂囊

Gizzard

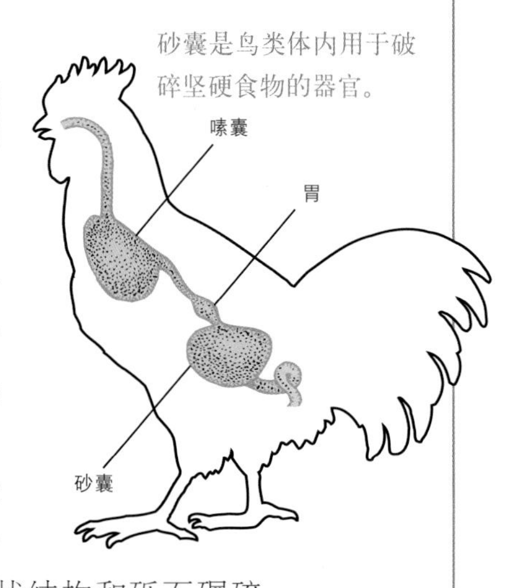

砂囊是鸟类体内用于破碎坚硬食物的器官。

砂囊是鸟类体内一个肌肉发达的器官，用来破碎诸如种子这样坚硬的食物。砂囊的内壁有片状结构，这些片状结构能够把食物磨碎。砂囊里还装着鸟类所吞下的砾石，这些砾石有助于磨碎食物。

当鸟类吃东西时，食物首先会进入一个叫作嗉囊的袋状结构中，嗉囊能够湿润食物。随后食物会进入胃，胃会为食物加入胃液。接下来，食物会进入砂囊，在那里，食物会被片状结构和砾石碾碎。

像鸡这样以坚硬谷物为食的鸟类，砂囊最大。而吃水果或其他软性食物的鸟类，其砂囊通常很小。

延伸阅读：鸟。

鲨鱼

Shark

鲨鱼是一类食肉鱼类的通称。世界各地的海洋中都有鲨鱼分布。世界上的鲨鱼有几百种。最大的鲨鱼是鲸鲨，它也是所有鱼中体型最大的。一些鲸鲨体长可达12米，体重能超过14吨，这是大象体重的两倍多。最小的鲨鱼体长约为16厘米，体重约为28克。

大白鲨是最危险的鲨鱼之一，体长6.4米，有可能会袭击人类。

大多数鲨鱼的身体很长，形状像鱼雷。它们体侧的鳍很硬。许多鲨鱼还具有弯曲的尾部。大多数鲨鱼是敏捷而优雅的游泳者。

鲨鱼的嘴位于头部下侧。鲨鱼通常有好几排牙齿，新牙会不断生长以取代旧牙。

所有的鲨鱼都吃肉。它们大多数以活鱼为食，其中也包括其他鲨鱼。鲨鱼会把整条鱼吞下，或者直接撕下大块的肉。鲨鱼也会以死去或垂死的动物为食。

鲨鱼有十分敏锐的感觉器官来帮助它们寻找猎物。鲨鱼的听觉和视觉都不错，嗅觉也很敏锐。此外，鲨鱼可以探测到鱼类发出的微弱电信号。

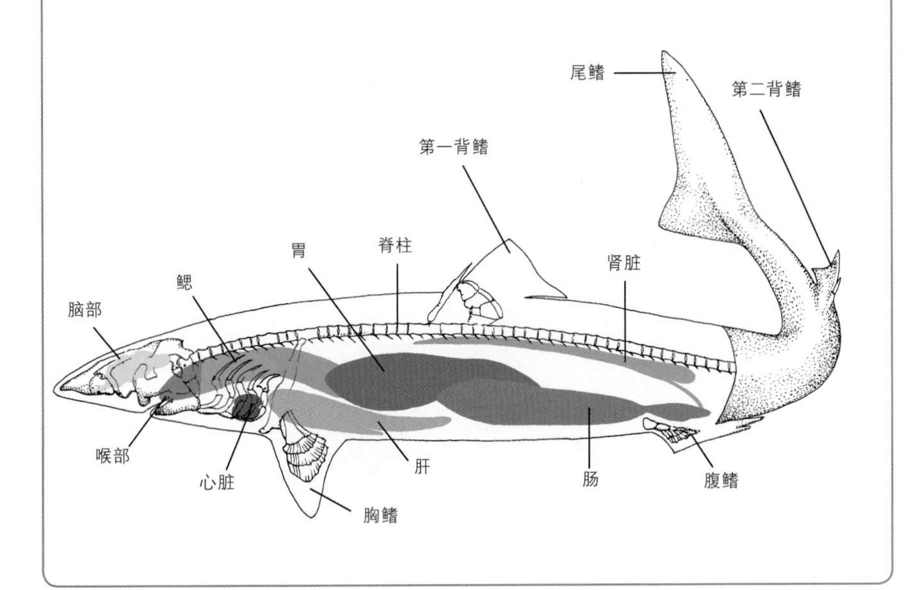

鲨鱼的身体形状有点像鱼雷。对于游泳者而言，鲨鱼的第一背鳍正是一种鲨鱼位于水中的警告。

鲨鱼的嘴里有几排锋利的牙齿，这些牙齿使鲨鱼能够牢牢地咬住并撕碎猎物。

鲨鱼的皮肤上覆盖着细小的牙齿状鳞片，这些鳞片使鲨鱼的皮肤很粗糙。干燥的鲨鱼皮曾被人们用作砂纸。

有些人害怕鲨鱼。有些种类的鲨鱼会袭击并杀死人类，这些鲨鱼包括大白鲨和牛鲨，但这种攻击行为极为罕见。事实上，死于雷击的人比死于鲨鱼攻击的人要多得多。

许多种类的鲨鱼受到威胁，主要原因是过度捕捞。有数种鲨鱼正濒临灭绝。

鲨鱼属于软骨鱼类。软骨鱼类的骨骼不是由骨头构成的，而是由一种叫作软骨的胶状物质构成的。

延伸阅读： 角鲨；濒危物种；鱼；大白鲨；双髻鲨；鳐鱼；虎鲨；鲸鲨。

锤头鲨具有扁平的头部，两眼之间的距离很大。

鲸鲨是世界上最大的鱼类，体重能达到大象的两倍多。

山鹑

Partridge

山鹑是一类与家鸡有些相似的鸟类，分布于非洲、亚洲和欧洲。山鹑有很多种。

其中一种是灰山鹑。灰山鹑的体长可达30厘米。它们的上半身为灰色，上面有棕色和黑色的斑点。胸部通常具有一个深棕色的斑点。这种鸟以谷物、植物幼苗和昆虫为食。它们在地上筑巢。人类已经把灰山鹑引入了美国和加拿大。人们会在狩猎运动中猎捕它们。

延伸阅读：鸟。

山鹑是一类与家鸡有些相似的鸟类。它们以谷物、植物幼苗和昆虫为食。

山魈

Mandrill

山魈是一种栖息于非洲西部森林中的色彩鲜艳的猴类。雄性山魈是体型最大的猴类之一，体重可达40千克。雌性山魈的体重则只有雄性的一半。

山魈与常见的普通狒狒看起来很像。它们具有长胳膊、小眼睛、巨大的牙齿和像犬类一样（突出）的吻部。雄性山魈的体色特别鲜艳。它们的脸颊呈现蓝色，又长又平的鼻子为红色，臀部则为红色和蓝色。

山魈集群生活。它们的群体由15～95只个体组成。雄性山魈会保护群体免受豹子和其他动物的伤害。山魈能在地上和树上活动。它们取食以水果为代表的植物，以及多种昆虫。

延伸阅读：狒狒；哺乳动物；猴。

山魈是分布于非洲西部的一种色彩鲜艳的猴类。

山羊

Goat

山羊是一种在全世界都有重要地位的家畜，它们为人类提供肉、奶和毛。

山羊的身体覆盖着毛，这些羊毛可能为单种颜色，也可能是多种颜色混合。山羊的蹄子由两趾组成。山羊的尾巴很短，通常保持直立。大多数的山羊长角。

人类饲养山羊的历史已有9000多年。山羊可能最早是在亚洲和地中海地区被驯化的。如今，家养山羊有数百个品种。

野生的山羊仍然栖息在炎热干燥的地区，它们喜欢山地环境。野生山羊种类很多，大多数分布于亚洲。

延伸阅读： 哺乳动物；雪羊。

珊瑚

Coral

珊瑚是由大量微小的海洋动物珊瑚虫所形成的岩石状结构。珊瑚具有多种不同的形状和美丽的色彩。

珊瑚虫和水母同属一个大类。大多数珊瑚虫的直径小于2.5厘米，具有管状的身体，其身体的一端是带有小触须的嘴。

大多数珊瑚虫集群生活。它们能够从海水中提取一种叫作钙的矿物质，用来建造身体周围的石灰质骨骼。

珊瑚虫可以通过形成芽的方式繁殖出新的珊瑚。这些芽增加了整个珊瑚群落的大小。珊瑚虫也会产卵，卵所释放出的幼体会随水流漂流，这些幼体最终沉到海底并长出新的珊瑚。

在温暖的热带水域，珊瑚虫会

在温暖的热带水域，珊瑚虫会形成巨大的珊瑚礁。

形成巨大的珊瑚礁。珊瑚礁有好几种。岸礁会从海岸向外延伸，堡礁在大海和海岸线之间形成了一堵墙。环礁生长在下沉的火山周围，会形成环状的岛屿。

有些珊瑚虫并不造礁。它们的身体内部有坚硬的骨骼，它们制造出的珊瑚，叫作宝石珊瑚，能够用来做珠宝。柳珊瑚虫具有非常柔韧的骨骼，它们形成的珊瑚形状像是灌木丛、扇子或鞭子。

珊瑚目前面临着气候变化、棘冠海星捕食以及污染等许多威胁。

延伸阅读： 刺胞动物；珊瑚礁；濒危物种；外骨骼。

造礁珊瑚的珊瑚虫身体呈管状，部分由杯状的骨骼所包围。一类特殊的藻类会生活在珊瑚虫体内（如下图所示），并为珊瑚虫提供营养。珊瑚虫用它的清洁触须和特殊的细丝攻击那些竞争对手，用触须捕捉猎物。

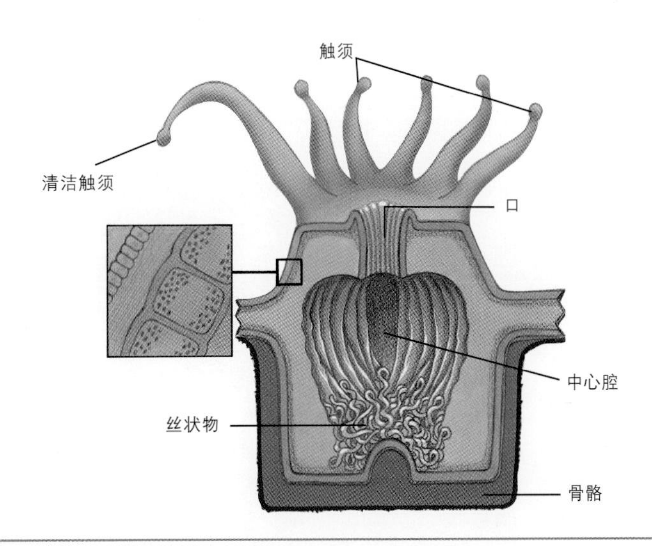

珊瑚礁

Coral reef

珊瑚礁是海洋中色彩丰富的岩石状堆积结构，由被称为珊瑚虫的微小海洋动物构成。珊瑚虫会不断分泌骨骼用于保护自己，随着时间的推移，这些骨骼便形成了珊瑚礁。珊瑚具有多种不同的形状和斑斓的色彩。珊瑚礁为许多不同种类的动物提供了栖息地。

珊瑚礁一般形成于温暖的浅水海域。最大的珊瑚礁可达数千米长。澳大利亚的大堡礁是已知最大的珊瑚礁群，约有2000千米长。

珊瑚礁的类型有好几种。岸礁会从海岸向外延伸，堡礁在大海和海岸线之间形成了一堵墙。环礁生长在下沉的火山周围，形成环状的岛屿。

许多种类的海洋动物，如鱼、海龟、蛤和龙

澳大利亚的大堡礁是已知最大的珊瑚礁群，约有2000千米长。

虾，都生活在珊瑚礁上，还有好几种海藻会附着在珊瑚礁上生长。只有陆地的雨林地区才拥有比珊瑚礁更多的物种。

珊瑚礁对人类也很有价值，它们能帮助保护海滩免受巨浪的侵袭，生活在珊瑚礁上的鱼类和其他动物为人类提供了食物。但珊瑚礁面临着如气候变化、棘冠海星捕食以及污染等许多威胁。

延伸阅读：自然保护；珊瑚。

珊瑚礁为许多动物提供了栖息地，包括种类众多的热带鱼。

珊瑚蛇

Coral snake

珊瑚蛇是一类体色鲜艳的毒蛇，具有黑色、红色、黄色或白色的条纹。珊瑚蛇以其他蛇类为食，它们有毒性强大的毒液。

珊瑚蛇是一类体色鲜艳的毒蛇。

珊瑚蛇有好几种。东部珊瑚蛇通常长50~100厘米，分布在美国东南部和墨西哥东北部。西部珊瑚蛇长约46厘米，分布在美国亚利桑那州南部、新墨西哥州西南部和墨西哥的北部。南美珊瑚蛇长约1.2米，在南美洲的热带地区很常见，它们具有闪亮的鳞片。

珊瑚蛇的鲜艳颜色其实是用来警告其他动物自己所具有的危险性的。一些无毒蛇也会模仿这类颜色，从而避免被捕食。

延伸阅读：有毒动物；爬行动物；蛇。

扇贝

Scallop

扇贝是一类与蛤蜊有些相像的海洋动物。扇贝柔软的身体被坚硬的外壳保护着。几乎所有海域的浅水区都有扇贝栖息，它们通常群栖。世界上现存的扇贝有很多种。

人们食用了大量扇贝。在北美洲，人们吃海湾扇贝。人们收获和食用的另一种扇贝是海贝，海贝能够长到20厘米宽，人们会在海底拖着袋子采集海贝。

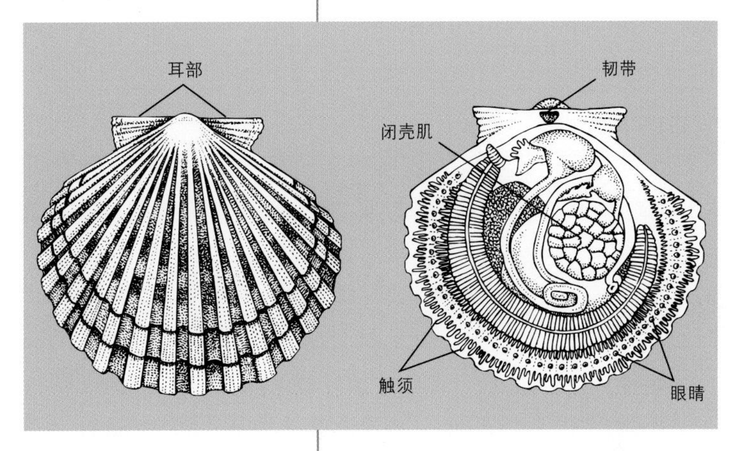

扇贝是一类有两瓣外壳的海洋动物，这两瓣壳由韧带连接在一起。韧带连接的部位，具有两个翅膀一样的突起，称为耳部（上图左）。触须和一排颜色鲜艳的称为眼睛的部分沿着外唇（壳内部边缘的皮肤）边缘生长（上图右）。在危险的情况下，扇贝用大的闭壳肌来关闭外壳。

扇贝的外壳由两瓣一端连在一起的部分组成。扇贝通常会把外壳打开。不过，当受到威胁时，它们会关闭外壳。一些扇贝可以通过快速打开和关闭外壳在水中移动。扇贝属于双壳类，因为它们的外壳具有两瓣。它们也属于软体动物。螺类、蛤、牡蛎、乌贼和章鱼都属于软体动物。

延伸阅读： 双壳动物；蛤蜊；软体动物；壳。

猞猁

Lynx

猞猁是一类中等体型的野生猫科动物。世界上现存的猞猁有好几种，它们分布于亚洲、欧洲和北美洲的部分地区。

成年猞猁平均体重为9～20千克。它们的毛皮通常呈现灰色，但也可能为黄色或锈色。猞猁的尖尖的耳端长有长毛，它们的脸部周围还有一圈毛。猞猁的尾巴很短，尾尖为黑色。

猞猁白天睡觉，晚上捕猎。它们以兔子、鸟类为食，有时也捕捉鹿类等动物。猞猁的爪子很大，

猞猁的脚很大，上面覆盖着毛，这使得它能够在厚厚的雪地上快速移动，从而捕捉猎物。

上面覆盖着毛，这些特征使猞猁能够在厚厚的雪地中快速移动并捕捉猎物。

伊比利亚猞猁濒临灭绝，它们分布于西欧，主要受到栖息地破坏的威胁。

延伸阅读： 短尾猫；猫；哺乳动物。

蛇

Snake

蛇是一类身体长、没有腿的爬行动物，身上布满了干燥的鳞片。为了在陆地上活动，蛇会通过腹部进行滑行。世界上现存的蛇有数千种，它们分布于世界上的大部分地区。

已知最小的蛇是巴巴多斯线蛇，体长只有10厘米。最大的蛇则是南美洲的水蚺、亚洲的网纹蟒和非洲的岩蟒，这三种蛇的体长可达9米。

覆盖在蛇身上的干燥鳞片或者会呈光滑状态，或者边缘具有粗糙的脊突状。蛇会不时进行蜕皮。大多数蛇都具有与周围环境融为一体的体色，不过也有一些蛇体色鲜艳，例如呈现红色、黄色或白色。

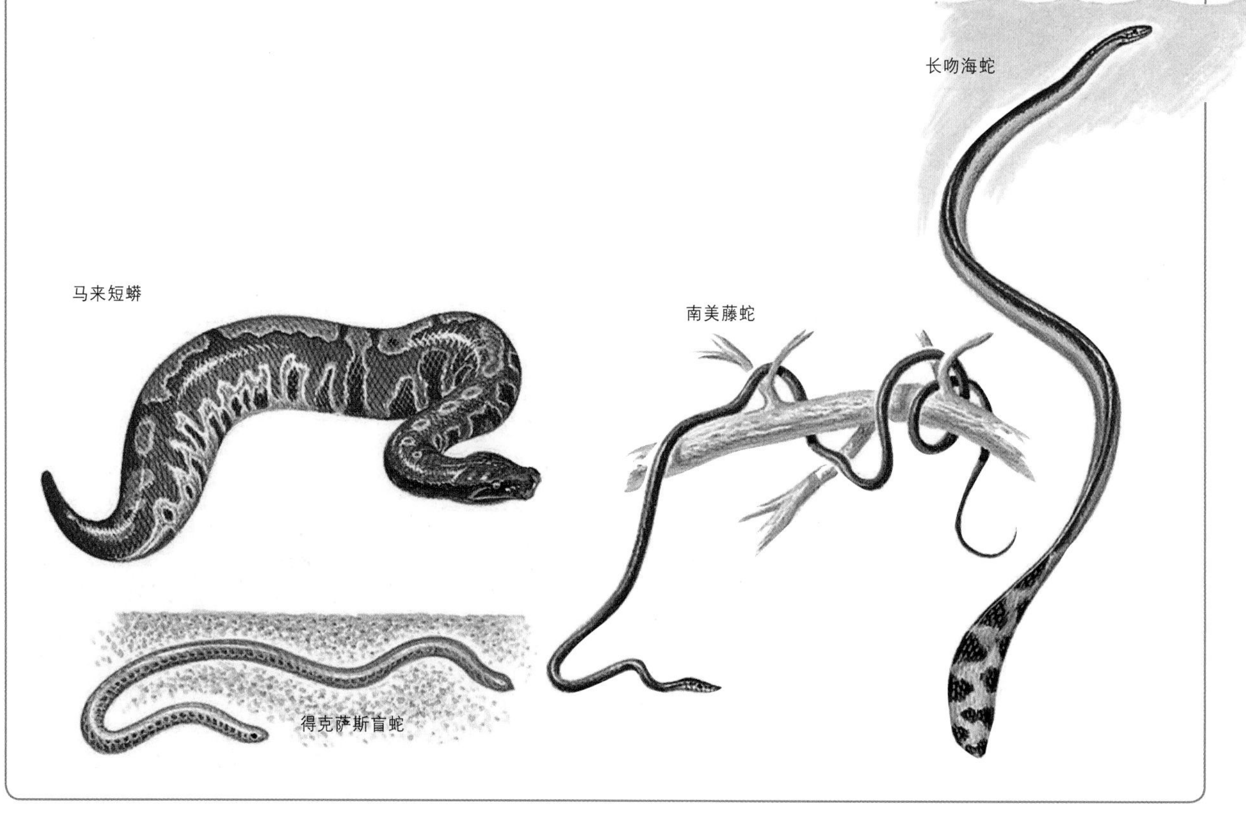

蛇具有多种多样的体型。长吻海蛇的身体侧面扁平，尾巴则为桨状。藤蛇的身体则很长很细。马来短蟒则身体短粗。得克萨斯盲蛇具有长长的管状身体。

一些不同种类的毒蛇

西部侏儒响尾蛇（北美洲）

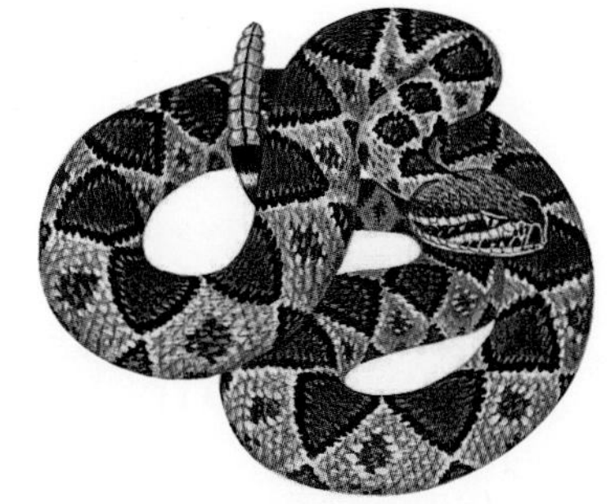
东部菱背响尾蛇（北美洲）

黑尾响尾蛇（北美洲）

木纹响尾蛇（北美洲）

东部棉口蛇（北美洲）

东部小响尾蛇（北美洲）

眼镜王蛇（亚洲）

非洲树蛇（非洲）

一些不同种类的无毒蛇

东部吊带蛇（北美洲）

东部鞭蛇（北美洲）

草原环颈蛇（北美洲）

索诺拉山王蛇（北美洲）

牛蛇（北美洲）

东部黄腹游蛇（北美洲）

地毯蟒（澳大利亚）

天堂树蛇（东南亚）

一条雄性水蛇的骨架和内脏器官图。蛇的骨架包括头骨和众多脊椎骨与肋骨，蛇的大部分内脏器官又长又细，只有毒蛇才具有毒牙和毒液腺。

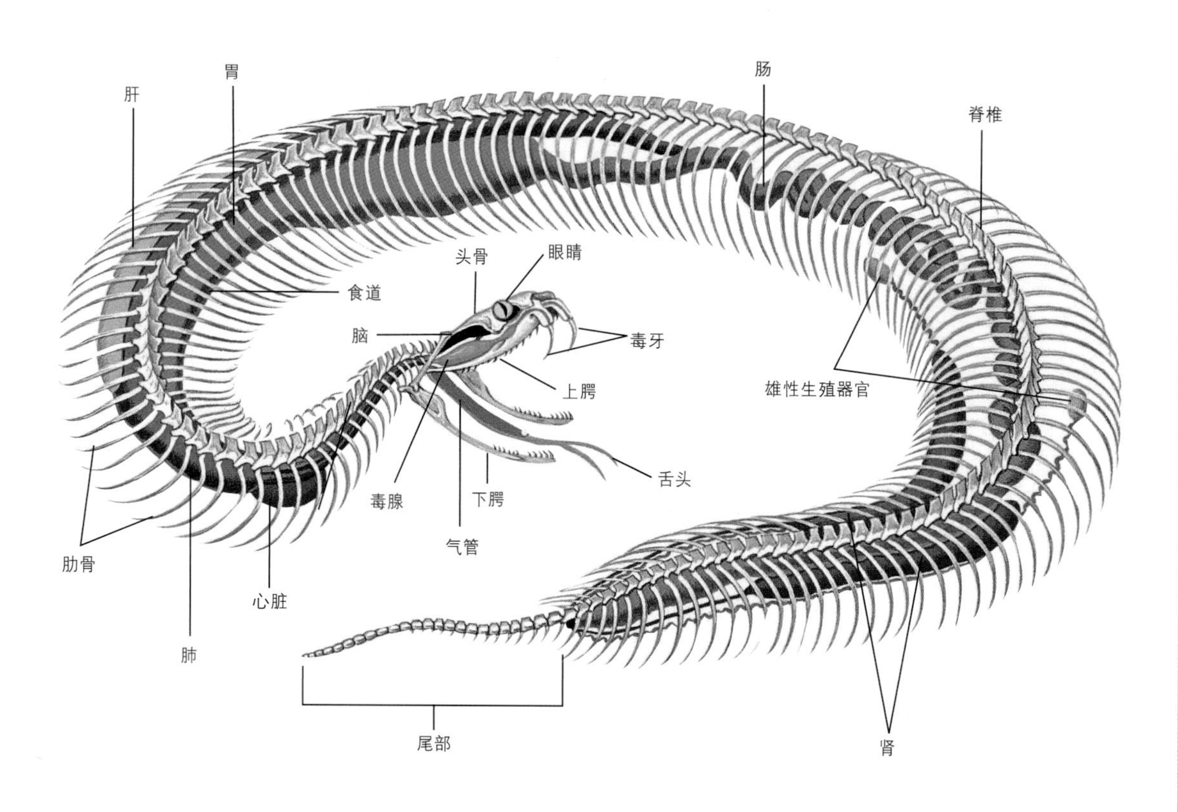

透明的鳞片遮盖着蛇的眼睛。因此，蛇的眼睛总是睁着的。蛇的舌头细长分叉，并且会不断伸出。它们利用舌头嗅闻气味。大多数蛇都具有很好的嗅觉。许多蛇也具有很好的视觉。蛇的听觉则非常差，一部分原因是它们不具备外耳。有些蛇能察觉其他动物的体温，在它们头部具有一个被称为颊窝的特殊热感器官，这一器官使蛇具备在完全黑暗的环境中猎食老鼠等动物的能力。

有些蛇有毒。毒蛇的上腭通常具有两个中空的尖牙。毒蛇在咬东西时会用尖牙射出毒液。最危险的蛇有亚洲的眼镜蛇、非洲的黑曼巴蛇和澳大利亚的虎蛇。

还有许多蛇属于蟒蛇。蟒蛇杀死猎物的方式是通过紧紧缠绕猎物使其无法呼吸。

大多数蛇以鸟类、鱼类、蛙类、蜥蜴、兔子和鼠类等动物为食。有些种类的蛇会吃其他的蛇。大型的蛇类有时会取食鹿、猪这样的大型动物。蛇不能咀嚼食物，而是会把猎物整个吞下。它们的嘴能张得很大，从而能够吞下大的猎物。

蛇以不同的方式移动。最常见的移动方式叫作侧向波动。以这种方式移动的蛇，身体会做波浪状的运动，将身体的环状部分推向地面，利用反作用力使身体向前移动。

蛇分布于沙漠、森林、草地、沼泽和其他各种环境中。海蛇栖息在海洋里。许多种类的蛇栖息在地面上，有一些栖息于地下，还有一些则栖息在树上。世界上只有少数地方没有蛇分布。蛇无法在最冷的地区生存，那里的地面终年结冰。此外，在许多岛屿上，如爱尔兰和新西兰，也没有蛇类分布。

非洲咝蝰在爬行时，会通过向前拉动腹部鳞片，然后向后推动鳞片，使身体保持笔直。

带状的海蛇会以侧向波动的形式移动自己的身体。为了游泳或在地面上移动，许多蛇都会做出这样的波状运动。

和其他爬行动物一样，蛇属于变温动物。这类动物的体温随着环境温度的变化而变化。因此，蛇会通过一些行为来调控体温。例如，它们经常会躺在阳光下取暖，也会爬到阴凉处降温。

科学家已经知道蛇是由蜥蜴演化而来的。许多科学家认为蛇由栖息在地下的无腿蜥蜴演化而来。一些科学家则认为蛇起源于生活在水中的蜥蜴。蛇可能早在1.5亿年前就已经出现了。

有些人害怕蛇，但是大多数蛇属于无毒蛇。事实上，蛇会捕食鼠类和其他有害动物，因此对人类有益。在世界上的大部分地区，即使是毒蛇也很少造成人的死亡。被毒蛇咬到的人能够通过解毒剂来使自己免受蛇毒的伤害，这种解毒剂称为抗蛇毒血清。不过，在非洲和亚洲的一些地区，蛇确实造成了一些人的死亡，因为在这些地方，人被咬后往往得不到合适的医治。

许多种类的蛇有灭绝的危险。对蛇而言，主要威胁是它们的栖息地遭到了破坏。此外，蛇还会被从野外捕捉作为宠物出售。一些人会杀死蛇，仅仅是因为他们害怕这类动物。

延伸阅读： 水蚺；埃及眼镜蛇；黑蛇；蚺；红尾蚺；拟眼镜蛇；变温动物；眼镜蛇；珊瑚蛇；袜带蛇；蜥蜴；曼巴蛇；奶蛇；有毒动物；蟒；响尾蛇；爬行动物；虎蛇；蝰蛇；水蝮蛇；鞭蛇。

蛇尾

Brittle star

蛇尾是一类海洋动物，分布于大洋底部和近岸的浅水区域。大多数蛇尾具有五条长满刺的触手，它们与海星很相似，栖息于珊瑚礁的岩石下或洋底的泥滩下。

蛇尾的英文名直译为脆而易碎的海星，之所以有这样的名字，是因为它们的触手很容易断裂。如果别的动物抓住蛇尾的一条触手，那么这条触手便会断裂，蛇尾就可以趁机逃走，而折断的触手还会再长回来。

蛇尾以小型海洋动物为食，它们会用触手将食物送到位于身体下方的嘴里。人们很少有机会见到蛇尾，它们在夜间最活跃。

延伸阅读：棘皮动物；再生；海星。

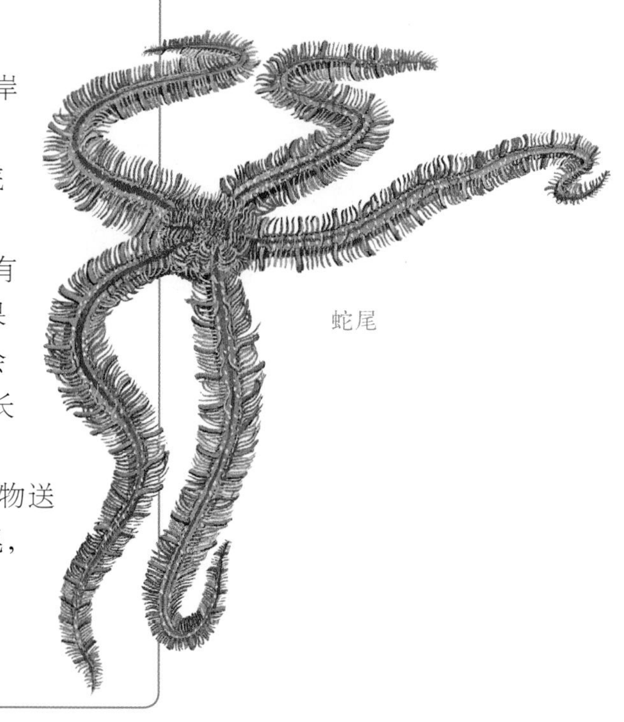

蛇尾

射水鱼

Archerfish

射水鱼是一类能把水从嘴里喷到空中的鱼。射水鱼向停歇在水边植物上的昆虫射出一股水流，能把昆虫击落至水中，随后射水鱼便会吃掉这只昆虫。

射水鱼通过迅速闭合覆盖在鳃上的皮肤的方式，迫使水从它的嘴里射出，射程超过1米。

射水鱼分布于亚洲和澳大利亚，栖息于淡水或略有咸度的水中。大多数射水鱼的体长约为15厘米。

延伸阅读：鱼。

射水鱼通过向昆虫喷水来捕获猎物，它们会将昆虫从植物上打落入水中。

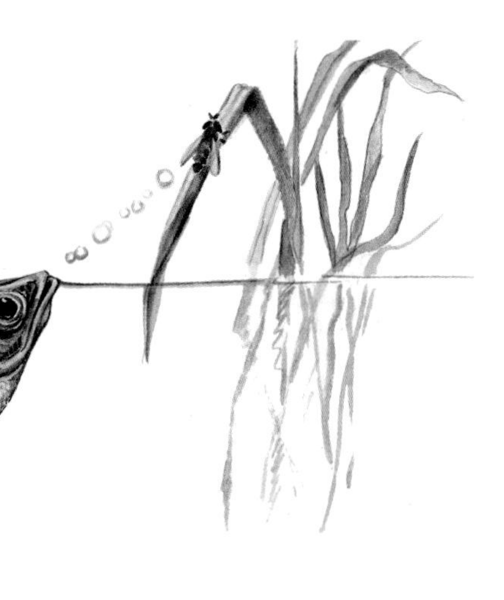

神鹫

Condor

神鹫是一类大型美洲鹫，分布于北美洲和南美洲。与其他美洲鹫一样，它们通常以动物的遗骸为食。

神鹫是强大的飞行者，它们能够在不扇动翅膀的情况下，飞行和滑翔很长一段距离。加州神鹫在洞穴或大块岩石之间的区域产卵。

神鹫共有两种，加州神鹫和安第斯神鹫。

加州神鹫是体型最大的能够飞行的鸟类之一。它们的翼展能达到2.9米，体重可达10.4千克。由于狩猎和污染这两个主要原因，加州神鹫曾经濒临灭绝。为了拯救加州神鹫，人类做出了很多努力，包括将它们不多的种群集中起来人工圈养，然后再将更多的繁殖个体实施野放。

南美洲的安第斯神鹫相对更为常见，不过也有灭绝的危险。它们生活在安第斯山脉以及秘鲁和阿根廷的海岸地带。

延伸阅读：鸟；濒危物种；美洲鹫。

加州神鹫曾经濒临灭绝。目前这种鸟大多处于人类圈养保护的状态。它们每两年只能产一枚卵。

生活史

Life cycle

生活史是生物在生长和繁殖过程中必须经历的所有阶段。所有生物都有生活史，但是一种生物的生活史可能与另一种生物大不相同。有些动物的生活史相对简单。例如，人类的生命开始于母亲体内一枚小小的受精卵，这枚受精卵会成长为婴儿，婴儿出生并继续成长直到成年，人类在成长过程中，身体形态没有发生重大变化。

有些动物的生活史更为复杂。例如，许多昆虫的生活史

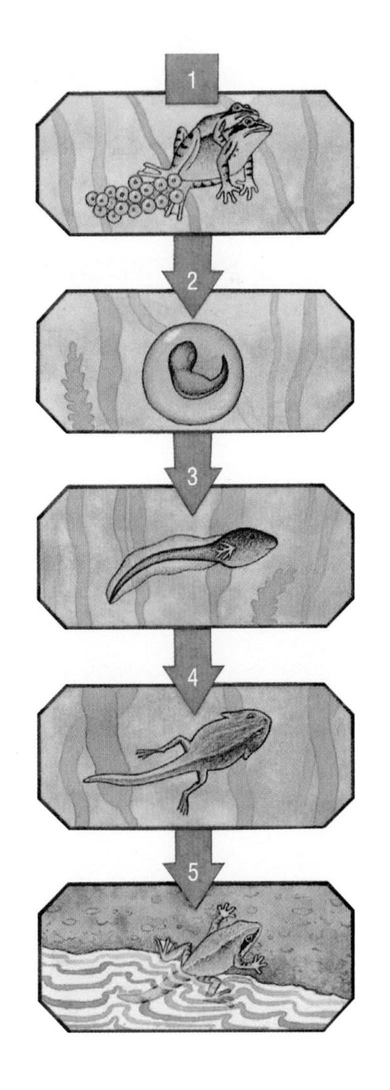

①青蛙的生活史开始于雌性返回池塘或小溪产下自己的卵。②在每一枚受精卵中，一个微小的蝌蚪都在生长。③随后蝌蚪孵化出来。④八周后，它们长出了后腿。⑤十二周后，它们长齐了四条腿，但仍然有尾巴。最终，它们的尾巴被身体所吸收。

由四个阶段组成。昆虫以卵开始生命。卵发育为幼虫，幼虫通常大部分时间都在进食，并会一直生长到准备变为成虫，随后它们会变为蛹。蛹期的昆虫看起来并不活动，但它们实际上正在经历一个变态发育的蜕变过程。在变态发育的过程中，昆虫会改变自身的形态。例如，毛虫会变成蝴蝶。当变态发育完成后，成虫会变得重新活跃起来，成虫期是昆虫生活史的第四个也是最后一个阶段。

延伸阅读： 死亡；卵；幼体；变态发育；蛹。

在水母的生活史中，卵被产出后，会长成微小的水螅体。当水螅体成熟时，它们会释放出水母体，再发育为水母成体。

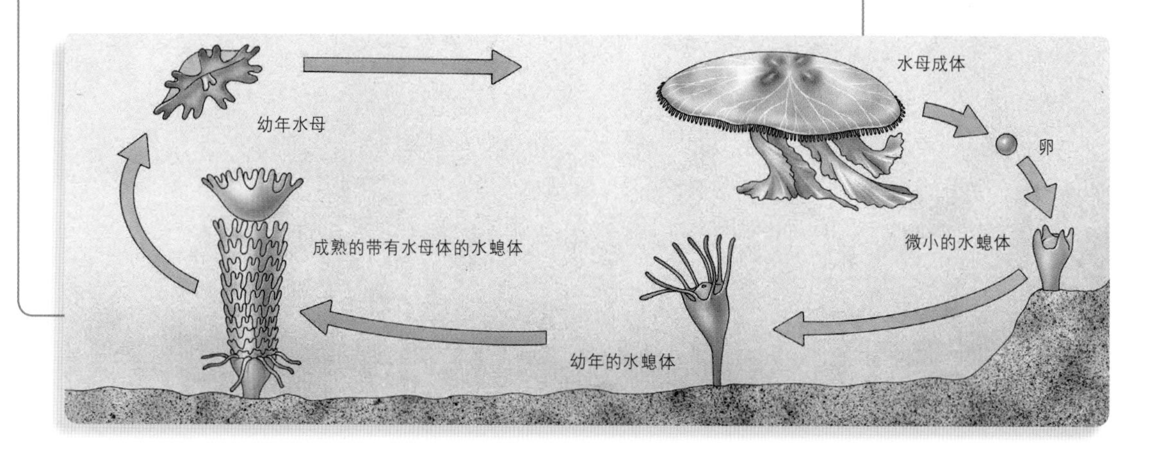

生境

Habitat

生境也叫栖息地，是生物在野外生存的地方。所有的生物都具有一定的生存需求，例如适宜的气候或食物。生物只能在满足其生存需求的生境生存。

每种动物都需要自己独特的生境。例如，北极熊需要北极的冰和水环境，它无法在沙漠中生存。骆驼需要沙漠里干燥炎热的环境，它不能在北极生存。

许多不同种类的生物可以共享一个生境。例如许多不同

淡水池塘就是一种生境。许多种类的植物就生长在池塘和其他部分的淡水中。有些植物完全生活在水下，有些则部分生长在水下，部分生长在水上。蛙类和其他两栖动物、爬行动物、鱼类、林鸟以及水鸟也在这里生活并繁殖。

海龟会在海岸筑巢，还有许多其他种类的动物会在海滩上觅食。在更远的内陆区域，鹿在吃草，树上则满是松鼠和鸟类，森林的地面上生长着木本灌木和蕨类植物。（左图）

在海洋生境中，珊瑚生长在温暖的浅水水域，为小型鱼类提供食物并抵御捕食者。贻贝、海藻和其他动植物也在这里生长。（右图）

种类的鸟、蛙类、昆虫、猴类、蛇和其他动物会共同生活在雨林中，雨林也为树木、藤蔓和野花提供了栖息场所。

许多野生动物和其他生物都处于完全灭绝的危险中。对于大多数生物而言，生境破坏是最大的威胁。例如，人们砍伐或烧毁了大片森林，威胁到了许多植物和动物。

延伸阅读： 生物群落；珊瑚礁；生态学；濒危物种；环境；灭绝；雨林。

山地生境支持着多种不同野生动物的生存。大角羊、雪羊、毛茸茸的土拨鼠和鼠兔都栖息在过于寒冷、树木无法生长的高山上。在高高的岩石峭壁和山峰上，只有灌木、苔藓和其他植物点缀着，在这种生境中还有小面积的草地。

生态学

Ecology

生态学是研究生物之间的相互关系，以及它们与周围世界关系的学科。研究生态学的科学家称为生态学家。

每一个生物都依赖于它周围环境中的其他生物和非生物。例如，驼鹿以某些植物为食，如果它周围的植物遭到破坏，驼鹿就不得不迁往另一个区域，否则，它可能会饿死。植物也依赖着动物，动物的排泄物为许多植物提供了生存所需的营养物质。

环境中的生物和非生物构成了一个生态系统。生态学家把大多数生态系统都划分为六个部分：(1) 太阳所提供的能量，(2) 非生物，(3) 初级生产者，(4) 初级消费者，(5) 次级消费者，(6) 分解者。太阳几乎为每个生态系统提供了所有的能量。植物和一些其他生物则利用阳光中的能量制造它们自己的食物，这些生物就是初级生产者。植物还需要营养物质和水等非生物因子。植物是包括蚱蜢、兔子和鹿在内的许许多多动物的食物，以植物为食的动物是初级消费者。以初级消费者为食的动物则包括狐狸、鹰和蛇类，这些动物称为次级消费者。次级消费者也能够以其他次级消费者为食。分解者则把死去的动植物分解成简单的营养物质。营养物质回到土壤后，会被植物再次利用。分解者包括真菌和微生物。

生态学是研究生物之间的相互关系，以及与环境中非生物元素相互关系的学科。从热带海洋的珊瑚礁（上图）到非洲的稀树大草原（下图）——无论生命在哪里出现，生态学家都会研究这种关系。

生态系统中的能量会通过食物链进行传递。在一个简单的食物链中，草是主要的初级生产者，兔子是以草为食的初级消费者，狐狸是以兔子为食的次级消费者。这个例子展示了能量如何在食物链中从草流向兔子，再流向狐狸。

大多数生态系统都有不同的生产者、消费者和分解者。例如，草、灌木和树可能会生长在一个区域，草可能被蚱蜢、兔子或鹿吃掉，兔子则可能被狐狸、鹰或蛇吃掉。在这种情况下，不同的食物链就重叠了，这些重叠的食物链组成了一个食物网。

大多数生物只能将一小部分可用能量用于生长。植物最多只能将接收到的阳光中的不到1%转化为食物，用于自身生存。同样，以植物为食的动物只能将所获取的植物中的

10%~20%的能量用于自身的生长，用剩下的部分维持生存。以动物为食的动物也只能利用它们所吃食物的10%~20%来生长。这样，在食物链的每个阶段，可利用的能量就越来越少，因此，所有生态系统都会发展出一个能量金字塔。植物组成了金字塔的基础，吃植物的动物则组成了上面一个层级。因为能量更少，所以这个层级比下面的层级小。以动物为食的动物则组成了再上面一个层级，这个层级也比它下面的层级要小。

以植物为食的动物被称为食草动物，以其他动物为食的动物被称为食肉动物，既吃植物又吃动物的动物被称为杂食动物。大多数食肉动物通过捕猎获取食物，这些捕食的动物常被称为捕食者。有些食肉动物是食腐动物，它们以死去的动物为食。

许多生态学家尝试寻找保护环境的方法。他们致力于保护地球上包括森林、土壤和水在内的自然资源，还有一些人则试图解决危害植物和动物生命的环境问题。

延伸阅读： 自然平衡；生物多样性；生物群落；食肉动物；自然保护；腐烂；环境；食物链；食物网；生境；食草动物；杂食动物。

生物多样性

Biodiversity

生物多样性用于描述一个地区所有的植物、动物和其他生物种类及其生态系统、生态过程的总和。许多生命的生存都依赖于可持续的生物多样性。

一个地区的所有不同生物都是在生命网络中相互联系的。生命网络描述了生命是如何相互依存而生存的。例如，许多动物取食植物的果实，果实贮藏着植物的种子。吃果实的动物会在其体内携带种子，之后通过排泄的方式散播种子。通过这一途径，动物帮助植物寻找不同地点生长。如果没有植物制造果实，很多动物会饿死。如果没有动物携带种子，很多植物就不能向远处传播。因此，植物和动物相互依存。

当一个生命网络中生物种类繁多时，生命网络会更强而有力，所以生物多样性很重要。

在一片区域内，一种植物可能会消失，但是仍然会有许多其他植物产生果实。因此，该区域的动物也不会遭受很大的损害。类似地，一种动物可能会消失，但仍然有很多其他动物取食植物果实并传播种子。因此，这个地区的植物也不会受到很大的损害。在一个生物多样性低的地区，生命网络更易被破坏。就算只有一种植物消失，也有可能导致许多动物死亡。

保护生物多样性对人类有多方面的益处。生物多样性对于保持一个健康的环境很重要，人类依赖于环境中的空气、食物和水。保护生物多样性也有助于拯救可能提供食物或药品的植物。此外，生物多样性还能够为自然界创造更多美景与奇观。

延伸阅读： 自然平衡；自然保护；生态学；濒危物种；灭绝；食物网。

一个自然保护主义者救助了一只新生的海龟。保护生物多样性还包括救助濒危动物。

生物发光

Bioluminescence

生物发光是有些生物所具有的自体发光能力。这种光来自它们体内的化学物质。

萤火虫就会用这种能力来发光。大多数具有生物发光能力的动物生活在黑暗的深海中。

有超过1000种鱼类具有发光能力。许多生活在深海中的无脊椎动物也具有生物发光能力。

动物使用生物发光来实现不同目的。许多动物利用生物发光来吸引猎物，逃避危险，与同类进行交流或吸引配偶。

一些真菌同样具有生物发光能力。多种单细胞生物也具有生物发光能力。科学家研究生物发光，以期发现不加热而产生光的化学方法。

延伸阅读： 萤火虫；无脊椎动物；蛹。

水晶水母体内的化学物质使其发光，这便是生物发光。

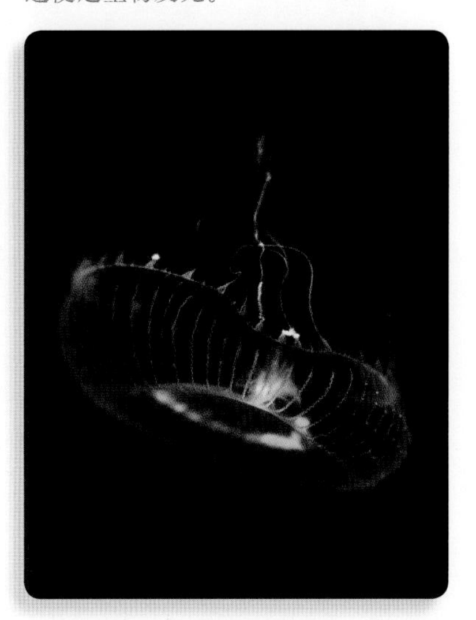

生物群落

Biome

一个生物群落包含了一个较大面积区域中的所有生物。生物群落的边界通常由气候决定。每一类生物群落由类似的植物、动物和微生物组成。因此，亚洲的草原生物群落与北美洲的草原生物群落很相似。

最冷的生物群落区出现在苔原。苔原是寒冷干燥的地区，没有树木、只有低矮的灌木和草本植物生长，动物则有北极狐、北极熊和一些啮齿动物。

森林生物群落区覆盖了地球的大部分地区。地球上的森林生物群落区有很多类型，其

高山苔原地区具有漫长而寒冷的冬季。苔原地区有最适应寒冷气候的生物群落。

许多种仙人掌植物生长在美国西南部的沙漠地区。

热带雨林生长在全年温暖潮湿的地区。

中最大的是亚欧大陆北端的北方针叶林区，或者叫泰加林区。它具有漫长而寒冷的冬季和短暂的夏季，生长着大片常绿树木，那里的代表动物是熊、鸭类、驼鹿和狼。

沙漠生物群落区具有炎热干燥的气候。这里是仙人掌、草本植物和灌木的家园，生活在这里的动物包括蜥蜴、蛇以及许多小型啮齿动物。

生活在特定生物群落中的动物具有使其能够在那里生存的特征。例如，北极狐具有厚厚的冬毛，以保护它们免受寒冷侵袭，相对较小的耳朵还能使它们避免失去过多的热量。大多数北极狐会改变毛色，即从夏季的棕色或灰色转变为冬季的白色，这种颜色变化使北极狐在不同季节都能伪装自己，以便能够悄悄接近猎物。

延伸阅读： 环境；生境；苔原。

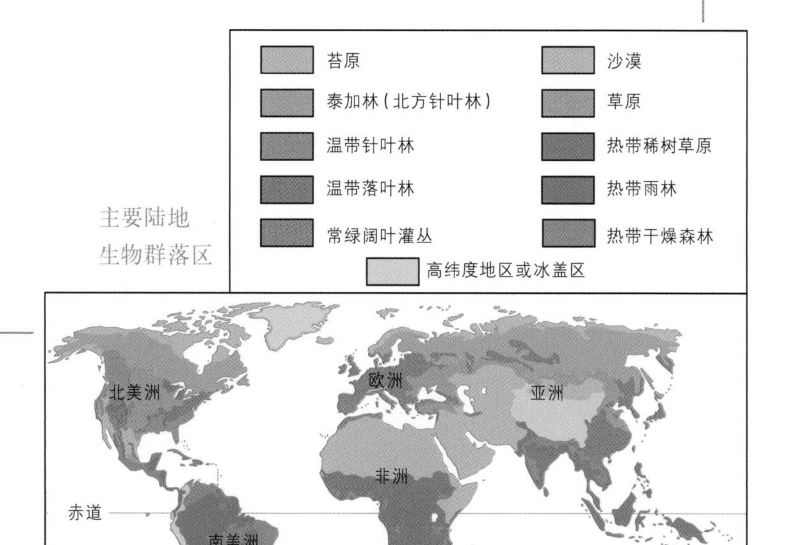

主要陆地生物群落区

生物学

Biology

生物学是研究生物的科学领域。生物也被称为有机体。地球上现存数百万种不同的有机体，它们囊括小至细菌、大到鲸的万物。

生物和非生物不同。所有生物都能繁殖，从而使自己种类的数量增加。生物也会生长，并对自己周围的变化做出反应。例如，随着冬天的来临，许多鸟类会前往南方过冬。岩石则是无生命的物体，它不会繁殖，也不会生长，更不会对周围环境的变化做出反应。

研究生物的科学家称为生物学家。生物学家分很多类型。动物学家研究动物的行为、生长和繁殖，也研究不同种类动物之间的关系。植物学家研究植物。生态学家研究不同种类的生物如何在一片区域共同生活，也研究当一种生物发生变化时，会对其他物种造成何种影响。

其他领域的科学有时也会与生物学结合在一起。生物学与化学的结合称为生物化学。生物化学家研究生物体内发生的化学反应。生物学和天文学的组合称为天体生物学。天体生物学家在其他行星上寻找生命。

生物学家会使用许多不同的研究工具和方法。显微镜是他们最重要的工具之一，这能帮助他们观察那些因体型过小而肉眼看不见的东西。

许多生物学家会开展实验。在一些实验中，生物学家可能会改变一些条件来影响动物，观察随后会发生什么情况。

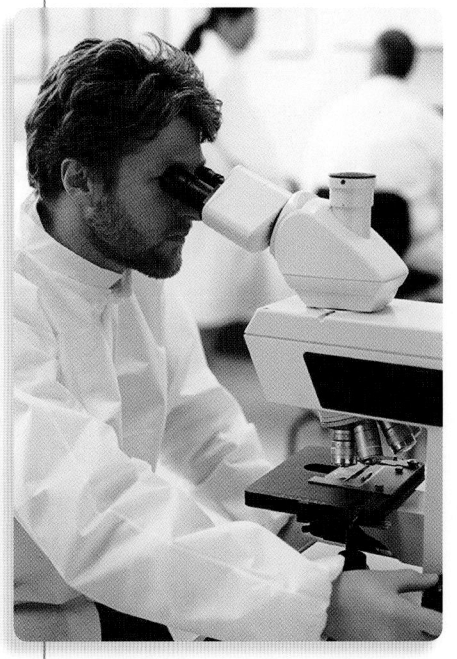

显微镜是生物学家最重要的工具之一。

海洋生物学家在研究海洋生物时仔细观察鱼类。

例如，生物学家会改变小鼠所吃的食物类型，再观察食物如何影响小鼠的生长。

生物学使人类的生活变得更美好。生物学家帮助培育和改良家畜的新品种，以便能够生产更多的肉。生物学家掌握了如何控制害虫的数量，帮助农民收获更多的庄稼，也有助于保护人们免受动物传播疾病的影响。生物学家已经鉴定出某些由动物制造的化学物质是可以作为药物的。

生物学家明白如何更好地保护地球以及地球上许许多多的生命。他们阻止人们捕食过多的鱼类和其他野生动物，警示一个物种是否有灭绝的危险，促使人类采取措施保护濒危动物。

延伸阅读： 动物；自然保护；生态学；农业与畜牧业；遗传学；海洋生物学；古生物学；动物学。

生物钟

Biological clock

生物钟是生物体内运行的计时系统，有些人称它为“时间感”。人类和几乎所有的动物都具有生物钟。

生物钟控制生物的各种功能和过程的节律，它们会保持超过几天、几个星期、几个月，乃至几年。生物钟使得生物的活动与周围环境的变化保持协调一致。

按照时间进行的鸟类迁徙、鱼类产卵、花朵开放都是由它们体内的生物钟所决定的。生物钟告诉我们的身体什么时候睡觉、醒来，以及做其他事情。生物钟跟随着包括白天和夜晚、海洋潮汐、月球的相位和一年中的季节在内的环境周期变化而变化。

延伸阅读： 环境。

生长

Growth

当构成生物的细胞数量或体积增加时，生长就会发生。所有的生物都会生长，但它们的生长量并不相同。例如，巨型红杉树的种子直径为1.6毫米，但是它可以长到90米高。而另一方面，成年豚鼠只比幼年豚鼠重5倍。

每个生物都是由一个或多个细胞组成的。每个生命个体都是从单个细胞开始的。细胞吸收营养物质并将其转化为生长所需的物质。因此，细胞会从内部生长，它也可以分裂形成其他细胞，这种成长和分裂的过程就是生长。这个过程会一直持续到一个生物体完全发育成熟。

随着细胞的生长，它们的特征也会发生变化。一些细胞会生长为皮肤或肌肉。另一些则会形成身体器官，如心脏、肺和肝脏。这个过程由生物从它们的亲本那里所遗传的基因所控制。

延伸阅读： 细胞；基因；生活史。

生殖

Reproduction

生殖亦称繁殖，是生物产生更多同类的方式。所有生物都会生殖——从最小的微生物到最大的动物。没有生殖，所有的生命形式都会不复存在。

生物体会产生与自己相似的幼体。它们之所以能够实现这一点是因为所有生物都有基因。基因是细胞内的化学指令，指导着生物的生长和功能。在生殖过程中，基因会由亲代传给后代。

生殖的方式有两种。动物几乎总是采用有性生殖。在有性生殖中，双亲生育后代。后代的基因来自

受精卵迅速分裂，形成胚胎。这张照片由显微镜所拍摄，展示了一个人类胚胎。胚胎能发育成胎儿，最终长成婴儿。

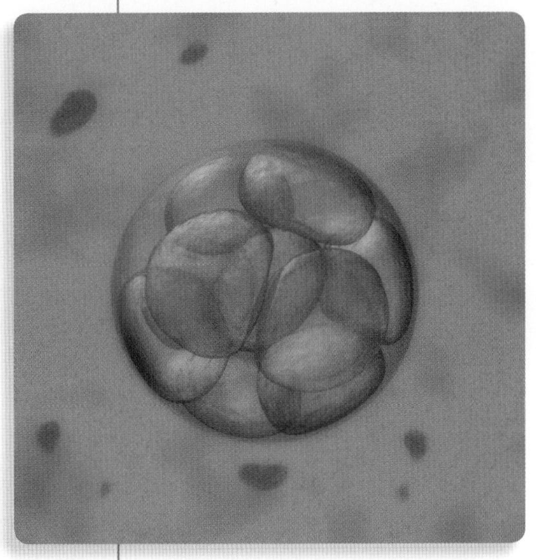

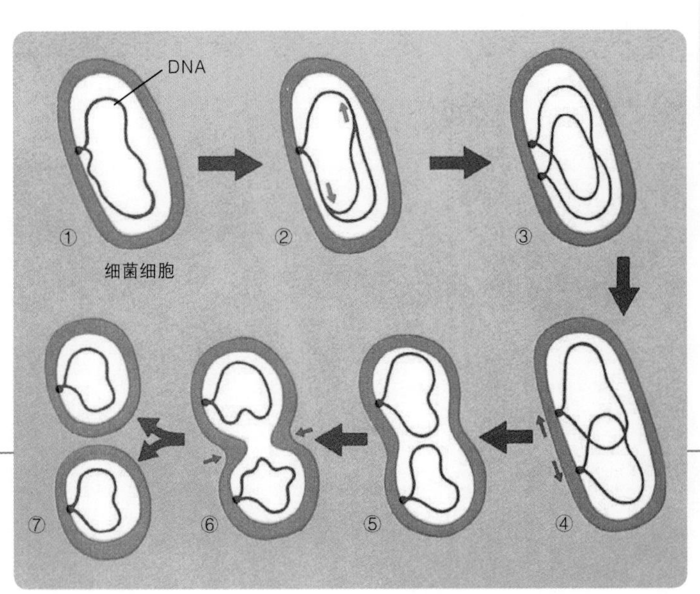

细胞分裂是细菌繁殖的一种方式。(1) 生物的DNA会以连接至细胞壁的环状结构出现；(2) DNA复制；(3) 复制后形成两个环状结构；(4) 随后细胞变长；(5) 环状结构分离；(6) 接着，细胞开始分裂为两部分；(7) 每个新细胞都具有自己的环状DNA。

父母双方。父母的基因存在于生殖细胞中，雄性的生殖细胞叫作精子，雌性的生殖细胞叫作卵细胞。精子会与卵细胞结合，形成受精卵，这一过程称为受精。

受精卵会长成一个新的胚胎。在一些动物中，胚胎生长在一个具有保护功能的卵中，而卵则由雌性动物产下。大多数鱼类、爬行类和鸟类会产卵。而在另一些动物中，胚胎会在母体内继续发育。包括人类在内，几乎所有的哺乳动物都通过这样的方式生殖，这一发育过程称为怀孕或妊娠。

不同动物的妊娠期不同。人的妊娠期约9个月。婴儿最终会从母亲体内产出，这个过程叫作分娩。

另一种生殖方式称为无性生殖。在这种生殖方式中，不需要生殖细胞的结合，由母体直接产生子代，后代拥有亲代所有基因的副本。只有少数动物才能进行无性生殖。例如，某些鱼类能进行无性生殖。无性生殖在植物中更为常见。诸如细菌这样的微小生物，采取的也是无性生殖。

延伸阅读： 无性生殖；细胞；卵；胚胎；受精；胎儿；基因；妊娠期；减数分裂；有丝分裂。

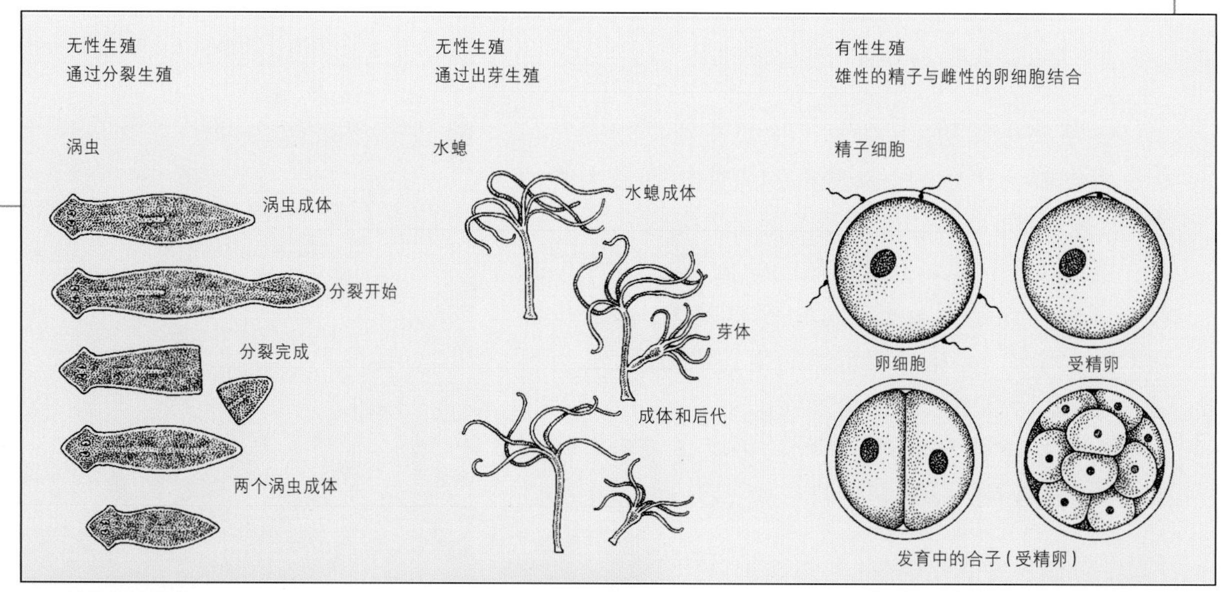

动物的生殖方式可以是无性生殖（不需要生殖细胞的结合，由母体直接产生子代），也可以是有性生殖（由两性细胞结合成受精卵发育形成新子体）。

巨型桶状海绵是一种深海海绵，在有性生殖的过程中会产卵。海绵既能进行有性生殖，也能进行无性生殖。

牲畜

Livestock

人类饲养家鸡是为了获取它们的肉和蛋。一些养鸡场具有能够自动提供饲料和水并收集鸡蛋的设备。

牲畜是人类饲养的作为食物或其他用途的动物。重要的牲畜包括牛、猪、鸡、羊和马。饲养和照料牲畜的学科叫作畜牧学。

牲畜通常被饲养在农场或牧场。有些人也会在庭院里饲养兔子、鸡或其他小型牲畜。

牲畜为人类提供肉类、蛋类和牛奶等食品。这些食物富含蛋白质。牲畜能为人类提供毛皮和皮革，用于制作衣服、鞋子、毯子等其他物品。

人们会用牲畜的蹄子和角制作纽扣、梳子和胶水，动物脂肪能被用来制作肥皂，雁鸭类的羽毛能用于填充枕头。

延伸阅读： 家牛；鸡；卵；农业与畜牧业；猪；马；家禽；绵羊。

人类饲养牛是为了获取它们的奶、肉和皮。

圣伯纳德犬

Saint Bernard

圣伯纳德犬是一个聪明的大型犬种。在17世纪由瑞士的僧侣所培育。那时，许多人会在阿尔卑斯山徒步旅行。其中有些人会在山里迷路，或者因为遭遇突如其来的暴风雪而被掩埋。圣伯纳德犬正是被训练来救助这些人的。

圣伯纳德犬作为看护犬和宠物犬颇具价值。它们强壮而高大，肩高约为66~76厘米，体重为64~90千克。其毛皮有的白色和红色相间，或者白色和棕色相间。圣伯纳德犬具有又大又方的脑袋和短短的颈部。

延伸阅读： 狗；哺乳动物；宠物。

圣伯纳德犬

虱子

Louse

虱子是一类没有翅膀的小型昆虫。虱子以鸟类和包括人类在内的哺乳动物的血液为食。虱子的叮咬会引起瘙痒，而且会传播疾病。

虱子有两种主要类型。鸟类身上常出现的鸟虱不会生活在人身上。

吸虱生活在哺乳动物的皮肤上，其中有几种会生活在人身上。当人们共用梳子或帽子时，头虱会从一个人传到另一个人，而体虱则会在衣服或床上产卵。

防止虱子传播的最好方法是勤洗澡和穿干净的衣服。专用的洗发水和沐浴液可以杀死那些人类身上的虱子。

延伸阅读： 昆虫；有害生物；潮虫。

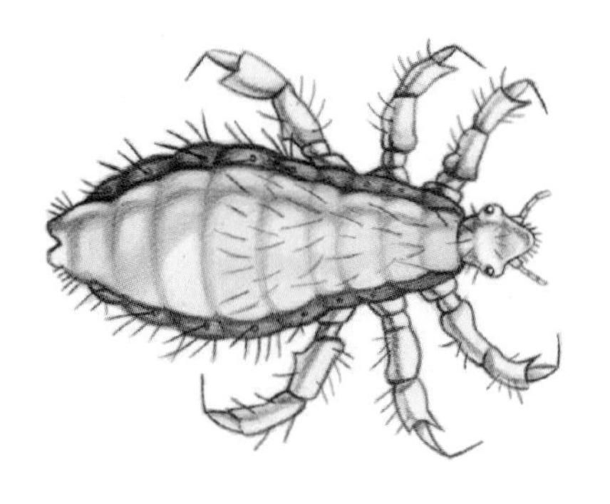

体虱具有与蟹类相似的腿和钩状的爪子，这可以帮助它们钩住受害者。这类昆虫的身体被细小的毛发状结构所覆盖。体虱会刺穿受害者的皮肤，并用喙状的吸血器官吮吸血液而进食。

鳾

Nuthatch

鳾是一类会爬树的鸣禽。它们会把坚果放在树木的裂缝里，然后用喙击打坚果，直至将其凿开。与其他在树上攀爬的鸟类不同，鳾能够在树上头朝下攀爬。

白胸鳾是北美洲最著名的鳾类，分布于美国和加拿大南部。体长可达13～15厘米。头顶和颈部为黑色，背部为深灰色，身体下部则为白色。

白胸鳾以坚果、谷物和昆虫为食。在冬天，它们会被人工喂食器所吸引。在那里，它们主要会取食葵花籽。

延伸阅读： 鸟。

鳾会用锋利的喙凿开坚果取食。

狮

Lion

狮是野生的大型猫科动物。虎是唯一比狮体型更大的野生猫科动物。从鼻端到尾巴，成年雄狮的体长可达3米，体重可达254千克。它们因美丽的外观和强大的力量而被称为“兽中之王”。

成年雄狮具有鬃毛，这些鬃毛又长又厚，覆盖着头部和颈部。鬃毛使雄狮看起来比实际体型更大更强壮，雌狮则不长鬃毛。

大多数狮子分布于非洲的稀树草原上。稀树草原指的是长有稀疏树木的草原。狮子的皮毛呈现棕黄色，与干草的颜色一致，能帮助它们与周围的环境融为一体。狮子曾经分布于亚洲和欧洲的大部分地区，但是如今那里只有印度还剩下少量的野生狮子。

成年雄狮有鬃毛。鬃毛是覆盖在动物头部和颈部的又长又厚的茂密毛发。

在猫科动物中，狮子的群居生活习性并不常见。一个狮群包含有一只或多只成年雄狮、几只雌狮和它们的幼狮。一个狮群可能有多达40只狮子。

狮子是可怕的捕食者。狮子的肩膀和前腿有发达的肌肉，使狮子有足够的力量抓住猎物并把它们按倒在地。狮子每只大而坚硬的前爪都具有弯曲的爪子，狮子还有锋利的牙齿和强有力的下颌。狮子经常一起协作捕猎，喜欢捕食斑马这样的大型动物，不过大多数狩猎都由雌狮们完成。

雌狮会教自己的幼狮如何捕猎。

狮子在非洲的许多区域已经变得很稀有。人类通常会为了保护家畜而杀死狮子，人类还杀死了很多狮子本来能捕食的猎物。

延伸阅读： 亚当森；猫；濒危物种；哺乳动物。

狮面狨和柽柳猴

Tamarin

狮面狨和柽柳猴都是小型猴类，分布于中美洲和南美洲的热带雨林中。体长约为30厘米，尾部长达43厘米，体重约为0.9千克。

狮面狨和柽柳猴的种类很多。大多数种类的被毛有好几种颜色，包括红色、白色和棕色。许多种类的头顶上还有长长的毛发，它们还有漂亮的小胡子。巴西东部的狮面狨的头部有丝缎状长毛，呈亮橙色。

狮面狨和柽柳猴以水果、昆虫、蛙类和树木的渗出液为食。它们以多达40只的规模群栖。

狮面狨和柽柳猴有灭绝的危险，它们主要受到森林破坏的威胁。

延伸阅读： 哺乳动物；猴；灵长类动物。

狮面狨

石斑鱼

Grouper

石斑鱼是一类海洋鱼类。石斑鱼通常栖息于岩石海岸附近的温暖水域，也会栖息于珊瑚礁附近。珊瑚礁是由珊瑚构成的巨大岩壁。石斑鱼可以根据周围的环境改变体色。

石斑鱼以小鱼和其他海洋动物为食。它们有一张大嘴，进食时会把食物整个吞下。所有石斑鱼出生时都是雌性，它们会在自己生命的后阶段转变为雄性。

红石斑鱼分布于大西洋沿岸。这种鱼能够根据周围的岩石和珊瑚礁改变自己的体色。就像其他石斑鱼一样，它也有一张大嘴。

石斑鱼有好几种。条纹石斑鱼和黑鲉鮨是两种著名的石斑鱼，它们分布于美国南部的大西洋沿岸。另一种红石斑鱼，分布于从美国马萨诸塞州到南美洲的大西洋沿岸。作为食用鱼类，石斑鱼很受人们的欢迎。

延伸阅读：珊瑚礁；鱼。

食草动物

Herbivore

食草动物是以植物为主要食物的动物。以其他动物为食的动物称为食肉动物。既吃植物又吃动物的动物则为杂食动物。食肉动物和杂食动物都会以食草动物为食。

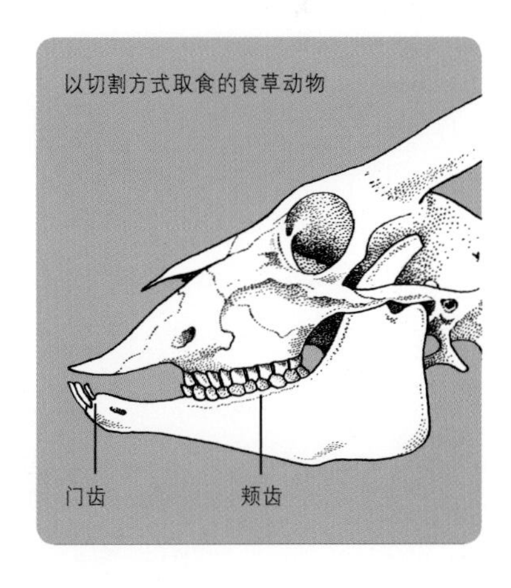

绵羊会用下门牙抵住上颌的肉垫将草割下。随后它会用颊齿磨碎食物。它们没有犬齿。

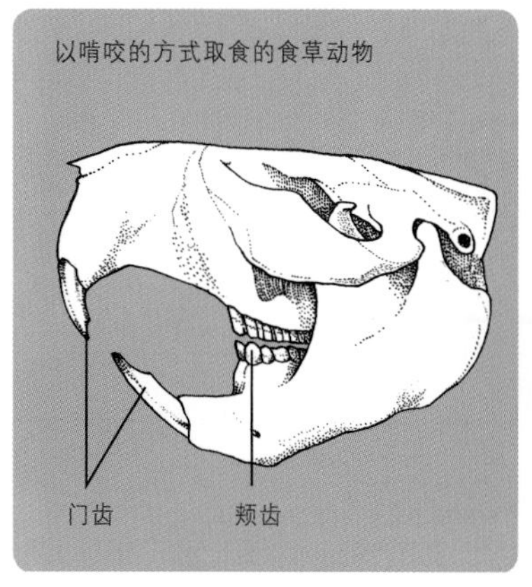

河狸会用巨大的门牙啃掉植物的外皮。与绵羊一样，河狸会用颊齿磨碎食物，并且它们也没有犬齿。

大多数哺乳动物属于食草动物。以植物为食通常并不容易，总是取食植物会磨损动物的牙齿。哺乳动物中的食草动物，例如牛、象和马的牙齿具有高高的牙冠（牙齿上用于咀嚼的部分），这些动物的牙齿会慢慢磨损。其他动物，例如仓鼠和兔子，牙齿则会一直生长，代替因为咀嚼植物而磨损的牙齿。

食草动物的种类很多。其中有些以草为食，例如牛和鹿，这些动物以切割的方式取食。有一些取食嫩草、嫩枝。还有一些动物，例如某些种类的鸟，则以种子和浆果为食。

食草动物特殊的身体结构，使它们能够取食树叶和草。取食树叶者通常有又大又窄的嘴巴，使它们能把树枝上的叶子和果实剥离下来。而取食草者的厚舌头则可以包住厚厚的草丛。取食树叶者的牙齿更锋利，可以直接咬进果实。取食草者的扁平牙齿则可以把草磨碎，使其更容易消化。

延伸阅读： 食肉动物；食物链；食物网；杂食动物。

长颈鹿是一类取食树叶的食草动物。这类食草动物有又大又窄的嘴，使它们可以把树枝上的叶子和果实剥离开来。

许多种类的鸟会取食种子和浆果。

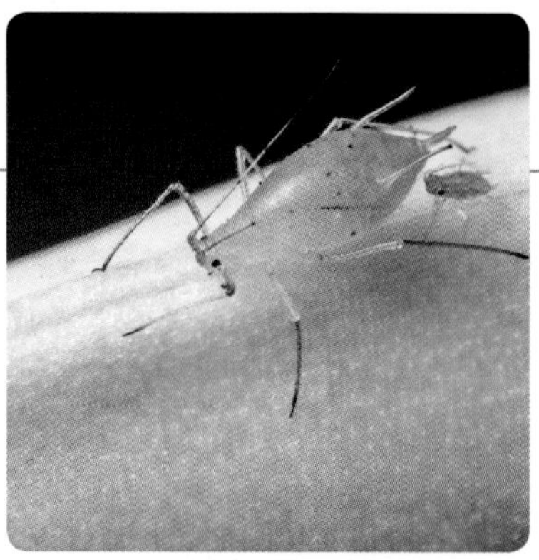

许多种类的昆虫也是食草动物。蚜虫是一类以植物汁液为食的微小昆虫。

食虫动物

Insectivore

食虫动物是一类以昆虫为食的动物。鸟类、蛙类和蜥蜴都会捕食昆虫，但是食虫动物这个词通常限定于一些哺乳动物，例如鼹鼠、鼩鼱和刺猬。

食虫动物通常有较小的大脑和未分化的牙齿。人类的一些牙齿具有切割功能，还有一些具有研磨食物的功能，所以人类的牙齿有功能分化。而所有食虫动物的牙齿都具有同样的功能。它们通常嗅觉敏锐，但视力很差。

延伸阅读：蝙蝠；昆虫；哺乳动物；刺猬；鼹鼠；鼩鼱。

蝙蝠中的许多种类是夜间捕食昆虫的食虫动物。

食人鲳

Piranha

食人鲳是一类栖息于南美洲淡水水域中的拥有尖牙利齿的鱼类。食人鲳有很多种，体色大多呈橄榄绿至蓝黑色，腹部则呈红色或橙色。最常见的是红食人鲳，它们能够长到30厘米长。

所有的食人鲳都具有锋利的牙齿。通常情况下，食人鲳会独自游动，并以小鱼为食。它们也会吃掉到水里的种子或水果。一群食人鲳有时会攻击大型动物，并一块块咬下它的肉。它们甚至会攻击诸如牛之类的大型动物。食人鲳以危害人类而闻名。事实上，食人鲳几乎从来没有攻击人类的记录。

食人鲳具有用来攻击猎物的锋利牙齿。

人们已经把食人鲳放生到美国的一些河流和湖泊里。这些食人鲳吃掉了水中的大量鱼类和其他动物，对生态环境造成了危害。

延伸阅读：鱼。

食肉动物

Carnivore

食肉动物是一类主要以肉类为食的动物。被食肉动物捕食的那些动物称为猎物。世界上现存的食肉动物有很多种。有些食肉动物属于哺乳动物，包括猫类、犬类、海豚、狮子、北极熊和狼。爬行动物中的鳄类和蛇、以蛙类为代表的大多数两栖动物、许多鸟类，还有大多数鱼类和海洋动物都属于食肉动物。

大型食肉动物有用于捕捉猎物的强壮上下颚。许多食肉动物还具有尖利的爪，以及用于撕裂猎物的锋利牙齿。

许多食肉动物会主动捕捉和杀死猎物。有些食肉动物则主要吃那些它们发现的已经死亡的动物，这些食肉动物被称为食腐动物。鬣狗和兀鹫都属于食腐动物。不过大多数食肉动物偶尔都会吃动物的遗骸。此外，还有为数不少的食肉动物会像吃肉一样吃植物性食物，例如熊和浣熊。

猫头鹰属于食肉动物，它们以其他动物为食。

有些食肉动物体型很大，有一些则比较小。棕熊是陆地上体型最大的食肉动物之一，体重超过680千克。伶鼬是体型最小的食肉类哺乳动物，体重仅57克。

食肉动物分布于世界各地，陆地和海洋中都有它们的身影。

以狮子为代表的一些食肉动物集群生活，这使它们更容易捕捉像斑马这样奔跑迅速的猎物。

许多食肉动物独自生活，但是像狮子和狼这样的食肉动物则成群生活，这样更容易捕捉猎物。例如，单独一只狼通常不能猎取一只驼鹿，但一群狼一起协作却可以猎捕这样的大型动物。

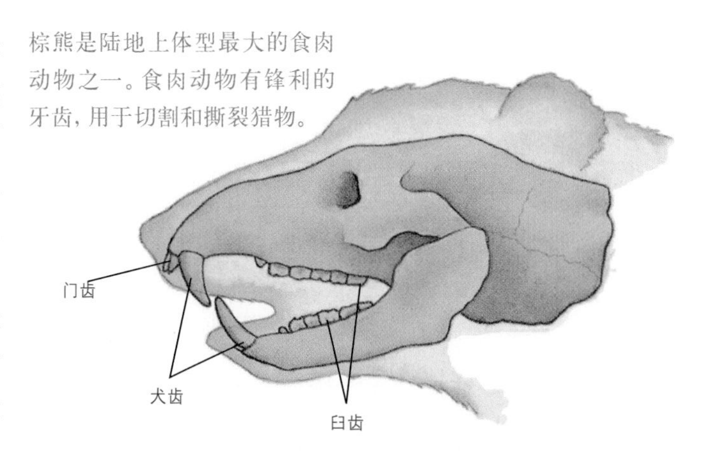

棕熊是陆地上体型最大的食肉动物之一。食肉动物有锋利的牙齿，用于切割和撕裂猎物。

人类在历史上已经杀死了众多食肉动物。人们为了获取食肉动物的毛皮，采用直接狩猎或者设陷阱的方式猎捕它们。由于食肉动物可能会杀死农场的动物，所以农民们也会猎捕一些食肉动物。有些人还参与狩猎运动，猎捕诸如熊这样的食肉动物。在有些地区，人类已经杀死了全部食肉动物。狼曾经广泛分布于整个美国，但是人类杀死了众多狼，使它们在美国的大部分地区消失。

延伸阅读： 猛禽；食草动物；食虫动物；哺乳动物。

食物链

Food chain

食物链是一种显示生物之间取食关系的图谱。食物链中的每一个生物都以它之下的生物为食。例如，鸟类以昆虫为食，所以鸟类在食物链中处于较高的位置。昆虫以植物为食，所以昆虫的位置高于植物。

在食物链中，植物的位置低于动物。植物被称为生产者，因为它们自己生产食物。植物为陆地上几乎所有食物链提供了全部能量。动物被称为消费者，因为它们以植物或其他动物为食。

食物链中的箭头表示能量的流动方向。能量会从植物转移到动物身上，然后转移到更大的动物身上。

只吃植物的动物被称为食草动物，包括兔子、鼠类、牛、猪和鸡。那些以其他动物为

熊在冬眠前捕食鲑鱼，它处在自己所属的食物链的顶端。

食的动物被称为食肉动物，包括狼、狮子、狐狸和鹰。在食物链中，食肉动物的位置高于食草动物。

每个生物都至少处于一条食物链中，但是许多生物都处于不止一条食物链中。例如，草可能被蚱蜢、绵羊或牛吃，草处于这些食物链的底部。一组相互交错的食物链称为食物网。

延伸阅读：食肉动物；食物网；食草动物。

食物网

Food web

食物网描述了一个地区生物之间的取食关系。食物网由相互交错的食物链组成，在食物链中，每个生物都以处于它下级的生物为食。例如，兔子吃草，所以兔子在食物链中的位置比草高。然而，许多生物处于多条食物链中。例如，草可以被蚱蜢、绵羊和牛吃，草处于这些食物链的底部。因此，这些食物链相互交错构成了一个食物网。

食物网是许多食物链的集合。所有食物链都是从植物开始的。

植物为陆地上几乎所有的食物链提供了能量。植物能够利用阳光中的能量为自己制造食物，由于这个原因，植物被称为生产者。动物从植物中获取能量，它们直接取食植物或者以取食植物的动物为食。动物被称为消费者。例如，兔子和鹿是取食植物的消费者，另一方面，它们又被鹰和狼等其他消费者捕食。其他生物则分解动物的残骸，它们被称为分解者。

单个生产者、消费者或分解者可以是许多食物链的一部分。例如，老鼠可能被狐狸、狼、鹰和隼捕食，老鼠至少是四种不同食物链的一部分，这些食物链组成了一个食物网。

世界上有许多食物网，一些大型的食物网存在于热带雨林和海洋中。

延伸阅读： 食肉动物；腐烂；食物链；食草动物。

金字塔的形状展示了非洲草原上的食物链中每个环节的生物比例。在金字塔的顶端，有一些食肉动物。在较低的位置，则有更多的食草动物，它们会被食肉动物捕食。在金字塔的底部，则有更多的植物，它们为食草动物提供食物。

食蚁兽

Anteater

食蚁兽是一类主要取食蚂蚁和白蚁的动物。它们没有牙齿，会用爪子撬开蚂蚁和白蚁的巢穴，并用长长的舌头舔舐蚂蚁和白蚁。

大食蚁兽分布于南美洲巴拿马，生活在热带雨林和平原。它们长着又长又窄的吻部，尾部和身体侧面披着浓密的灰色毛发。有些大食蚁兽体长超过1.8米。大食蚁兽营地面生活，用指关节及弯曲的趾行走。

小食蚁兽分布于墨西哥和南美洲中部。它们在树上和地面生活，利用尾巴进行攀爬。侏食蚁兽与小食蚁兽很相像，也在树上生活。

土豚、穿山甲和针鼹有时也被称为食蚁兽。这些动物同样以蚂蚁和白蚁为食，但是它们和真正的食蚁兽并不是亲戚。

延伸阅读： 土豚；蚂蚁；针鼹；食虫动物；哺乳动物；白蚁。

食蚁兽

史前动物

Prehistoric animal

史前动物是生存在很久以前的动物。如果一种动物生存在5500多年前，也就是人类发明文字和记录历史之前，那么它就是史前动物。一些史前动物看起来与现存的动物很像，但是还有一些史前动物则与现存生物不同，这些史前动物包括体型巨大的恐龙、会飞行的爬行动物和巨大的海洋爬行动物。

人们通过研究化石了解史前动物。化石是史前生物保存在岩石中的遗迹，可能是骨头、贝壳、动物的足迹或叶片的轮廓。科学家会小心翼翼地从岩石中取出化石。他们研究化石，从而了解史前动物的样子。他们会试图了解这些动物生存的时间、地点和生活方式。

古生代（距今5.44亿至2.48亿年前）是诸如三叶虫这样的许多无脊椎动物生存的时期，鱼类、两栖类、爬行类等动物都是首先出现在这一时期。

鳍甲鱼（无颚鱼类）体长23厘米

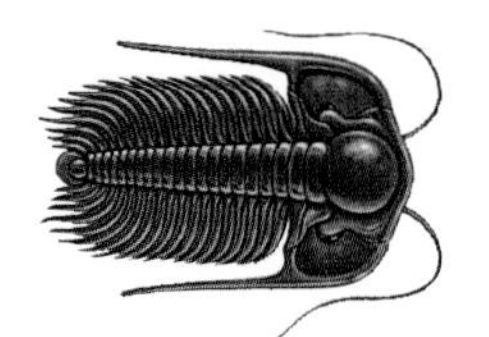

三叶虫（节肢动物）体长0.5~75厘米

异齿龙（似哺乳型爬行动物）体长3米

在中生代（距今2.51亿至6500万年前），包括巨型恐龙在内的爬行动物数量激增。最早的鸟飞上了天空，最早的哺乳动物也匆匆穿过森林。

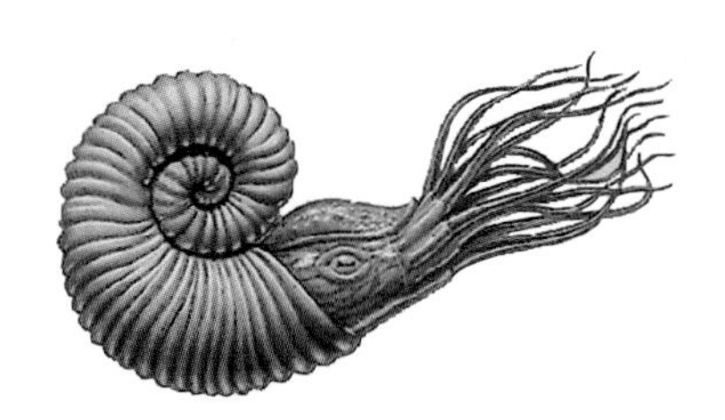

菊石（软体动物）直径5~183厘米

始祖鸟（古鸟类）体长46厘米

地震龙（恐龙）体长45米

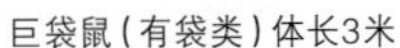
巨袋鼠（有袋类）体长3米

剑齿虎（剑齿虎类）体长1.8米

三趾马（马类）肩高30厘米

史前动物主要生存在地球历史上的三个主要时期。生命最早出现在距今约30亿年前，但是，科学家认为微生物出现的时间可能更早。

古生代从距今5.7亿年前持续到距今2.4亿年前。许多动物类型在此期间进化发展出来，其中包括最早的鱼，以及许多其他海洋生物。昆虫和与其类似的动物则成为第一批生活在陆地上的物种。最早的四足动物起源于鱼类，并逐渐来到陆地上生存。可能是由于位于如今西伯利亚的火山爆发，大多数当时的生物都在古生代末期灭绝了。生命花了数百万年才得以恢复。

中生代从距今2.4亿年前持续到6500万年前，这一时期也被称为爬行动物时代或恐龙时代。恐龙和其他大型爬行动物在这个时代统治着地球。最早的鸟类、现代两栖类以及真正的哺乳动物就出现在中生代。恐龙和许多其他大型动物在中生代末期灭绝了，大多数科学家认为大型小行星的撞击是造成它们灭绝的主要原因。

新生代始于距今6500万年前，一直延续到今天，这一时期也被称为哺乳动物时代。哺乳动物在新生代成为最大的动物类型。史前哺乳动物包括猛犸象、三趾马以及剑齿虎。

这三个时代都能划分为更短的时期。例如，中生代由三叠纪、侏罗纪和白垩纪组成。在每个时期，地壳中都形成了不同的岩石地层。科学家通过研究在这些地层中发现的岩石和化石，来确定哪些动物生存在对应的时代。例如，在侏罗纪时期，恐龙的体型最大。

延伸阅读：始祖鸟；恐龙；象鸟；进化；灭绝；化石；猛犸象；乳齿象；古生物学；翼龙；剑齿虎；三叶虫。

新生代（距今6500万年前至今）生存着许多不同种类的哺乳动物。有许多体型大而可怕的动物，例如与早期人类生活在同一时期的剑齿虎。

大地懒的化石骨架。大地懒身高可达4.4米，有一座房子那么高。这种巨大的食草哺乳动物生存在1万多年前。

始盗龙

Eoraptor

始盗龙

始盗龙是最早的恐龙之一。大约距今2.3亿年前，它们生存在如今的阿根廷西北部。始盗龙的身体很瘦长，体长约为90厘米。它们用后肢奔跑，它们的后肢长度是前肢的两倍多。始盗龙手部有五个手指，不过其中有两个非常小，其他三个指头的末端有大爪子。与其他食肉恐龙一样，它们口腔后部的牙齿呈现锯齿状。而它们的门牙则是叶子状的，就像一些植食恐龙的牙齿。始盗龙很可能以小型动物为食。它们也可能会取食植物。

延伸阅读： 恐龙；古生物学；史前动物；爬行动物。

始祖鸟

Archaeopteryx

始祖鸟

始祖鸟是一种有羽毛的动物，生活于距今约1.5亿年前。它们的化石发现于欧洲。始祖鸟的骨架与小型恐龙十分相似。然而，它们却长着羽毛和像鸟一样的翅膀。因此，大多数科学家把始祖鸟归为最早的鸟类，并且认为鸟类起源于恐龙。

始祖鸟的体型有乌鸦那么大。与现代鸟类不同的是，它们有一条长长的、多骨的尾巴，它们还具有牙齿，每个翅膀上还有三个爪子。

大多数科学家认为始祖鸟能够飞行，但它们不像现代鸟类那样擅长飞行。还有一些科学家认为始祖鸟只能滑翔，它们栖息在森林里，有可能只会从一棵树滑翔至另一棵树。

延伸阅读： 鸟；恐龙；古生物学；史前动物；翅膀。

适应

Adaptation

适应是指生物的某些特征适合环境条件，能帮助它们存活下去。动物有各种适应的方式，包括大小、颜色、体形、行为和其他特征。

许多适应特征使动物能够在一个特定的环境中生存。例如，浓厚的毛发是对寒冷地区生活的一种适应。适应也帮助动物获得食物。金刚鹦鹉是一类色彩斑斓的鹦鹉，它们拥有巨大的喙，用来撬开坚果。和试图取食坚果的其他动物相比，这一特征赋予它们巨大的优势。

有些动物适应于生活在许多不同的环境中。例如，人类可以生活在各种气候环境中。但是大多数动物的适应特征限制了它们能够生存的区域范围。比如北极熊就只能生活在北冰洋附近的寒冷地区。

延伸阅读： 保护色；环境；进化；灭绝；自然选择。

非洲蝴蝶的翅膀上具有眼斑，能吓走那些捕食蝴蝶的鸟类。这就是适应能够帮助生物生存的一个实例。

嗜极微生物

Extremophile

嗜极微生物指的是那些生存在极端环境中的微小生物。嗜极微生物栖息在能杀死大多数生物的环境中，如很高或很低的温度下，还有一些则承受着巨大的压力、高浓的盐度或有毒的化学物质。

人类在海底热液口处发现了嗜极微生物。热液口是海底的烟囱状结构，能喷出热水。人类在海洋最深处、最黑暗的区域也发现了嗜极微生物。它们还栖息在极地表面以下的冰中以及咸水或酸性水体中。

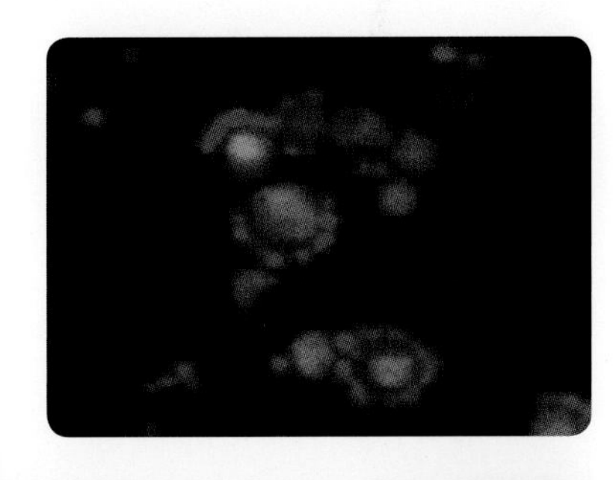

嗜极微生物作为一类奇特的微生物（右上图）生活在海底的热液口（右下图）。热液口是一类向海洋中不断释放富含矿物质的热水的结构。

科学家研究嗜极微生物的部分目的，是为了了解其他行星上的生命的可能形态。许多具有液态水的行星可能存在极端的条件，如果存在能够支持生命的行星，那么这些生物可能就会与地球上的嗜极微生物很相像。

延伸阅读： 微生物。

受精

Fertilization

受精是指雄性和雌性的生殖细胞结合成一个新个体的过程。这是有性生殖的第一步。当来自雄性的一个细胞与来自雌性的一个细胞结合时，就会发生有性生殖。雌性动物体内产生卵细胞。当一个卵细胞与一个精子结合时，受精就完成了。随后，受精卵会发育成一个新的有机体。

受精可以发生在雌性体内或体外。对于大多数鱼类和蛙类而言，雌性产卵后，雄性会在其周围释放精子。对于鸟类和哺乳动物而言，雄性的精子则在雌性体内使卵细胞受精。

延伸阅读： 卵；生殖。

蛙类是在体外受精的。

兽医学

Veterinary medicine

兽医学是涉及动物医疗的医学分支。兽医接受过预防、识别和治疗各种动物疾病的训练。他们的工作还包括防止人们感染某些动物疾病，这些疾病包括狂犬病、鹦鹉热、兔热和禽流感。

城市里的兽医主要医治狗、猫和其他常见宠物。

乡村地区的兽医会帮助马匹和其他牲畜保持健康

大多数情况下，城市的兽医比乡村的兽医需要医治的动物种类更多。一个城市兽医通常需要医治狗、猫和其他家养宠物。城市中的许多兽医会在动物医院工作。这些医院一般都拥有与人类医院近似的设备，这些设备使兽医在面对许多不同动物疾病和受伤情况时，能够进行包括外科手术在内的特殊测试和治疗。

在农场，兽医则通常医治绵羊、山羊和牛这样的牲畜。兽医会帮助农场里的动物保持健康，防止动物疾病暴发。暴发性疾病，也称流行性疾病，指的是许多动物在几乎同一时间患上相同的疾病。动物的流行性疾病对动物和人类而言都是非常危险的。兽医会使用某些特定的药物来保护家畜免受疾病的侵害。

兽医最重要的职责之一是控制狂犬病。所有的狗、猫和其他可能患狂犬病的宠物都需要接种疫苗，以保护它们免受该病的侵袭。兽医也会给宠物注射其他疫苗，以保护它们免受其他疾病的侵害。

延伸阅读： 动物；犬瘟热；口蹄疫；病菌；牲畜；疯牛病。

动物园里的兽医会医治许多不同寻常的动物。

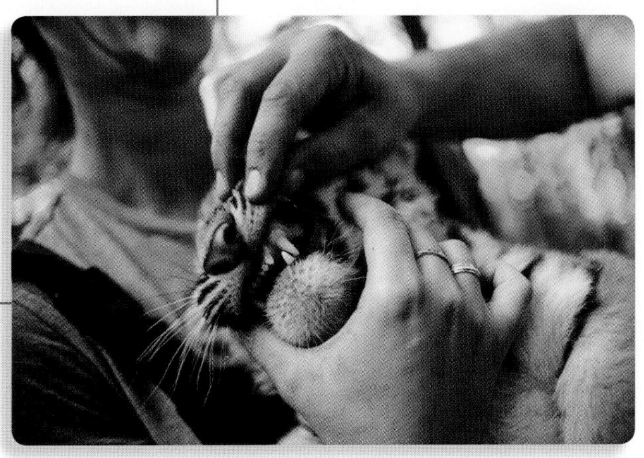

属

Genus

属是一类亲缘关系密切的生物组合。生物学家把每种生物都划分进七个不同的阶元。这些阶元包括界、门、纲、目、科、属和种。每一个阶元都由它之后的较小的阶元依次组成。例如，一个目由科组成，一个科由属组成。阶元越小，其成员就越相似。每一个生物都属于七个基本分类阶元中最基础的阶元——物种。一个属就是一类亲缘关系相近的类群。

例如，猫属包括好几种不同种类的小型猫属动物，如家猫和分布于北非和亚洲的荒漠猫。

属可以被归入更大的被称为科的阶元。例如，猫属于猫科动物，美洲豹、豹、狮和虎组成了豹属，不同种类的猞猁组成了猞猁属，这两个属都属于猫科。

延伸阅读：科学分类法；科；物种。

虎、狮和豹等非常相似的不同物种属于同一个属。

狮

豹

虎

鼠

Mouse

鼠是一类小型啮齿动物，具有黑色的圆眼睛、圆耳朵和细尾巴。鼠的种类很多。这类动物都具有用于啃食种子和其他食物的大型门齿，这些牙齿会终身生长。鼠会通过这种方式，将由于咀嚼而被磨损的牙齿中的物质，逐渐进行替换。

鼠类分布在世界上的大部分地区。其中最著名的是家鼠，它们几乎会取食包括各种昆虫和植物在内的任何东西。而包括猫、狐狸、猫头鹰和蛇在内的许多动物则会捕食鼠类。

鼠类对人类有害。它们会取食储存的谷物和其他食物，也会破坏建筑物，并用它们的粪便和尿液污染房屋。但是鼠

在古代，野生家鼠就栖息在人们的家里。它们就像今天的家鼠一样取食人的食物。

类在某些方面也对人有用。例如，科学家用鼠类来试验新药和研究疾病。

延伸阅读： 哺乳动物；有害生物；大鼠；啮齿动物。

鼠海豚

Porpoise

鼠海豚是一类与海豚有亲缘关系的海洋哺乳动物。鼠海豚看起来像海豚，但体型通常较小。鼠海豚的体长为1.5~2.0米，体重则为50~100千克。世界上现存的鼠海豚有好几种。

与海豚相比，鼠海豚的头部和牙齿形状也有所不同。鼠海豚具有圆圆的吻部和铲形牙齿，海豚则具有喙状的吻部和锥形的牙齿。鼠海豚、海豚、鲸类共同组成了一个庞大的哺乳动物群体，即鲸豚类动物。科学家把鼠海豚归为齿鲸。

鼠海豚栖息于太平洋和大西洋的凉爽水域。它们能以20千米/时的速度游泳，以鱼类和乌贼为食。

延伸阅读： 鲸豚类动物；海豚；哺乳动物；鲸。

鼠海豚

鼠兔

Pika

鼠兔是一种外形与豚鼠相似的毛茸茸的动物。鼠兔实际上是兔子的近亲，分布于亚洲、欧洲和北美洲西部。

美洲鼠兔的体长约为18厘米，尾长则为2.5厘米。它们身体背侧的毛呈灰褐色，腹面则为白色或

美洲鼠兔是一种栖息于山坡上松散岩石层的毛茸茸的小型动物。鼠兔与豚鼠的外形很像。

浅棕色。美洲鼠兔栖息于山坡上松散的岩石地带。它们以植物为食，会花很多时间为冬天收集食物。鼠兔通常群居。它们会发出响亮的叫声来警告诸如鹰和鼬等动物所带来的危险。

延伸阅读： 豚鼠；野兔；哺乳动物；兔子。

树懒

Sloth

树懒是一类栖息于南美洲的哺乳动物，运动起来缓慢而奇怪。它们会以倒挂的姿势在树枝上移动。树懒能够用爪子牢牢地吊在树上，它们甚至能在这种姿势下睡着。

树懒几乎没有尾巴和外耳，鼻子则是圆圆的。树懒的牙齿就像钉子。它们的毛发又长又粗糙，颜色从浅灰色到棕色，这样的颜色使树懒在树上很难被发现。

树懒几乎从不到地上活动。它们以树叶、嫩芽和嫩枝为食。树懒栖息在热带雨林中。因为它们的运动很缓慢，所以需要的食物很少。

延伸阅读： 地懒；哺乳动物。

树懒是一类用爪子悬吊在树枝上的动物。

树蛙

Tree frog

树蛙一生大部分时间生活在树上。世界上现存几百种树蛙。大多数树蛙的脚垫都具有很强的黏性。它们可以爬树，并跳过树顶。树蛙的体长从不到2.5厘米到大约13厘米不等。它们主要以昆虫为食，一些树蛙能够捕食包括其他蛙类在内的更大的动物。树蛙的体色异常丰富，从灰色、棕色、绿色到黄色都有。许多树蛙可以改变自身的体色来适应周围的环境。

在世界各地，树蛙都很常见。雄性树蛙会用高音来吸引雌性。当雄性树蛙鸣叫时，它们的喉部会膨胀，就像一个快要破裂的气泡，随后它们会发出声音。雄性树蛙有时会形成一个嘈杂的合唱团。

延伸阅读： 两栖动物；蛙。

红眼树蛙的身体呈绿色，腹部则体色苍白，它们的眼睛是红色的。红眼树蛙分布于中美洲的雨林中。

双髻鲨

Hammerhead shark

双髻鲨是一类头部又宽又平的鲨鱼。它们的头部就像锤子一般，在头部两边各有一个眼睛和鼻孔。科学家认为这种奇怪的形状有助于双髻鲨感知周围的环境。世界上现存的双髻鲨有好几种。

双髻鲨分布于世界各地的热带和温暖海域。它们既栖息于海岸附近，也栖息于广阔的海洋中。它们中的有些种类独居，有些则形成了由数百条鲨鱼所组成的鱼群。

双髻鲨有不同的体型。体型最小的窄头双髻鲨体长约为1.5米，体型最大的则是巨双髻锤，它们的体长约为6米。

双髻鲨以各种鱼类和贝类为食，它们很少攻击人类。在世界各地，双髻鲨都被人类捕捉作为食物，有好几种双髻鲨正面临灭绝的危险。

延伸阅读： 鱼；鲨鱼。

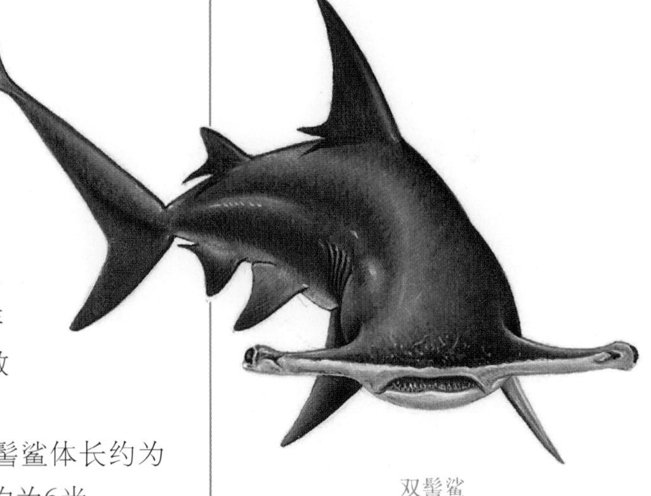

双髻鲨

双壳动物

Bivalve

双壳动物是一类壳由两部分组成的动物。壳体的每一部分都称为瓣，壳的两瓣通过一端的肌肉相连，壳可以打开或关闭。世界上现存的双壳动物有数千种，包括蛤蜊、贻贝、牡蛎和扇贝。这类动物都生活在水中，并且大多数生活在海洋中。

双壳动物通常会让它们的壳保持张开状态，这种姿势使水流动穿过身体，便于它们取食水中的微小生物。

当双壳动物受到打扰时，它们会紧紧地关上外壳。一些双壳动物能够用强有力的肌肉“足”从一个地方移动到另一个地方。

双壳动物属于软体动物门。软体动物具有柔软的身体，缺少骨骼。包括双壳动物在内的许多软体动物都具有坚硬的外壳。

延伸阅读： 腕足动物；蛤蜊；软体动物；贻贝；牡蛎；扇贝；壳。

双壳动物的壳体包含两个相互匹配的瓣。上图显示一个瓣的内部结构。下图则为关闭的双壳动物壳体的侧视图。

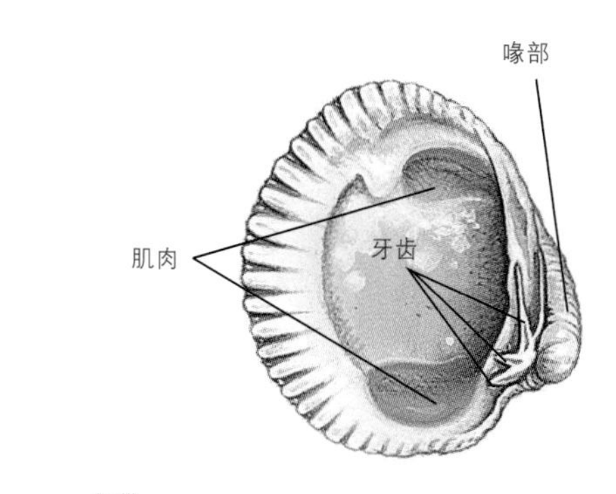

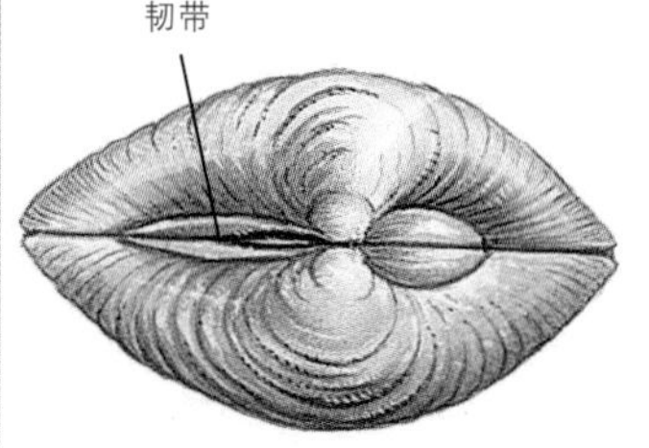

水貂

Mink

水貂是一种与鼬类似的小型哺乳动物。因其厚实柔软的毛皮而身价颇高。人们会用水貂的毛皮制作外套、披肩等各类衣物。如今，世界上许多地方都有饲养水貂的农场。在野外，水貂分布于北美洲、北欧以及亚洲北部和中亚地区。

水貂的体长可达60厘米。野生水貂的毛皮呈棕色，农场养殖的水貂则具有黑色、蓝色、银灰色和白色的毛皮。

野生水貂分布于北美洲、北欧、亚洲北部和中亚地区。它们栖息于靠近河流、溪流、沼泽、湖泊的乡村与荒野地带。

野生水貂通常在水环境附近生活。它们既能在陆地上，也能在水中狩猎。它们在水下的猎物包括淡水龙虾、青蛙和鲦鱼。在陆地上，水貂则会捕食家鼠、麝鼠、兔子和蛇。短尾猫、狐狸、猫头鹰等一些动物能够捕食水貂。

延伸阅读： 哺乳动物；鼬。

水蝮蛇

Water moccasin

水蝮蛇也称棉口蛇，是一种分布于美国东南部的毒蛇。棉口蛇的名字来源于这种蛇受到威胁时的行为。它们会把头往后仰，展现白色的嘴，从而发出警告信号。水蝮蛇常常出现在沼泽、河口等有水的区域。

水蝮蛇是一种原产于美国东南部的毒蛇，栖息在沼泽和河口区域。

水蝮蛇是一种像响尾蛇一样的蝮蛇。嘴附近有一个称为“凹陷”的颊窝，能够使它们感受到像老鼠这样的恒温动物的体温。

成年水蝮蛇体长通常约为107厘米，有些个体可以长到1.5米。它们身体上通常有宽大的黑色条纹。

水蝮蛇以包括青蛙、鱼、小型哺乳动物和鸟类在内的多种动物为食。水蝮蛇的咬伤会致人死亡，不过，它们很少攻击人。被咬伤的人如果得到及时的治疗就能康复。

水母

Jellyfish

水母是一类海洋动物。它们的身体充满了果冻状的物质，帮助它们保持身体形状，并进行漂浮。它们没有骨骼。有些种类的水母体型只有豌豆那么小，还有一些种类的直径可达2.1米。

水母的身体呈伞状。一个带有嘴的管状触手和四个较短的触手通常垂在身体下面，长长的触须则悬在身体的边缘。每种水母都有特定数目和长度的触须，有些种类的触须长度超过30米。这些触须上有刺细胞，能够协助触须捕捉水母所取食的小型动物。

水母会像雨伞一样打开身体，然后迅速闭合身体。这种运动方式能够挤压水分，使它们突然向上行进。当水母停止移动时，它们就会慢慢下沉。当它们下沉时，便会蜇那些小型动物并捕食它们。以水母为食的动物相对较少，但是有些种类的鱼和海龟会以它们为食。

有些水母对人类很危险，它们的刺会令人十分痛苦，甚至会使人丧命。

水母经常产卵。这些卵会发育成附着在海底硬质表面的小型动物，这些动物通常看起来像是有触须的圆柱体一般，最终会成长为可在水中移动的水母成体。

延伸阅读：刺胞动物；珊瑚；海黄蜂；海葵；触须。

当水母游泳时，它们身体会像打开的伞一样展开，随后它们会迅速把身体拉到一起，这样就能把水从身体下面挤出，从而使水母向上移动。

水牛

Water buffalo

水牛是一类野牛的通称，这种动物的名字来源于它经常在水里泡上好几个小时的行为。非洲和亚洲的许多水牛被用作牲畜帮人们工作。它们被训练用来犁地和搬运重物。

世界各地有好几种水牛。印度水牛体高可达2米，菲律宾水牛体型则要小一些。这两种水牛都长着又长又圆的犄角，有稀疏的体毛和蓝黑色的皮肤。

延伸阅读：野牛；哺乳动物；牛。

又大又重的角保护行动缓慢的水牛免受捕食者的伤害。

水蚺

Anaconda

水蚺是分布于南美洲热带地区的一类蛇。它们是所有蛇中体型最大的，其中一种叫作绿森蚺，体长可达9米或更长。

水蚺身体呈现橄榄绿色，通常带有黑色的环或斑点。它们栖息于水附近，常常会在河里游泳。

水蚺栖息于水附近。

水蚺并不产卵，而是直接产下幼蛇。它们主要以鱼类为食，也会捕食鸟类、哺乳动物和其他爬行动物。最大的水蚺可能会攻击大型哺乳动物。它们会把自己的身体紧紧地缠绕在猎物身上，使猎物无法呼吸。

水蚺通常只在被迫的情况下才会攻击人类。它们虽然无毒，但数目众多的牙齿会深深地刺入人的身体。

延伸阅读：蚺；蟒；蛇。

水生蝽类

Water bug

水生蝽类是一类大部分时间生活在水中的昆虫。大多数水生蝽类栖息于淡水池塘、缓慢流动的溪流或静水环境中。生活在咸水中的水生蝽类则只有寥寥数种。水生蝽类可分为以下五类：(1) 划蝽，(2) 仰泳蝽，(3) 蝎蝽，(4) 负子蝽，(5) 水黾。大多数水生蝽类体长为0.3~1.4厘米，负子蝽的体长可达6厘米。

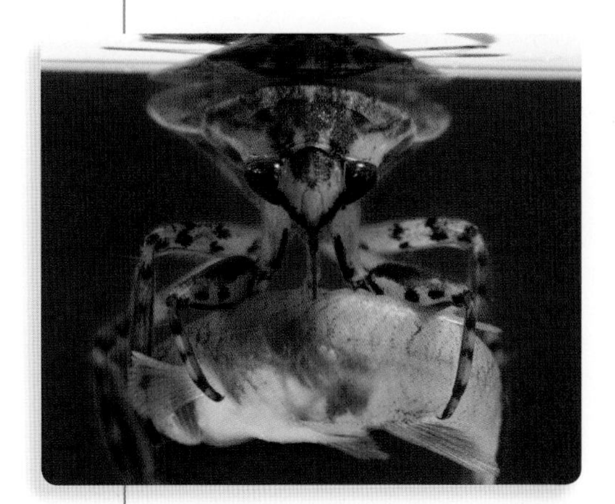

大多数水生蝽类栖息于淡水池塘、缓慢流动的小溪或静水环境中。

划蝽的口器很细弱。它们用短短的前腿在水下收集藻类和其他食物颗粒为食。其他水生蝽类的口器有穿刺和吸吮功能。这些口器可以让它们以其他昆虫、蝌蚪、小鱼和蝾螈为食。除划蝽以外，其余水生蝽类的叮咬都能引起疼痛。

水生蝽类属于昆虫。人们通常会把所有的虫子都当成昆虫，但是科学家只用这个词来指代昆虫纲动物。

延伸阅读： 半翅目昆虫；昆虫。

水獭

Otter

水獭是一种在水中生活的毛茸茸的动物，栖息在河流、小溪和湖泊一带。它们是游泳健将，能在水下优雅地游动。

包括尾巴在内，大多数水獭的体长为0.9~1.4米，体重为4.5~14千克。水獭一般具有深褐色的皮毛。

生活在河水边的水獭具有小而平的头部和厚厚的尾巴。带有蹼的脚能够帮助它们游泳。水獭可以紧紧地闭上耳朵和鼻孔来防水。

水獭栖息在小溪和湖边。

水獭是顽皮的动物，它们会相互争斗着滑下泥泞的斜坡或结冰的河岸。

水獭以螃蟹、鱼、蛙类、螺类等为食。人类曾经为了水獭美丽的毛皮而捕杀它们。一些种类的水獭面临灭绝的危险。在许多国家，水獭都受到法律保护。

延伸阅读： 哺乳动物；海獭。

水豚

Capybara

水豚是世界上体型最大的啮齿动物。它们的体长能达到1.2米，体重超过45千克。水豚分布于中美洲和南美洲。

水豚看起来与小猪有点相像。它们身体厚实，身体上部被红棕色或灰色的毛覆盖，身体下部呈黄棕色。这种动物脑袋很大，脸很方，尾巴很短。它们的后腿比前腿稍长。水豚的趾间有蹼，游泳能力很强。水豚栖息于湖泊和河流附近，如果出现任何危险的情况，它们便会跳入水中。有些人将水豚称为水猪，但它们和猪并非近亲。水豚是美洲豹和鳄类最喜欢的食物。人类有时也会食用水豚。

延伸阅读： 哺乳动物；啮齿动物。

水豚是世界上体型最大的啮齿动物，它们原产于中美洲和南美洲。

水蛭

Leech

水蛭是一类吸血的蠕虫，也称吸血虫。水蛭有能够吸血的嘴，它能刺穿受害者的皮肤而不让对方感到疼痛，随后，水蛭会吸取少量的血。水蛭能够产生一种阻止血液凝结的物质，这种物质使水蛭能够很容易地以吸血为生。

以血液为食的水蛭也属于寄生虫，寄生虫从宿主的身上获取食物或其他资源。水蛭的吸血行为会伤害宿主，但不足以杀死宿主。也有一些种类的水蛭并不寄生生活，它们以动物和植物的尸体为食。

水蛭栖息于潮湿的区域和浅水环境中。

水蛭的身体由环状的分节组成。水蛭的体长为2～20厘米。它们的体色呈现黑色、红色或棕色，也可能会带有条纹或斑点。水蛭栖息于潮湿的土壤或植被中，也会栖息于溪流或沼泽这样的浅水环境中。

对于动物和人类，水蛭属于有害生物。不过医生有时也会用水蛭帮助人们，水蛭可以用于防止伤口愈合过程中产生的不必要的血液凝结。

延伸阅读： 寄生虫；有害生物；蠕虫。

水族箱

Aquarium

水族箱是人类饲养鱼和其他水生动物的水池或水箱。家用的水族箱由玻璃或高强度的树脂制成，通常能够容纳至少40升的水。大多数水族箱拥有水体清洁、加氧和增温的设备，也可能具备为鱼类提供庇护的植物。很多人把来自热带水域色彩斑斓的鱼放置在自己的水族箱内，每天喂食这些鱼1~2次特殊的食物。

美国亚特兰大佐治亚水族馆是世界上最大的水族馆。

一些城市拥有供人参观的大型公共水族馆，里面通常有大型海洋鱼类，例如鲨鱼和鳐鱼，也可能有海豚和海狮这样的海洋哺乳动物。

延伸阅读： 鱼；热带鱼；动物园。

死亡

Death

所有生物最终都会死亡。

死亡是生命的终结。所有生物都会死亡。当一个人死亡时，心脏和肺通常首先停止工作，但是身体里的许多细胞仍然还能存活很短的时间。大约3分钟后，大脑中的细胞开始死亡，身体的其他细胞随后也会逐渐死亡。最后死亡的是骨骼、头发以及皮肤细胞。

有时候，植物或动物的一部分死亡后，植物或动物仍然能够生存。例如，如果一个人心脏病发作，部分心肌细胞可能会死亡。但是如果心脏还能跳动，人就可以活下来。如果树上的一根树枝死了，树仍然活着。

延伸阅读： 腐烂。

松鸡

Grouse

松鸡是一类与鸡有些相似的鸟类。松鸡有很多种，它们分布于亚洲、欧洲和北美洲。枞树镰翅鸡是一种北美洲常见的松鸡。

松鸡的羽色暗淡，这样的羽色使它们与周围的环境融为一体。松鸡脚部覆盖着的羽毛能够为它们保暖。

松鸡在地上筑巢。在危险接近时，雌鸟会为雏鸟发出警报声，雏鸟会站着一动不动，以免被那些饥饿的捕食者发现。

松鸡以昆虫、浆果和种子为食。人们会为了获取肉类而捕猎它们。

延伸阅读：鸟。

枞树镰翅鸡具有暗淡的羽色。人们会为了获取肉类而猎杀松鸡。

松鼠

Squirrel

松鼠是一类有着长长的身体、毛茸茸的尾巴和有力下颚的小型动物。它们属于啮齿动物，啮齿动物还包括海狸、小家鼠和褐家鼠。世界上除了南极洲和澳大利亚以外的任何地方都有松鼠的分布。

松鼠有三种类型。树松鼠具有锋利的爪子和毛茸茸的尾巴。它们会用爪子进行攀爬。当它们从一根树枝跳到另一根树枝时，尾巴能够帮助它们保持平衡。鼯鼠的前后腿之间有褶皱的皮肤，它们可以伸展皮肤，从一棵树滑翔到另一棵树。地松鼠则是短尾的穴居动物，花栗鼠、土拨鼠、犬鼠都属于地松鼠。

松鼠具有锋利的门牙，所以它们能咀嚼坚硬的食物。它们所喜爱的坚果和种子并不是常年都有的，所以松鼠经常会把多余的食物埋在地下或储存在自己的巢穴附近。当缺乏其他食物时，松鼠会依靠这些储

东部灰松鼠是一种分布于北美洲的树松鼠。

存的食物生存。除了坚果和种子，大多数松鼠还会以其他植物、昆虫、蛋等为食。

许多种类的松鼠会有不止一个巢。它们会在中空的树上有一个过冬用的巢。在夏天，它们则会在树叶茂盛的树枝上有一个巢。

松鼠每年会产一两只幼崽。新生的松鼠没有毛发，十分柔弱。它们和自己的母亲一起生活八周或更长时间。松鼠可以活十二年，但大多会在这之前死亡。鹰、狐狸、蛇、鼬等动物都会捕食松鼠。

延伸阅读： 花栗鼠；鼯鼠；地松鼠；哺乳动物；草原犬鼠；啮齿动物；美洲旱獭。

松鼠具有锋利的门牙和强有力的下颚，因此能够啃咬坚果和种子。当松鼠从树上爬下来或在树与树之间跳跃时，它们的尾巴起平衡作用。

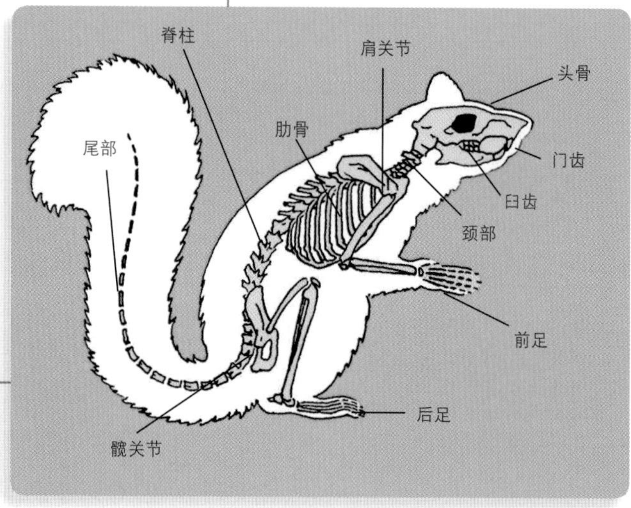

松鼠猴

Squirrel monkey

松鼠猴是一种小型猴类。它们群栖，大多数群体有10~50只个体，但有些群体有多达500只。松鼠猴栖息于中美洲和南美洲的森林里。它们会在树上和地上快速移动，寻找水果和昆虫吃。站立或跳跃时，它们会用长长的尾巴保持平衡，但是它们不能用尾巴抓握物体。

不包括尾巴在内，大多数松鼠猴的体长约为30厘米，体重不到0.9千克。它们的体色通常为灰色或红棕色，背部则为金色或橄榄色，喉部、面部和胸部通常为白色或浅黄色，前臂、手和脚通常为黄色或红色。它们的鼻子和嘴巴为黑色或灰色，与眼睛周围的浅色毛皮形成鲜明的对比。

由于人类破坏了松鼠猴栖息的森林，使它们具有灭绝的危险。同时，许多松鼠猴也被捕捉用于实验研究。

延伸阅读： 濒危物种；哺乳动物；猴；灵长类动物。

一只小松鼠猴正贴在妈妈的背上。

松鸦

Jay

松鸦是几种与乌鸦亲缘关系密切的鸟类的通称。松鸦的体型比乌鸦小，但它们的羽毛通常更为鲜艳。松鸦以昆虫、坚果和种子为食。

北美洲最著名的松鸦种类是冠蓝鸦。这种羽色为亮蓝色、黑色和白色相间的鸟分布于落基山脉东部，它们的头上有一个羽冠。暗冠蓝鸦则分布于落基山脉更靠西一些的区域，它们的体色呈现深蓝，黑色的头上也有羽冠，它们在常绿林中很常见。无羽冠的蓝头鸦分布于干旱地区。同样无羽冠的丛鸦有蓝色和灰色的羽毛，它们栖息于橡树林和灌木丛中。佛罗里达州有丛鸦的分布。其他种类的松鸦则分布于亚洲、欧洲、北美洲和南美洲。

延伸阅读： 鸟；冠蓝鸦；乌鸦；渡鸦。

冠蓝鸦与它的亲戚乌鸦一样，是一种喧闹嘈杂、喋喋不休的鸟类。

苏格兰梗犬

Scottish terrier

苏格兰梗犬是一个体型矮胖且短腿的小型犬种，体重为8~10千克。它们具有两层毛，一层粗糙的外毛和一层柔软的内毛，它们具有长长的鼻子和小而直立的耳朵。它们的尾巴常常保持直立。苏格兰梗犬的体色通常为黑色，也可能为小麦色或钢灰色。苏格兰梗犬于19世纪初在苏格兰高地被培育出来。

延伸阅读： 波士顿小猎犬；狗；哺乳动物；宠物。

苏格兰梗犬是一个体型矮胖且短腿的小型犬种。

隼

Falcon

隼是一类与鹰具有亲缘关系的鸟类。隼类有钩状的喙和深色的眼睛，它们还有长而尖的翅膀、强壮的足部和锋利的爪子。大多数隼类的体长为20～60厘米，体色可能呈现棕色、灰色、深蓝色或白色。

隼类会以极高的速度俯冲捕捉猎物。

隼类栖息于草原、森林、沙漠和海岸带等生境，它们分布于非洲、亚洲、欧洲、北美洲和南美洲以及北极地区。世界上现存几十种隼，其中大约一半的种类分布于非洲。

隼类以包括其他鸟类在内的小型动物为食。隼类能够飞到很高的空中，然后突然俯冲下来捕捉猎物。游隼的速度能达到320千米/时以上。

延伸阅读： 鸟；猛禽；鹰；游隼。

梭鱼

Barracuda

梭鱼有强大的颚部和锋利的牙齿，它们会攻击和捕食小型鱼类。

梭鱼是一种身形细长的海洋鱼类。它们尾鳍的形状宛如一把张开的尖利剪刀。梭鱼具有强大的颚部和锋利的牙齿，对许多其他鱼类而言，它们是可怕的捕食者。

世界上现存十余种梭鱼。不同的梭鱼栖息在不同的水体中。大鳞（又叫巴拉金梭鱼）是其中体型最大的一种，它们分布于大西洋、印度洋和西太平洋，体长能够达到约1.8米，体重可以达到约45千克。大鳞有时被称为“海中的老虎”。

虽然梭鱼也有攻击人类的记录，但这是非常罕见的。人类食用梭鱼存在一定危险，因为可能会患上一种被称为雪卡毒素症的致命疾病。

延伸阅读： 鱼；有毒动物。

蓑鲉

Lionfish

蓑鲉

蓑鲉栖息于珊瑚礁里。蓑鲉的刺有毒，它们会用这种坚硬、锋利的刺抵御那些试图攻击自己的动物。蓑鲉的体长为10～40厘米。它们的身上有浅色和深色的条纹，有助于蓑鲉隐藏在珊瑚环境中。蓑鲉的英文名来源于它们那看起来有些像狮子鬃毛的鳍和刺。

蓑鲉分布于太平洋和印度洋。作为宠物被引进的蓑鲉已经在加勒比海建立了种群，它们威胁着加勒比海许多原生的珊瑚礁鱼类。一只蓑鲉能够在几周内吃掉一片小珊瑚礁上的大部分鱼类。

延伸阅读： 珊瑚礁；鱼；有毒动物。

鳎

Sole

鳎是一类身体扁平的鱼。鳎可以平躺在海底，这能够帮助鳎隐藏起来。世界上现存的鳎有很多种。

鳎的两只眼睛都位于身体的同一侧。它们的眼睛很小，而且靠得很近。它们的嘴则是歪的。

鳎栖息于靠近海岸的温暖海水中，以螃蟹、虾和小鱼为食。人们也会捕捉鳎，因为它们也是很好的食用鱼类。

欧洲鳎体长为25~66厘米，体重约为0.5千克。美洲鳎则通常栖息于北美洲东海岸。它们可能会游到河流上游。农民曾经用它们来喂猪。

鳎可以平躺在海底躲避捕食者。

延伸阅读： 鱼；比目鱼。

胎儿

Fetus

胎儿是包括人类在内的未出生动物的一个发育阶段。动物发育是由受精卵发育成胚胎开始的。经过一段时间的发育后，胚胎才会被界定为胎儿。

对于人类，两个月后的胚胎会被界定为胎儿。经过九个月的生长，婴儿便会出生了。

胎儿会在母亲肚子里的子宫生长。胎儿通过胎盘附着在母亲身体上，胎盘为胎儿提供食物和氧气。

随着胎儿的成长，它会变得越来越像一个婴儿，心脏、大脑、肺和其他身体部位都会逐渐成形。母亲通常能感觉到胎儿在子宫里翻滚。

延伸阅读： 胚胎；生殖。

苔原

Tundra

苔原是一类寒冷而干燥的环境，这里每年有一半以上的时间里被冰雪所覆盖。由于冬季太长太冷，夏季又短又凉，所以树木不能在苔原生长。

苔原有两种，北极苔原和高山苔原。北极苔原位于邻近北冰洋的格陵兰和亚洲、欧洲、北美洲的北部地区。大部分北极苔原是具有诸多湖泊的平坦环境，但也有一些带有高山。

麝牛具有一层厚厚的毛皮，可以抵御北极苔原的恶劣天气。宽阔而分开的蹄子则能帮助麝牛在雪地里刨出草和其他植物。

北极苔原上有多种野生动物。雁类、燕鸥类和其他鸟类会在春季和夏季栖息于此。棕熊、麝牛、驯鹿和狼等动物也栖息在这里。较小的动物还包括北极狐和野兔，而在海岸地区还有北极熊、海豹、海象。

有些植物会在苔原茂盛生长，包括苔藓、草、低矮的灌木以及莎草类植物。

很少有人生活在北极苔原，但因纽特人（旧称爱斯基摩人）则能够在苔原地区的很多地方生存。

北极苔原拥有大量的矿产资源，包括煤、天然气、石油、铁矿石、铅和锌。

世界各地的高山苔原都分布在海拔很高、温度很低、不适合树木生长的山区。各种各样的动物会于夏季在那里栖息。

延伸阅读： 北极狐；生物群落；北美驯鹿；鹿；雁；北美棕熊；生境；驯鹿；狼。

柳雷鸟是全年都在北极地区生存的少数鸟类之一。在北极地区漫长的冬季里，这类与鸡有些相似的鸟类喜欢取食嫩枝和叶芽。

唐纳雀

Tanager

唐纳雀是一类色彩斑斓的美洲鸟类，体长为15~20厘米。它们通常栖息在森林里，以花、水果和昆虫为食。唐纳雀有很多种，大多分布于中美洲和南美洲，在美国只有少数几种唐纳雀分布。

朱喉唐纳雀，有时也称火鸟，具有欢快的鸣唱声。它们在美国东部和加拿大东部繁殖，雄鸟具有鲜红色的羽毛、黑色的翅膀和尾部，雌鸟则具有绿色的羽毛和黄色的腹部。在美国南部分布的玫红丽唐纳雀，羽毛呈玫瑰红色。西部唐纳雀分布于从落基山脉到太平洋海岸的区域。

延伸阅读： 鸟。

朱喉唐纳雀的鸣唱声响亮而欢快。

螳螂

Praying mantis

螳螂是一类昆虫的通称。它们总是会抬起前腿，就像在祈祷一般。

螳螂的种类有很多。大多数螳螂栖息于温暖的热带地区，但也有些栖息于较寒冷的地区。螳螂以包括其他螳螂在内的各类昆虫为食。有时，雌性螳螂甚至会吃掉自己的配偶。螳螂也会捕食小型树蛙。

一只成年螳螂体长为5~13厘米。一些螳螂会与它们周围的植物有着相同的颜色和形状。这可以帮助它们融入环境，避免被吃掉。

延伸阅读： 昆虫。

螳螂往往会抬起前腿，就像在祈祷一般。

绦虫

Tapeworm

绦虫是一类寄生在另一种动物体内的扁平蠕虫。绦虫的成虫寄生在人类或其他动物的肠道内。绦虫有很多种，有些种类的体长不到2.5厘米，有些种类的体长则超过9米。

绦虫没有嘴。它们全身都可以吸收食物，就像海绵吸水一样。绦虫的头部具有吸盘或钩子，或者两者都有。它们利用吸盘或钩子将自己附着在动物的肠道内。

如果人们吃含有绦虫幼虫的鱼或肉，就会感染绦虫。幼小的绦虫能够在眼睛、大脑、心脏或其他部位生长，损害人的身体。在吃鱼和肉之前将其彻底煮熟，可以杀死绦虫。

延伸阅读：扁形动物；吸虫；寄生虫。

猪肉绦虫具有扁平的带状身体，头部具有钩和吸盘，可以用来将自己附着在动物的肠道内。

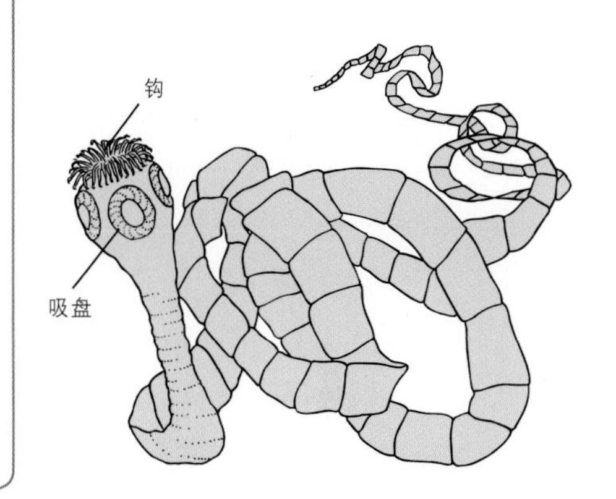

藤壶

Barnacle

藤壶是一类整个成年阶段都生活在同一个地方的海洋动物。藤壶其实与虾、龙虾和蟹有亲缘关系，这类动物都以身体外部的壳代替了内部的骨骼。藤壶的幼年阶段在水中浮游生活，当到达成年阶段后，便会将自己附着在岩石或船底等坚硬的物体上，它们甚至能够附着在诸如鲸类等另一个海洋生物的身体侧面。

世界上现存几百种藤壶，遍布于世界各地的海洋中。有些种类能够长到75厘米长，有些则不到2.5厘米。

藤壶具有被称为卷须的纤细触角，它们通过外壳上的孔洞伸展出自己的卷须，获取那些体型微小、随波逐流的浮游生物作为食物。

延伸阅读：蟹；甲壳动物；龙虾；浮游生物；壳；虾。

鹈鹕

Pelican

鹈鹕是一类栖息在水域附近的大型鸟类。鹈鹕的喙又长又直，喙下有一个大袋子。这个袋子由皮肤组成，用来装捕捉到的鱼。鹈鹕的游泳和飞行能力都不错，但它们在陆地上走路时会摇摇晃晃。

世界上现存的鹈鹕有好几种。许多种类的鹈鹕都有白色的羽毛，翅膀上则有些黑色。代表性的鹈鹕包括白鹈鹕和褐鹈鹕。美洲白鹈鹕体长约为1.5米，体重约为7千克。

鹈鹕基本上都是群居的。一个飞行的美洲白鹈鹕群体中可能包含1000只鸟。

延伸阅读： 鸟。

鹈鹕具有一个长而直的喙，用来衔住它们捉到的鱼。

蹄

Hoof

蹄是一些动物脚上坚硬的生长物。有蹄动物包括猪类、马类和那些有角的动物。蹄赋予动物一个坚实的足底，并且能保护它们的脚。有些动物会用蹄自卫。

蹄由角质构成，它们与人类指甲和脚趾甲中的物质一样。角质也存在于鸟类的爪子中。

有些有蹄动物的脚趾数是偶数，它们每只脚上有两个或四个脚趾。还有一些有蹄动物的脚趾数则为奇数，它们的脚上有一个或三个脚趾。马蹄就只有一个脚趾，鹿的每只蹄上则有四个脚趾，它们中间的脚趾形成一个分开的蹄。

延伸阅读： 鹿；洞角；马；有蹄类。

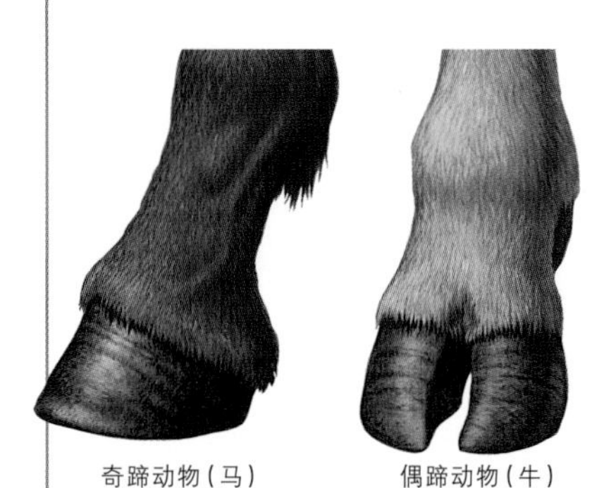

有蹄动物

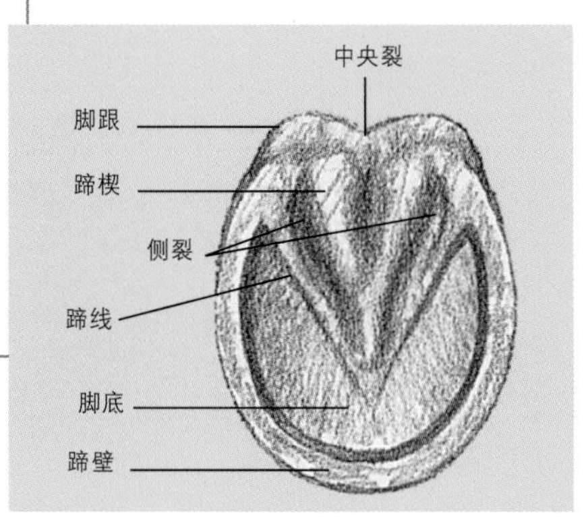

马蹄的底部

鳀鱼

Anchovy

鳀（tí）鱼是一类很小的鱼。人们在吃色拉、比萨和蘸酱的时候都会吃到鳀鱼。鳀鱼可以制成罐头，也可以晒成鱼干，还可以做成鱼酱。有些人会吃新鲜的鳀鱼，这些食用的鳀鱼通常又软又油。

大多数鳀鱼体长不超过10厘米。它们拥有大大的眼睛、长长的吻部、银色的腹部以及蓝色或绿色的背部。大多数鳀鱼的身体侧面有蓝色或银色的带状斑纹。鳀鱼会集群活动，大多栖息于靠近陆地的温暖浅水区域。人们食用的鳀鱼主要来自地中海。

延伸阅读： 鱼；鲱鱼。

天鹅

Swan

天鹅是一类与鸭和雁亲缘关系密切的水鸟。它们具有扁平的嘴、尖尖的翅膀、短短的尾巴、带蹼的脚，以及能防水的羽毛。不过，大多数天鹅比鸭或雁的体型更大，脖子也要长得多。大多数天鹅具有白色的羽毛。

全世界的天鹅有七种。所有的天鹅都以优雅的游泳和飞行能力著称。

天鹅分布在除非洲和南极洲以外的所有大陆上，主要栖息在气候温和或寒冷的区域。大多数天鹅在夏季于沼泽和池塘附近筑巢。到了冬季，它们会迁徙至大湖和海湾。

天鹅主要以水下植物为食，游泳能力很强，它们在陆地上的行走能力也不弱。天鹅能发出从哨声到号角声等多种不同的声音。

天鹅会在两三岁时选择配偶。它们通常会与同一配偶一直生活在一起。

延伸阅读： 鸟；鸭；雁。

天使鱼
Angelfish

天使鱼是一类色彩鲜艳的鱼类。从正面看，它们的身体很瘦；从侧面看，则是圆形的。天使鱼身上分布着条纹或图案，还有又长又尖的鳍。

大多数种类的天使鱼栖息于珊瑚礁周围的温暖海洋里。珊瑚礁是一种五彩缤纷的、由海洋动物珊瑚的外骨骼形成的礁石。大多数天使鱼取食附着在海底的动物，有一些天使鱼会吃海水中的浮游生物。

有一种天使鱼栖息于南美洲亚马孙河流域的淡水中，它们与生活在海洋中的天使鱼亲缘关系比较远。许多人会把淡水天使鱼饲养在家里的水族箱中。

延伸阅读：珊瑚礁；鱼；浮游生物；热带鱼。

天使鱼往往具有鲜艳的色彩。它们中的大多数种类栖息于珊瑚礁周围的温暖海洋中。也有一种分布于淡水中的天使鱼成为了很受欢迎的宠物鱼。

田鼠
Vole

田鼠是一类与小家鼠有些相似的动物。田鼠具有胖胖的身体，体长约为13厘米，尾巴长度很短或适中，腿短，耳朵小。大多数田鼠都具有灰色的毛皮。

草原田鼠是北美洲最常见的田鼠种类。它们栖息在草地上，以草、根和种子为食。苔原田鼠则栖息于寒冷干燥的苔原区域。

鹰、猫头鹰和其他猛禽、狐狸、蛇等动物捕食田鼠。

田鼠种群数量变化的周期为3～7年。在此期间，同一地区的田鼠数量可增加20倍，随后会出现大量田鼠死亡的情况，之后它们的种群数量会恢复到之前的水平。

延伸阅读：哺乳动物；鼠；苔原。

田鼠具有胖胖的毛茸茸的身体和小小的耳朵。草原田鼠分布于北美洲的草原地带。

跳蚤

Flea

跳蚤是一类生活在人和动物身上、以吸血为生的微小昆虫。

跳蚤是一类吸血的微小昆虫，栖息于人类和各种动物的身体上。跳蚤有用来刺破皮肤的锋利喙，刺破皮肤后，它们会吸食动物身上少量的血。

跳蚤可能携带细菌，会引起如瘟疫和斑疹伤寒这样的致命疾病，它们是危险的害虫。

跳蚤的身体侧面扁平，它们的头部与身体其他部分相比小得多。普通跳蚤大约只有3毫米长。跳蚤的小体型可以帮助它们隐藏在动物的羽毛或毛发中。跳蚤的身体形状和强壮多刺的腿能够帮助它们快速移动。跳蚤能跳到大约30厘米高。

人们可以通过保持清洁和好好照顾宠物，保护自己免受跳蚤的侵害。特殊的肥皂和其他类似的产品可以将跳蚤和它们的卵杀死。

延伸阅读： 昆虫。

铜斑蛇

Copperhead

铜斑蛇是一类原产于北美洲的毒蛇。它们的身体有宽阔的棕红色条纹。它们的头很宽，呈三角形，并且有黄铜色。大多数铜斑蛇的体长约为76厘米，最大的能长到大约1.3米。铜斑蛇主要分布于美国的东南部。

铜斑蛇有很强的毒性。它们用自己的毒液捕捉啮齿动物和其他小动物，对人类而言，这种毒液很少致命。铜斑蛇比响尾蛇更容易咬人，有部分原因是因为它们体型较小，不易被察觉。

延伸阅读： 有毒动物；蛇。

铜斑蛇原产于北美洲。

偷猎

Poaching

偷猎是非法猎捕野生动物的行为，在世界各地都有发生。它威胁着许多野生动物的生存，其中有些正处在完全灭绝的危险之中。

一堆被偷猎者盗取的象牙。

偷猎者猎杀动物的理由各不相同。有些偷猎者想获取动物的珍贵器官，例如犀牛角或象牙。他们会以很高的价格出售这些器官。有些偷猎者则捕捉小型鸟类这样的动物作为宠物出售。有些偷猎者为了取乐而猎杀野生动物。还有些偷猎者则为了售卖动物的肉而猎杀动物。

许多国家有专门的法律禁止偷猎。在这些国家，买卖动物器官和野生动物都是违法的，如果违反这些法律将会被关进监狱。

延伸阅读： 自然保护；濒危物种；灭绝。

突变

Mutation

突变指的是活细胞中遗传物质的一种变化。细胞是生命的基本单位。遗传物质构成基因和染色体。基因携带着构建细胞、组织、器官和整个身体的必要信息，染色体则具有微小的线状结构。生物的基因存在于染色体中。当突变发生时，它会改变生物的某些特征。

有些突变会使生物产生明显的变化。例如，称为康科德的葡萄品种就是突变的结果。这种突变使野生葡萄藤结出比之前更大更甜的葡萄。突变能够传递给下一代。育种者会利用突变创造新的或改良的农作物和牲畜品种。他们会通过培育某些具有一种或多种有利突变的植物和动物来实现这一目的。

突变可以改变单个基因，也可以改变整个染色体。大多数引起可见变化的突变是有害的。不过，有些突变能够使某个生物比物种内的其他成员更好地生存和繁殖。突变能够遗传给下一代。科学家认为，许多因素会导致突变，如某些化学物质、X射线和紫外线。

延伸阅读： 适应；育种；基因；自然选择。

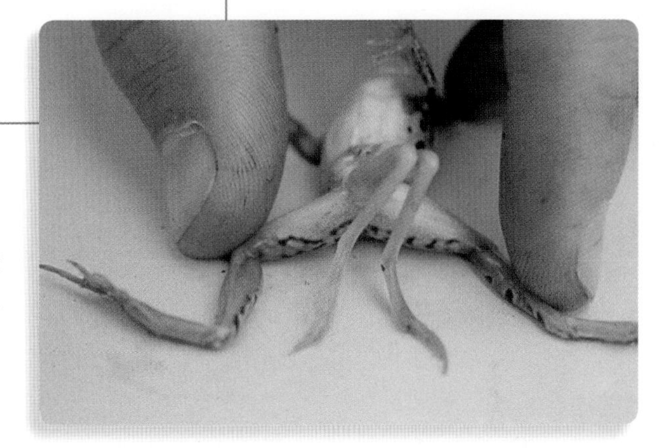

突变的青蛙会产生额外的后腿。自20世纪90年代中期以来，在美国和加拿大已经发现了许多突变青蛙。一些科学家认为这类突变是由一些环境因素引起的，例如某些污染。

土豚

Aardvark

土豚是一种以蚂蚁和白蚁为食，分布于非洲的哺乳动物。包括尾部在内，土豚的体长约1.2~1.8米。它们拥有大大的耳朵和厚厚的皮肤，身上的毛发则较为稀少。它们的名字原意指土猪，因常常在地面上挖掘土壤而得名。它们和猪也有几分相像。

土豚是一个挖掘高手，能在地里挖掘出自己的家。它们也通过挖洞，避免自己被捕食者吃掉。土豚利用自己长长的爪子来挖洞，它们会用爪子撕开蚂蚁和白蚁的巢穴，然后用又长又黏的舌头舔舐这些昆虫。

土豚白天睡觉，晚上进食。它们通常单独捕食。一旦受到攻击，它们会将身体翻过来，用爪子进行反击。

延伸阅读： 蚂蚁；食蚁兽；哺乳动物；白蚁。

土豚

兔子

Rabbit

兔子是一类毛茸茸的动物，长着长长的耳朵和毛茸茸的尾巴。兔子会用又长又有力的后腿蹦蹦跳跳。世界的大部分地区都有野兔分布。温顺的兔子能够作为良好的宠物。

野兔的毛皮呈褐色，这是由白色、浅棕色、灰色、红色和黑色的毛混合而成的。宠物兔的毛色则可能呈黑色、棕色、灰色、白色，甚至带有斑点。

野兔的体长可达53厘米，体重可达2.7千克。宠物兔的体型通常比野兔更大。巨型花明兔是体型最大的兔子，体重可达8千克。体型最小的兔子是分布于墨西哥中部的火山兔，体长只有30厘米。

兔子会用强壮的门牙咀嚼植物。兔子具有很好的嗅觉和听觉。它们可以独立地移动长耳朵，从而捕捉任何方向的声音。兔子的耳朵还可以散发身体热量，帮助它们在高温下保持身体凉爽。

人们会为了获取肉和皮而捕猎野兔，还在农场饲养兔子。兔皮能够用来制作皮大衣，或者装饰外套和帽子。科学家也会用兔子作为实验动物进行科学研究。

兔子在世界上的一些地区已经造成了危害。例如，澳大利亚没有本土兔子，欧洲殖民者把兔子带到了澳大利亚。这些动物很快就逃脱了人类的控制，数量在野外不断增长。随着兔子数量的增加，它们破坏了大量的植被，从而对本土野生动物造成危害。在那些较小的岛屿上，兔子也造成了类似的问题。兔子逃到野外后，再想把它们消灭极其困难。

延伸阅读： 野兔；哺乳动物；有害生物；宠物。

沙漠棉尾兔的尾巴形状就像一个棉球。它们栖息于美国西南部和中部的干旱地区。

驯服的兔子也可以作为宠物饲养。宠物兔的主人需要为这些动物提供适当的笼子、食物和医疗护理。

蜕皮和换羽

Molting

蜕皮和换羽是动物摆脱旧的身体覆盖物而长出新覆盖物的两种方式。这些覆盖物可以是皮肤、羽毛、鳞片、毛发或毛皮。

动物会用不同的方式替换它们的身体覆盖物。蛇会通过蜕皮将自己的皮肤完全替换。首先，蛇会在旧皮肤下长出新皮肤。然后蛇会用鼻子摩擦坚硬的东西，直到皮肤破裂。这样蛇就能从旧皮中滑出，抛弃旧的皮肤。

鸟类则会换羽，它们每年至少都会更换一次羽毛。随着新羽毛的生长，旧羽毛会被替换掉。

昆虫和许多其他无脊椎动物都会蜕皮。这些动物的身体覆盖物称为外骨骼。无脊椎动物通常会在旧的外骨骼下长出新的外骨骼。它们会将旧的外骨骼撑开并抛弃掉。一开始，新的外骨骼质地会很柔软。无脊椎动物会伸展自己的外骨骼使其变大，这种伸展给予了动物更多生长空间。外骨骼很快就会变硬，为动物提供保护。

延伸阅读： 鸟；外骨骼；羽毛；昆虫；变态发育。

蜥蜴会把自己的旧皮肤裂成碎片蜕去。

在发育成一只蜻蜓成虫的过程中，若虫（小昆虫）大约会蜕皮12次。最后一次蜕皮时，若虫会离开水面，爬上芦苇或岩石。之后，它会进行最后一次蜕皮，变为很快就能飞行的成虫。

吞鳗

Gulper eel

吞鳗是一类长着巨大嘴巴和细长身体的深海鱼类。吞鳗看起来与鳗鱼有些相似，但它们不是真正的鳗鱼。世界上现存的吞鳗有很多种。

吞鳗的体长能达到1米，但是它们中的大多数只能长到这个长度的一半。

吞鳗栖息于阳光无法照射到的海洋深处。吞鳗的眼睛很小，很难看清楚物体，它们依靠嗅觉和触觉生存。

吞鳗能把自己的大嘴当作网来使用。它们的胃可以通过伸展变大，从而容纳大量的虾、鱿鱼和其他小型海洋动物。

延伸阅读： 鳗鱼；鱼。

吞鳗会用它们的大嘴像网一样捕捉虾和其他小型海洋动物。

豚鼠

Guinea pig

豚鼠的头部大、耳朵小、腿短，它们四只脚的末端都有锋利的爪子。下图展示的家养豚鼠的毛皮有黑、白、红三种颜色。

豚鼠是一种毛茸茸的小型哺乳动物，许多人把它们当作宠物饲养，科学家也会在研究工作中使用它们。野生豚鼠分布于南美洲。

与老鼠和松鼠一样，豚鼠也是啮齿动物。它们的体长可达36厘米。豚鼠的头部大、耳朵小、腿短。野生豚鼠的体色为灰色或棕色，作为宠物饲养的豚鼠体色呈现白色、黑色、棕色、红色或多种颜色混合。

野生豚鼠群居生活。它们会在自己挖掘的洞穴里躲避危险。它们白天待在洞穴里，在夜晚出来取食植物。

宠物豚鼠很好饲养。它们需要具有充足空气和新鲜饮用水的笼子，可以向它们喂食干谷物、绿色植物和干草。当欧洲人于16世纪初到达新大陆时，豚鼠就已经被驯化了。

延伸阅读： 哺乳动物；宠物；啮齿动物。

脱氧核糖核酸

DNA

脱氧核糖核酸的英文缩写是DNA (deoxyribonucleic acid)，是存在于每个生物细胞中的一种化学物质，它携带着指示生物如何发育和工作的指令。

DNA存在于生物细胞内称为染色体的线状结构中。DNA分子的形状就像一个扭曲的梯子。

带有遗传信息的DNA片段称为基因，你的基因具有对你身体的每一部分的指令。例如，一些基因会决定你的眼睛应该是什么颜色，其他一些基因决定你的身体应该长多高。你的基因来自父母双方。

延伸阅读： 细胞；克里克；基因；遗传学。

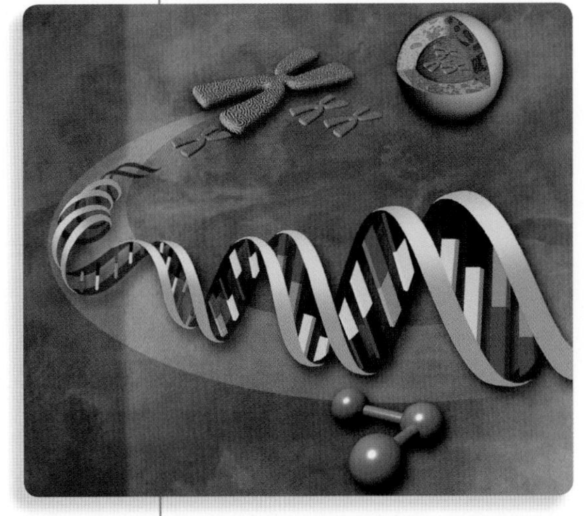

DNA分子的形状就像一个扭曲的梯子。

驼鹿

Moose

驼鹿是一类大型鹿，大多生活在北半球北部地区的森林里。在欧洲和亚洲北部所分布的驼鹿是欧亚驼鹿。

驼鹿的背上具有棕黑色的毛。它们有隆起的肩膀、长腿和宽大的蹄子。脖子上还挂着一簇铃铛状的毛皮。驼鹿具有强健的游泳能力。

雄性驼鹿具有宽大、肥壮的鹿角。每年冬天它们的鹿角都会脱落，到第二年春天又会长出新的鹿角。雌性驼鹿通常在每年春天产下一两只幼崽。

驼鹿以树枝和灌木为食。它们也会涉水到小溪和池塘里去取食水中的植物。熊和狼会捕杀驼鹿的幼崽，但即使是一群狼通常也无法杀死一只健康的成年驼鹿。

延伸阅读： 鹿角；鹿；欧亚驼鹿和美洲马鹿；哺乳动物。

驼鹿栖息于具有许多湖泊和沼泽且森林茂密的北半球北部地区。雄性驼鹿的鹿角很重，每年都会脱落。

鸵鸟

Ostrich

鸵鸟是现存体型最大的鸟类。有些鸵鸟的高度可达2.4米，体重可达156千克。鸵鸟栖息在非洲的平原和沙漠里。

雄性鸵鸟会发出一种奇怪的叫声，听起来很像狮子在吼叫。在雄性鸵鸟的身体上有黑色羽毛，翅膀和尾巴上有白色的大羽毛。雌性鸵鸟则具有棕色的羽毛。鸵鸟长长的腿部、颈部上部和小小的脑袋上几乎没有羽毛。它们的眼周具有厚厚的黑色睫毛。鸵鸟还是唯一一种每只脚上只有两个脚趾的鸟类。它们的脚趾甲很厚，可以用作武器。鸵鸟不能飞，但是跑得很快。它们的速度和良好的视力能帮助它们逃避攻击。

鸵鸟是现存体型最大的鸟。它们不能飞，但跑得很快。

鸵鸟通常以植物为食。在吃过潮湿的植物后，它们能够长时间不喝水。鸵鸟能活到70岁。

雄性鸵鸟会在沙地上挖巢，以便让几只雌性鸵鸟在里面产蛋。每只雌鸟会在巢中产下10枚蛋。白天，雌鸟坐在蛋上为它们保暖。晚上，则是雄鸟坐在蛋上。

延伸阅读： 鸟；美洲鸵。

蛙

Frog

蛙是一类以跳跃能力著称的小型动物。蛙有鼓出的眼睛，但没有尾巴。大多数蛙的皮肤薄而湿润。它们有多种不同颜色。几乎所有的蛙都有长长的后腿，它们能用自己强壮的后腿做出幅度巨大的跳跃动作，蛙的跳跃距离比自己身体的长度长得多。世界上现存的蛙类有数千种。

蛙属于两栖动物，两栖动物是一类主要栖息于水中、部分时间栖息于陆地上的动物。蛙通常必须在水中产卵，它们的卵在陆地上会变得干涸。它们的卵会孵化出像鱼一样的小动物，这些蛙类幼体叫作蝌蚪。蝌蚪有尾巴和鳃，鳃使鱼类和其他动物能够在水下呼吸。蝌蚪会一直生长，直到它们准备成为成体。这时它们会经历变态发育过程，由蝌蚪变成成年蛙，这期间会逐渐长出腿，并失去尾巴，长出能够在陆地上呼吸的肺。成年蛙会离开水在陆地上生活，但大多数成年蛙仍然会待在水附近。

原产于热带雨林的一种热带蛙。

蛙分布于除了南极以外的世界各地。许多蛙分布于温暖

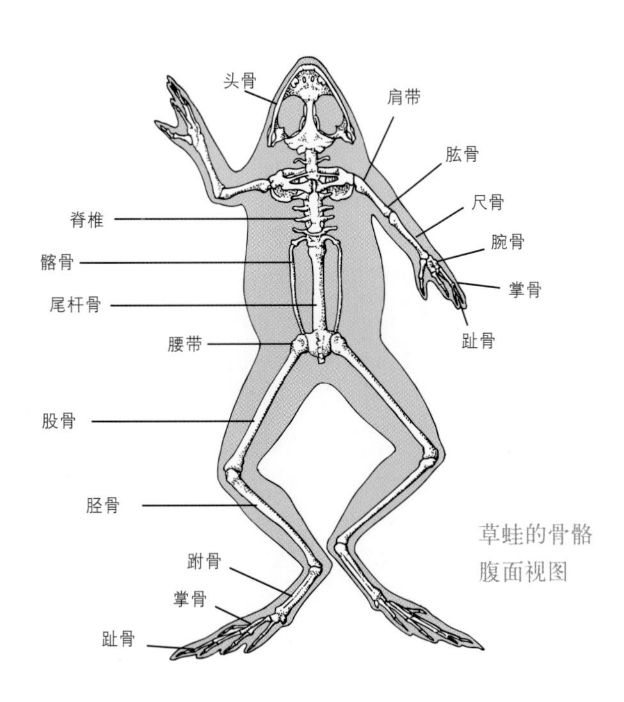

草蛙的骨骼
腹面视图

潮湿的地区，栖息于池塘等湿地环境附近。许多蛙是强壮的攀爬者，它们生命中的大部分时间都在树上度过。

大多数蛙以昆虫和其他小型动物为食。蛙会被鸟类、鱼类、蜥蜴、蛇类和许多其他动物捕食。许多种类的蛙有完全灭绝的危险，它们主要受到森林破坏、疾病和水污染的威胁。

延伸阅读： 两栖动物；牛蛙；卵齿蟾；魔鬼蟾蜍；变态发育；箭毒蛙；蝌蚪；蟾蜍；树蛙。

蛙会经历从卵到成体的各个发育阶段，这些阶段是它们生命周期的一部分。

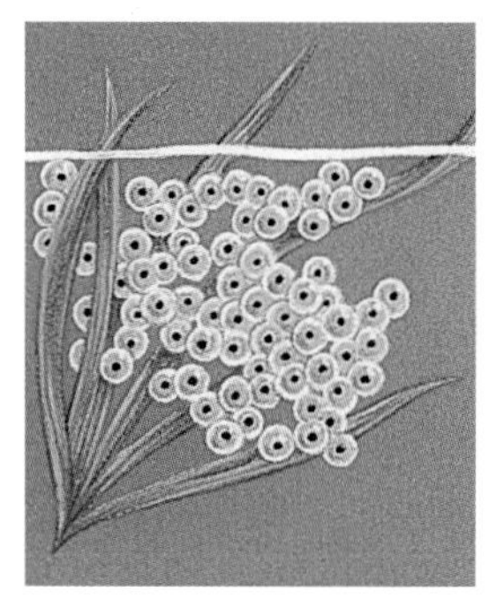
数千枚卵

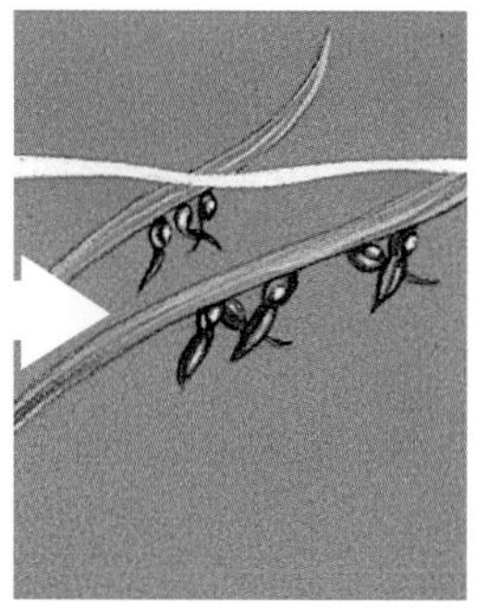
还没长腿的蝌蚪

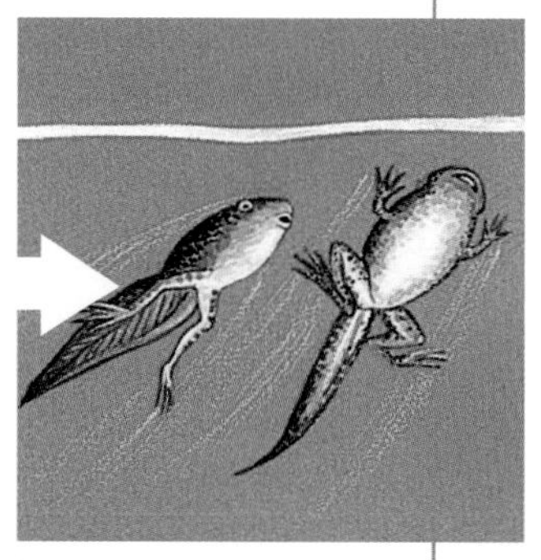
长了腿的蝌蚪

蛙类成体

袜带蛇

Garter snake

袜带蛇是一类分布于北美洲的小型无毒蛇。袜带蛇有很多种，它们的体色多样。袜带蛇经常栖息在城镇的公园里，它们甚至会栖息在人们的庭院里。

袜带蛇身上有三条细的条纹，其中一条在整个背部中央延伸，另外两条靠近腹部的两侧。有些袜带蛇的条纹之间有棋盘图案。成年雌性袜带蛇通常有50～75厘米长。雄性袜带蛇的体长略短，而且身形消瘦得多。

袜带蛇以蛙类、蝾螈和鱼类等动物为食，有些幼蛇会取食蚯蚓。袜带蛇不产卵，它们直接产下幼蛇。

延伸阅读： 爬行动物；蛇。

无毒的袜带蛇在北美洲很常见。

外骨骼

Exoskeleton

螯虾和蚱蜢是两类具有外骨骼的动物。

外骨骼是许多动物身上的一种硬壳。具有外骨骼的动物包括昆虫、蜘蛛、龙虾、蟹和虾。

外骨骼由一种叫作甲壳质（几丁质）的坚硬角质物构成。外骨骼支撑着动物的身体，还能像盔甲一样保护动物的身体内部。

外骨骼不能和动物的其他部分一起生长，由于这个原因，它们最终会变得过紧。这时，动物就必须把这层外骨骼脱去，这个过程称为蜕皮。动物首先会在坚硬的旧外骨骼下形成柔软的新外骨骼，之后，动物会挤压自己的旧外骨骼，使它裂开，动物会扭动着身体从旧外骨骼里爬出来。此时，它们会伸展自己的新外骨骼，以使自己得到更多的生长空间，新的外骨骼很快就会变硬。这些动物在生长过程中，可能会经历好几次蜕皮过程。

延伸阅读： 蟹；甲壳动物；昆虫；龙虾；蜕皮和换羽；虾。

弯龙

Camptosaurus

弯龙

弯龙是一种以植物为食的恐龙。它们的体长约6米，站立时的臀高约有0.9~1.2米，体重为0.9~1.8吨。它们生存于距今约1.54亿~1.5亿年前。北美洲和欧洲都曾发现过弯龙的化石。

据推测，弯龙可能以后腿站立的方式直立行走。不过，它们较小的前肢上具有强壮的腕关节，这表明，这种动物实际上也可能是四足行走的。弯龙的前肢有五个手指，后肢有四个蹄子状的脚趾。弯龙有巨大的颚，它们的角质喙能够方便地将植物折成小片，它们的喙前端没有牙齿，脸颊处一长排带有脊突的牙齿能帮助它们磨碎那些植物性食物。

延伸阅读： 恐龙；古生物学；史前动物；爬行动物。

弯嘴嘲鸫

Thrasher

弯嘴嘲鸫是一类褐色的长尾鸟类，大多都有又长又弯的嘴。从加拿大南部到南美洲都有弯嘴嘲鸫的分布。弯嘴嘲鸫有很多种，体型最大的体长超过30厘米。

北美洲最著名的弯嘴嘲鸫是褐弯嘴嘲鸫。它们在鸣唱时，会把曲目的每一部分鸣唱两遍，还能模仿其他鸟类的声音。

弯嘴嘲鸫大部分时间都在地上寻找食物。它们以昆虫和蠕虫，以及水果和种子为食。弯嘴嘲鸫通常会在灌木丛中筑杯状的巢。雌鸟会在巢中产下2～6枚蛋。

延伸阅读： 鸟；嘲鸫。

褐弯嘴嘲鸫分布于落基山脉东部。

腕龙

Brachiosaurus

腕龙是一种生存于1.5亿年前的体型巨大的植食性恐龙，分布于现属于非洲和北美洲的区域。与大多数恐龙不同，腕龙的前肢比后肢长。它们的身体从肩膀到尾巴呈现倾斜状。

腕龙的体长约23米，身高为12米，体重约77吨。它们的脑袋很小，眼睛上方有一个圆形的脊状突起。与大多数蜥脚类恐龙相似，腕龙具有长长的脖子和尾巴。它们生活于干燥的地面，并以树顶上的叶子为食。

延伸阅读： 迷惑龙；恐龙；史前动物；爬行动物。

腕龙

腕足动物

Brachiopod

腕足动物是一类带壳的海洋动物。腕足动物与蛤蜊和其他双壳动物很相似，但是腕足动物和真正的双壳动物的亲缘关系并不密切。

腕足动物的壳也有两个瓣，但与双壳动物的外壳不同，这两个瓣的大小并不一样。较大的瓣称为肉茎瓣，其中有一个孔洞。茎秆称为肉茎，能从那个孔洞伸出，它的椎弓根能够使腕足动物把自己固定在海床或它们洞穴的深处。较小的瓣称为肱瓣。

腕足动物的壳内有一个盘绕的管状结构，称为担体，被纤毛覆盖着。纤毛能够把微小生物作为食物扫进腕足动物的嘴里。

大约3.5亿年前，地球上的腕足动物可能比其他类型的动物都多，它们栖息在海床中或自己在泥滩中挖掘的洞穴里。在湖泊和海洋附近常常会发现腕足动物的化石。

延伸阅读： 双壳动物；纤毛；蛤蜊；化石；软体动物；壳。

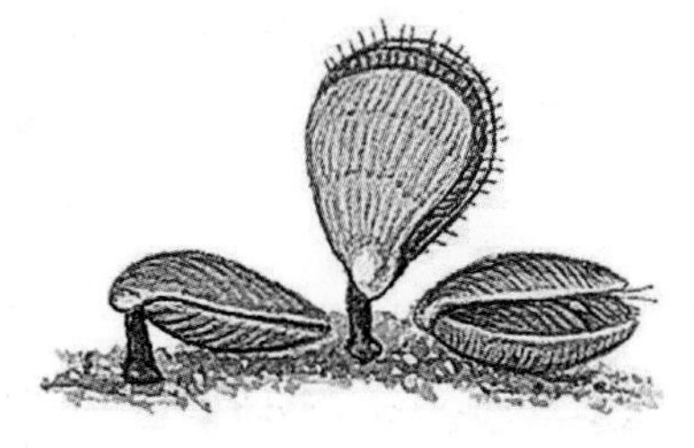

腕足动物具有两个瓣，其中较大的瓣上有一个孔洞。一个名为肉茎的茎秆从这个孔洞中伸出，并且把腕足动物固定在海床或海底洞穴。

在湖泊和海洋附近常常可以找到古代腕足动物的化石。

微生物

Microorganism

微生物是形体微小的生物。它们是如此微小，只有用显微镜才能看得到。对微生物进行研究的学科称为微生物学。研究微生物的科学家则称为微生物学家。

微生物包括细菌、真菌、原生生物和病毒等多种类型。大多数微生物由单个细胞组成。

有些微生物会引起疾病，但大多数微生物对人无害。事实上，微生物遍布人体表面。数以万亿的微生物生活在人体内，其中许多就生活在人的

显微镜下的炭疽杆菌。炭疽杆菌是第一种被确认的致病微生物。炭疽热是一种能够感染动物和人类的严重传染病。德国内科医生罗伯特·科赫在19世纪末发现了炭疽杆菌与炭疽热的关系。

肠道中。人体肠道中的微生物能够帮助人们消化食物。

几乎所有微生物的直径都小于0.1毫米。最小的细菌可能只有0.4微米。病毒更小，一个细菌细胞中大约能同时放入1万个病毒个体。

延伸阅读： 细菌；病菌；微生物学；原生生物；原生动物；病毒；酵母。

微生物学

Microbiology

一位微生物学家正在实验室里研究细菌。

微生物学是研究微生物的学科。只有在显微镜下才能看到微生物。

微生物学家会研究细菌、真菌、原生生物和病毒等微生物。许多微生物学家会专门研究特定类型的生物。细菌学家研究细菌，病毒学家研究病毒。

许多微生物学家会研究微生物和其他生物之间的关系。例如，他们会研究微生物如何在人体内引起疾病。牙科微生物学家会研究微生物在口腔中的作用，尤其是蛀牙方面。农业微生物学家会研究植物和土壤中的微生物。

虽然有些微生物会引起疾病，但还有一些微生物是有益的。生活在人类肠道中的细菌能够帮助人类消化食物。一些微生物，例如酵母，能被用来制作食物。还有一些微生物则用于处理污水或清理垃圾。人类会使用一些微生物来制造药品或维生素。

通常情况下，微生物的直径小于0.1毫米。它们非常小，只有使用能够把物体放大数千倍的高倍显微镜才能看到它们。

延伸阅读： 细菌；生物学；病菌；微生物；病毒。

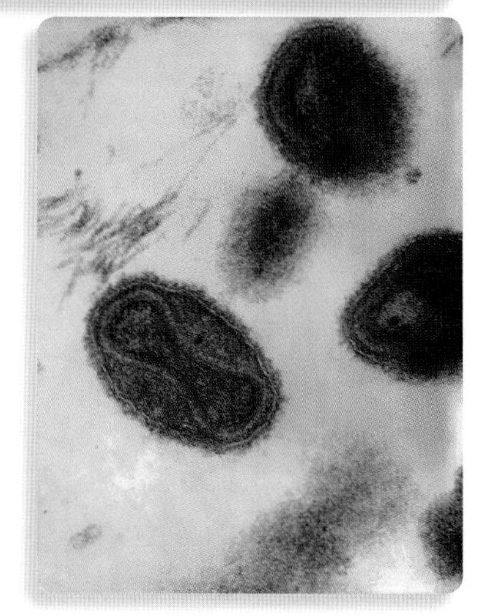

病毒学家从事病毒的研究。这是一张天花病毒的电子显微镜照片。

维尔穆特

Wilmut,Ian

伊安·维尔穆特(1944—)是带领团队创造了克隆羊多利的英国科学家。克隆是一种实现动物生物学复制的方法。克隆体与被克隆体通常就像一模一样的双胞胎。多利是第一只用成年动物体细胞完成克隆的哺乳动物。

维尔穆特领导的团队创造了克隆羊多利。图中是多利的标本。

维尔穆特于1944年7月7日出生于英国汉普顿露西。他曾在诺丁汉大学和剑桥大学学习。

维尔穆特和他的团队首先从一只成年绵羊身上提取了细胞，并迫使这个细胞进入休眠状态。维尔穆特把这个细胞的细胞核取出，然后把细胞核放入一个空的绵羊卵细胞内。科学家把这个卵细胞植入另一只母羊体内。几个月后，多利出生了。多利生于1996年，死于2003年。它去世时正患有肺病。多利的寿命只有大多数绵羊的一半，不过科学家认为克隆并不是多利死得早的原因。

在多利之前，维尔穆特团队曾经进行过275次实验，但都没有成功。自从多利之后，其他科学家也用类似的方法克隆出了包括牛和鼠在内的其他哺乳动物。

延伸阅读：克隆；多利；遗传学；绵羊。

尾

Tail

尾俗称尾巴，是从动物身体后部延伸出来的部分。尾从骨盆后部向后延伸，骨盆是脊椎和髋骨的交汇处。尾既指肉质部分，也指任何长在上面的东西，如皮毛、羽毛或鳍。

袋鼠用尾巴支撑自己。袋鼠站立时，尾巴末端着地，保持身体平衡。

成千上万的动物都具有尾巴，尾巴有很多种不同的形状、长度和大小。

动物的尾巴具有众多不同功能。大多数水生动物的尾巴能帮助它们移动、引导它们前进。陆地动物的尾巴有助于完成各种各样的动作。松鼠在跳跃和攀爬时，能用尾巴保持平衡。啄木鸟和袋鼠则用尾巴支撑自己。蜘蛛猴和负鼠则能用尾巴抓住物体。

延伸阅读： 袋鼠；猴；松鼠；啄木鸟。

蚊子

Mosquito

蚊子是一类与蝇类具有亲缘关系的昆虫。一些蚊子在吸食人类血液时会传播疾病。蚊子的嘴部具有一个管状的部分，叫作喙。蚊子会用喙刺穿皮肤，随后便会吸食血液。只有雌性蚊子会以血液为食，它们通过吸食血液来为体内的卵提供营养。

大多数蚊子在水中产卵。卵孵化成幼虫，这些幼虫称为孑孓。蚊子的幼虫栖息在水中，最终变为具有飞行能力的成虫。蚊子的雄性成虫寿命约为7~10天，雌性则为30天或更长。

延伸阅读： 苍蝇；昆虫；有害生物。

只有雌性蚊子能吸食血液。它们会用针尖样的尖刺戳受害者的皮肤，这是一种隐藏在长喙中的口针。当它们把尖刺向下推时，尖刺便会弯曲并进入血管。它们的唇部（下唇）也随之展开。

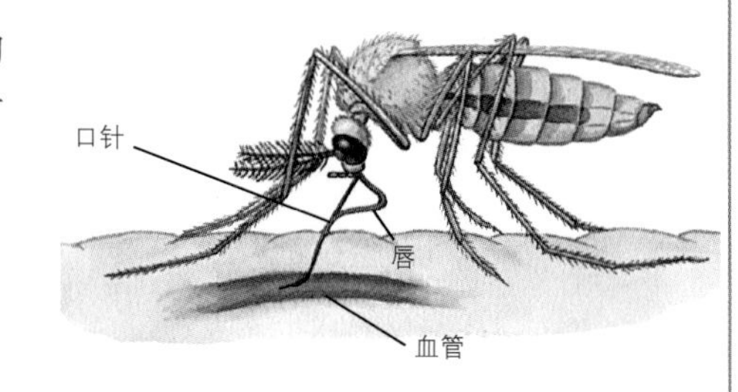

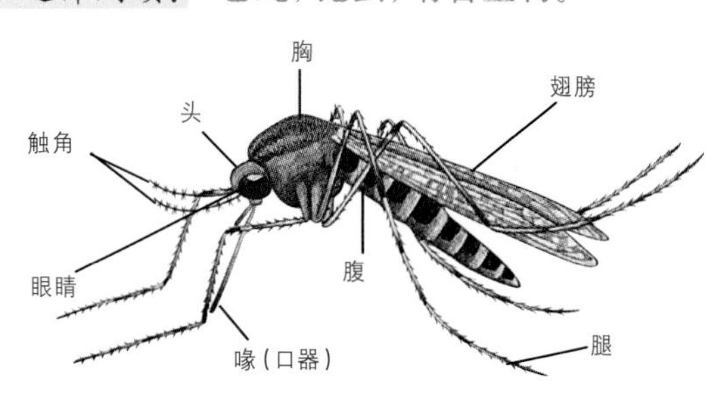

蚊子的身体由三个主要部分组成：头、胸和腹。这幅图展示了包括触角、喙、翅膀和腿在内的蚊子身体外部结构。

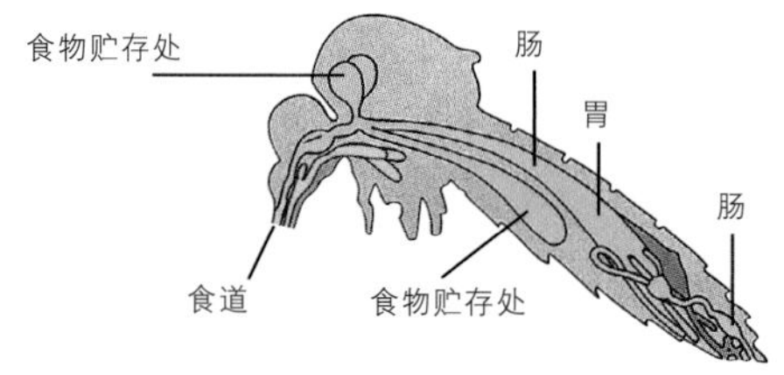

蚊子的消化系统包括从头部开始的食道，位于胸部和腹部的食物贮存处；位于腹部的肠、胃和肛门。

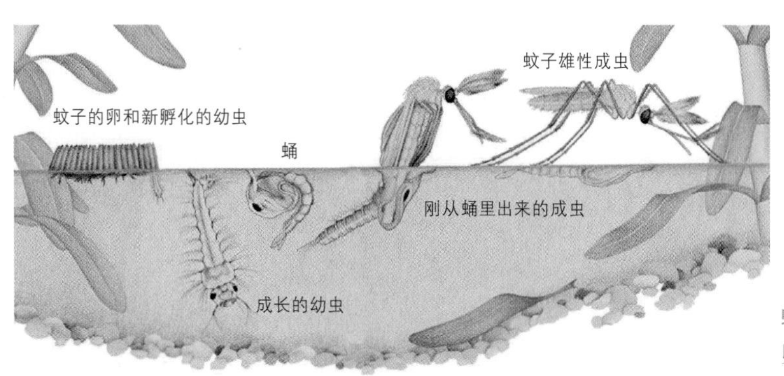

蚊子的生命周期由四个阶段组成：卵、幼虫、蛹和成虫。

倭黑猩猩

Bonobo

倭黑猩猩是一种与黑猩猩亲缘关系很近的非洲猿类，分布于刚果民主共和国刚果河南部的非洲热带雨林地区。

成年倭黑猩猩的体重为34～45千克。与黑猩猩相比，倭黑猩猩具有更小的头部，更平坦的面部，以及更长的下肢。它们有黑色的毛发、面部、手和脚，它们的嘴唇、眼睑和臀部通常是粉红色的。

倭黑猩猩会花许多时间待在树上，它们会在树枝上跃下、攀爬、跳跃和摇摆身体。它们的声音音调很高。在长距离迁移时，它们会沿着地面行走。在行走时，它们常常四肢都着地，但有时它们也能够双足行走。倭黑猩猩的食物大多为水果，但它们也会取食其他的植物性食物和一些动物的肉。

倭黑猩猩是群居性动物。它们常常生活在由6～15只个体组成的群体中，而每个群体都是一个由超过100只个体组成的更大群体的一部分。倭黑猩猩的群体生活与黑猩猩不同，倭黑猩猩的雌性会结成紧密的联盟，保护那些被雄性过度欺凌的雌性个体。与之形成对比的是，黑猩猩的雌性就不是紧密的联盟，雄性黑猩猩常常会欺凌雌性个体。

倭黑猩猩的种群正处在巨大的危险中，野外只剩下很少的倭黑猩猩种群。人类对它们栖息地的破坏，以及非法盗猎，威胁着它们的生存。国家、社会的不稳定状态也会严重干扰倭黑猩猩的保护工作。

延伸阅读： 猿；黑猩猩；濒危物种；哺乳动物；灵长类动物。

倭黑猩猩

倭黑猩猩与黑猩猩亲缘关系密切，但它们的攻击性较低。

乌鸦

Crow

乌鸦是一类黑色的大鸟。它们分布于除南极洲、新西兰和南美洲以外的世界各地。世界上现存的乌鸦有许多种。

短嘴鸦是北美洲常见的鸟类之一。它们是一种聪明活泼的鸟，分布于开阔的地区，例如农田、公园和城市。

乌鸦的叫声不具有音乐感，但乌鸦有超过23种不同的叫声。例如，当一只乌鸦看到有威胁时，它会重复发出长而响亮的叫声来告诉其他乌鸦，乌鸦们会聚集在一起驱赶威胁物。乌鸦其实是最聪明的鸟类之一。

乌鸦以各种各样的食物为食。由于它们也会以农作物为食，所以农民可能会认为它们有害。但是乌鸦也能捕食破坏农作物的昆虫，从而对农民有益。在城市里，它们会以餐厨垃圾为食。

延伸阅读：鸟；松鸦；喜鹊；渡鸦。

乌鸦

乌贼

Squid

乌贼是生活在海洋中的动物。它们具有两个大大的眼睛，还有八条腕和两条触须。每条腕和触须上都具有一排用来捕捉海洋中微小动物的吸盘。乌贼有两个鳍。在它们体内有一个角质壳。乌贼有很多种，有些乌贼的体长不到30厘米，巨型乌贼则长达18米。

乌贼属于软体动物，其他软体动物还包括章鱼和蜗牛。

乌贼通过把水吸入体内，然后再把水喷出的方式来移动。

与章鱼一样，乌贼能够改变身体颜色，从而与周围的环境融为一体。它们还可以喷射黑色液体来躲避危险。

延伸阅读：大王乌贼；软体动物；触须。

乌贼是一类具有八条腕和两条触须，触须比腕更长的海洋动物。它们的每条腕和触须上都具有用来捕捉猎物的吸盘。乌贼的尾部末端有两个鳍。

无脊椎动物

Invertebrate

章鱼和蜗牛都属于无脊椎动物，它们没有脊椎骨。

无脊椎动物指那些没有脊椎骨的动物。有脊椎骨的动物被称为脊椎动物。科学家已经确定并命名了超过100万种无脊椎动物，但是他们认为，目前还有成千上万甚至上百万的无脊椎动物没有被发现。

无脊椎动物有许多不同的种类，分属不同的门。其中最

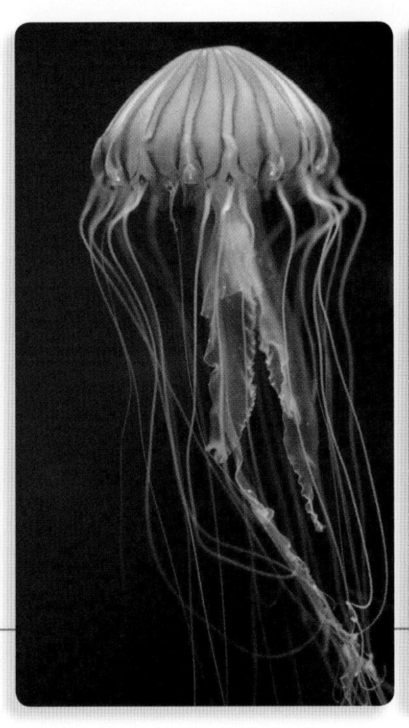

昆虫、海绵和水母都是无脊椎动物。

大的门是由昆虫、蜘蛛和龙虾等组成的节肢动物门。节肢动物占地球上所有动物种类的四分之三以上。

节肢动物的身体以及它们的腿都有分节。有些种类的节肢动物，身体的每个部分都有一对用于游泳或行走的足。节肢动物的外壳是由一种叫作甲壳质的物质构成的。一些节肢动物，例如蝇类和蛾类只有薄薄的外壳。还有一些种类，例如蟹和龙虾则具有坚硬的外壳。

无脊椎动物中有一个门叫作软体动物门，螺类、章鱼和贝类都属于软体动物。大多数软体动物都有用于保护自己柔软身体的坚硬外壳。

无脊椎动物中还有一个门是刺胞动物门，其中包括水母、海葵和珊瑚。海绵则是另一种类型的无脊椎动物。还有一些蠕虫和海星等海洋动物也属于无脊椎动物。

延伸阅读： 节肢动物；刺胞动物；棘皮动物；外骨骼；软体动物；门；线形动物；海绵；脊椎动物；蠕虫。

无性生殖

Asexual reproduction

无性生殖是某些生物繁殖后代的一种方式。在无性生殖中，一个个体单独产生后代，这个后代只有一个母体。

无性生殖不同于有性生殖。几乎所有的动物都进行有性生殖，在有性生殖中，来自双亲的细胞结合在一起形成幼体。

一些动物可以无性生殖。例如，被称为海绵的水下动物就能够用这种方式繁殖。一小块海绵从母体脱落，长成新的海绵。

细菌和其他大多数单细胞生物为无性生殖。当它们达到一定的体型时，就会简单地一分为二。许多植物也可以无性生殖。

延伸阅读： 细菌；生殖；海绵。

蜈蚣

Centipede

在不同蜈蚣种类中，腿的数量从15对到多达180对都有。

蜈蚣是一类有很多腿的小型动物。有些种类的蜈蚣有15对腿，还有一些种类有超过180对腿。蜈蚣长长的身体由很多节组成。它们的头部有两个带有分节的触角和一对大颚，它们的毒螯从头部稍后的位置向前长出。世界上现存的蜈蚣种类有数千种。

分布于美国亚利桑那州南部的巨型沙漠蜈蚣是世界上最大的蜈蚣之一。它们可以长达20厘米。它们以各种各样的小型动物为食，其中包括蜥蜴和鼠类。

有些人以为蜈蚣是昆虫，但蜈蚣属于多足动物。蜈蚣和昆虫都属于节肢动物，节肢动物是世界上种类最多的动物类群，它们的腿部分节，没有脊椎骨。

延伸阅读： 节肢动物。

鼯猴

Flying lemur

鼯猴是一类原产于东南亚的哺乳动物。它们能在空中滑翔，但不会真正飞行。

鼯猴是分布于东南亚的一类哺乳动物，它们的体型与一只猫相当。鼯猴看起来与狐猴有些相似，但鼯猴并不是真正的狐猴。世界上现存两种鼯猴。

鼯猴不会在空中真正飞行，它们在空中滑翔。这类动物的身体两侧有大块连接着脖子、腿和尾巴的皮肤。当它们伸展四肢时，这种皮肤就形成了“翅膀”。这些“翅膀”就像降落伞一样，能使鼯猴在空中滑翔。鼯猴在树与树之间能滑翔90米的距离。

鼯猴有一张尖尖的脸和大大的眼睛，它们棕色或灰色的皮毛上有白色的斑点。它们栖息在雨林里，以花、水果和树叶为食。大多数雌性鼯猴每年会产下一只幼崽。

延伸阅读： 狐猴；哺乳动物；翅膀。

鼯鼠

Flying squirrel

鼯鼠是一类能在空中滑翔的松鼠类动物。它们其实不会真正的飞行。鼯鼠的身体两侧都有松弛的皮肤，这些皮肤附着在它的前腿和后腿上。当鼯鼠把腿伸展开时，它的皮肤看起来就像翅膀，这样的“翅膀”可以让它们从一棵树滑翔到另一棵树。它们用尾巴来控制方向。一些鼯鼠能够滑翔46米远。

鼯鼠栖息于亚洲、欧洲和北美洲的森林里。世界上现存几十种鼯鼠。包括尾巴在内，北美鼯鼠的体长约为20～30厘米，一些亚洲鼯鼠的体长能达到1.2米。

鼯鼠会在树里筑巢，它们以浆果、鸟蛋、坚果和昆虫为食。

鼯鼠

延伸阅读： 哺乳动物；松鼠；翅膀。

舞毒蛾

Gypsy moth

舞毒蛾是一种以破坏树木而闻名的昆虫。舞毒蛾由毛虫发育而来。它们的毛虫会大量取食阔叶树的阔叶和针叶树的针叶，导致树木死亡。舞毒蛾分布于亚洲、欧洲和北美洲的许多地方。

舞毒蛾是一种害虫。舞毒蛾的幼虫会将树木的叶子啃食殆尽，从而使树木枯死。它们的幼虫身体周围长有一簇簇的毛，背上有五对蓝色的斑点和六对红色的斑点，这些斑点会在幼虫发育后期长出。成年舞毒蛾的雌蛾呈现乳白色。成年舞毒蛾不以树叶为食。

舞毒蛾的幼虫把大部分时间都花在取食树叶上，它们会一直吃到树上没有树叶。在一个小镇或一片森林里，大群舞毒蛾能够杀死几百棵树。为了保护树木，科学家引进那些以它们为食的动物，或者喷洒特殊毒药。

舞毒蛾的成虫根本不吃东西。舞毒蛾的雄性成虫具有很强的飞行能力，雌性成虫则不会飞。它们的成虫在交配后不久便会死亡。

延伸阅读： 毛虫；昆虫；蛾；有害生物。

物种

Species

物种简称种，指特定种类生物的集群，是科学分类法中最基本的分类阶元。科学分类法是科学家把生物划分成不同群体的方法。所有被划分在一个群体中的生物在某些方面是相似的，因为它们有共同的祖先。

一个物种里的成员非常相似，有时几乎完全相同。例如马就是一个物种，它们的不同个体常常很难被区别开来。小马长得很像父母。

同一个物种里的成员通常彼此看起来很相似。用于乘骑的马和设得兰矮种马是同一物种，图中这两匹马都已完全长大，它们之间有许多相似的特征。

同一个物种里的成员可以进行繁殖。例如，马可以繁殖出更多同类，但不能与其他物种的成员繁殖后代。例如，马不能与老虎繁殖后代。

科学家用学名来定义每个物种。学名通常用拉丁语或希腊语表示。

延伸阅读： 科学分类法；濒危物种；进化。

西伯利亚哈士奇犬

Siberian husky

西伯利亚哈士奇犬

西伯利亚哈士奇犬是一种北极雪橇犬，与阿拉斯加雪橇犬、美国爱斯基摩犬和萨摩耶犬亲缘关系较近。哈士奇犬起源于俄罗斯西伯利亚，是一个优雅、敏捷、警觉和强壮的犬种。哈士奇犬的全身具有厚而软的毛皮。它们具有光滑的外被毛和柔软的内被毛，体色通常为灰色、棕褐色或黑色，身上通常带有白色的斑块。哈士奇犬的肩高约为50～60厘米，体重为16～27千克。

延伸阅读： 美国爱斯基摩犬；狗；哺乳动物。

西鲱

Shad

西鲱是一类重要的食用鱼，也属于鲱鱼。西鲱的种类很多。

美洲西鲱分布于从加拿大到美国佛罗里达的大西洋海域。这类鱼也被人为引入了太平洋。

西鲱会上溯到淡水河流中产卵。在每年这个时候，人们能用网捕捉到许多西鲱。西鲱的体重约为1.4千克，体长约为60厘米。它们的身体上部偏蓝色，身体侧面则为银色。

海豹、鲨鱼、金枪鱼和海豚都会在海中捕食西鲱。在淡水环境中，鲈鱼、鳗鱼和鸟类也会捕食西鲱。

延伸阅读： 鱼；鲱鱼；沙丁鱼。

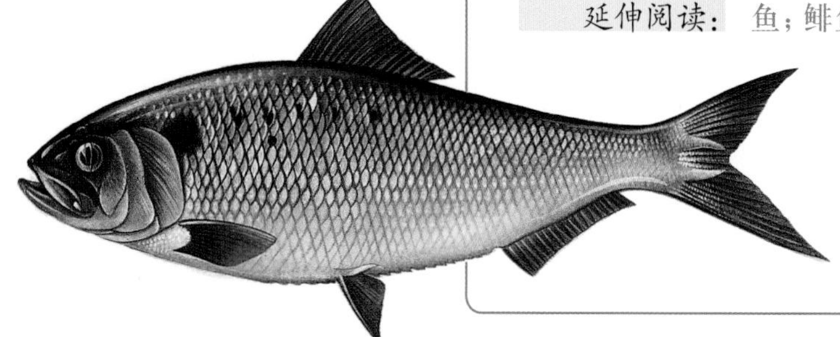
美洲西鲱是一种重要的北美食用鱼。西鲱体长约为60厘米，身体侧面为银色。

西猯

Peccary

西猯是一类长得与猪相似的有蹄动物。与臭鼬一样，西猯能分泌一种气味浓烈的油性液体。西猯栖息于矮树丛生长的森林和沙漠，主要以植物的根为食，但有时也会吃小型动物。

世界上现存的西猯有好几种。领西猯分布于南美洲的许多地区和美国的西南部，它们具有黑灰色的毛皮，颈部则具有一圈浅灰色的毛，看起来就像衣领一般。白唇西猯则分布于墨西哥中部至巴拉圭的区域，它们具有黑色的毛皮，面部带有白色。草原西猯则分布于巴拉圭，它们是西猯中体型最大的，具有棕灰色的毛皮和灰色的领部。

延伸阅读：猪；哺乳动物。

领西猯的颈部具有一圈粗糙的浅灰色毛，就像衣领一般。它们的名字就由此而来。

吸虫

Fluke

在一些生活在远东、西半球热带地区和非洲的人的血液中发现了成年吸虫。吸虫能引起严重的疾病。

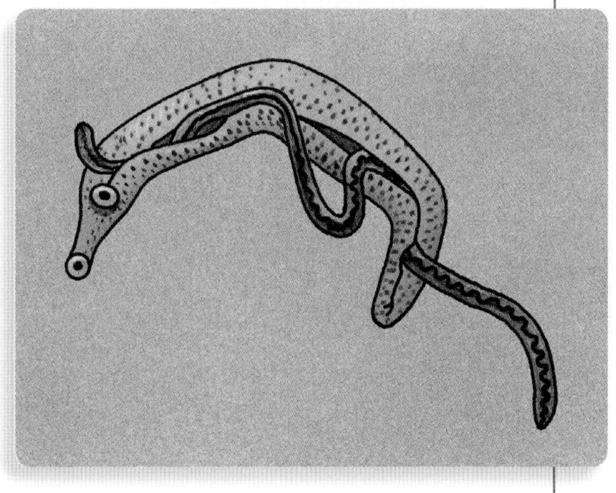

吸虫是扁形动物的一类。吸虫属于寄生虫，在人和其他动物的体内生存，从寄主身上获取食物。通常情况下，吸虫并不会杀死寄主，但是会导致寄主出现严重的健康问题。

吸虫能够在包括肠道、肝脏和肺在内的几乎所有器官中生存，也能生存在血液中。大多数成年吸虫身体扁平，形状像叶子，但也有一些身体呈现圆形或者为长长的蠕虫状。它们有1~2个吸盘，使其能够吸附在寄主的身体组织上。大多数的吸虫都同时具有雄性和雌性生殖器官。

如果人吃了没有煮熟的肉就可能会得吸虫病。血吸虫在水里游泳，它们能穿透人的皮肤到达血管。在热带地区，人感染吸虫病很常见。

延伸阅读：扁形动物；寄生虫；绦虫；蠕虫。

吸血蝙蝠

Vampire bat

吸血蝙蝠是一类会飞行的哺乳动物，会吸食马、鸟类和其他恒温动物的血液。

吸血蝙蝠是一类会飞行的小型哺乳动物，会吸食其他动物的血液。世界上现存的吸血蝙蝠有好几种。最著名的是普通吸血蝙蝠，体长约8厘米。它们具有锋利的三角形门齿，身上有红褐色的毛皮，翅膀上则覆盖着光滑的皮肤。

大多数吸血蝙蝠分布于中美洲和南北美洲温暖潮湿的区域。它们吸食马、牛、鸟类和其他恒温动物的血液，有时甚至会从睡觉的人类身上吸血。吸血蝙蝠的咬伤本身是无害的，很快就会痊愈，但它们可能会携带一种致命的狂犬病病毒。如果这种疾病得不到治疗，人就会死亡。

延伸阅读： 蝙蝠；哺乳动物。

吸汁啄木鸟

Sapsucker

吸汁啄木鸟是一类以树汁为食的啄木鸟。树汁是由树木本身形成的液体。吸汁啄木鸟通过在树皮上啄小洞获取汁液，也会取食野果和那些以树汁为食的虫子。

吸汁啄木鸟只栖息于北美洲。北美洲东部分布有黄腹吸汁啄木鸟，雄鸟的头冠和喉部呈鲜红色。这种鸟的上半身呈黑色，上面有白色的斑纹。它们在美国北部和加拿大筑巢。红胸吸汁啄木鸟则分布在美国西部。

吸汁啄木鸟与其他啄木鸟具有许多相同的习性。不过与大多数其他啄木鸟不同，吸汁啄木鸟会对树木造成伤害。

延伸阅读： 鸟；啄木鸟。

黄腹吸汁啄木鸟

犀牛

Rhinoceros

犀牛是陆地上体型最大的动物之一。有些犀牛的体重可达3.2吨。

犀牛的身体大、腿短、皮肤厚，大多数犀牛几乎没有毛发。犀牛的鼻子上具有一两个略微弯曲的角。这些角在它们的一生中会不断生长。

世界上现存的犀牛有好几种。其中有三种分布于亚洲，即印度犀、爪哇犀和苏门答腊犀。分布于非洲的则是黑犀和白犀两种。白犀是犀牛中体型最大的种类。有些个体能超过1.8米高，4.6米长。所有的犀牛都以草、多叶的小树枝和灌木为食。

白犀是犀牛中体型最大的种类。

犀牛在野外濒临灭绝。它们主要受到那些为了犀牛角而猎杀它们的人的威胁。有些人认为犀牛角具有神奇的力量，因此，犀牛角可以卖出高昂的价格。许多国家都有保护犀牛的法律，但是非法盗猎对犀牛的生存仍是严重的威胁。

延伸阅读： 濒危物种；洞角；哺乳动物；偷猎。

黑犀以草为食，也会吃多叶的树枝和灌木。

蜥蜴

Lizard

蜥蜴是一类爬行动物的通称。它们与蛇之间的亲缘关系很近。最小的蜥蜴只有几厘米长。最大的蜥蜴是印度尼西亚的科莫多巨蜥，它们可以长到3米。

澳大利亚皱褶蜥蜴会张开嘴发出嘶嘶声，并展开环绕头部的大皱褶吓跑敌人。成年雄性澳大利亚皱褶蜥蜴的褶边直径可达23厘米。

大多数蜥蜴有四条相对较短的腿。有些蜥蜴甚至没有腿，它们行动起来很像蛇。蜥蜴也具有长长的尾巴。与其他爬行动物一样，蜥蜴有坚硬的鳞片状皮肤。它们属于变温动物，体温会随着所处环境的温度变化而变化。因此，蜥蜴会通过自己的行为控制体温，它们会晒太阳来取暖，会通过在阴凉处休息使身体凉快。

大多数蜥蜴栖息在地上或树上。有些蜥蜴会用与猫相似的爪子爬树，有些则有像吸盘一样的脚趾。这些蜥蜴甚至可以爬过天花板和窗户。巨蜥具有很强的游泳能力。飞蜥则能够通过展开皮肤的褶皱，从一棵树滑翔到另一棵树，不过这并非真正的飞行。

大多数蜥蜴产卵。这些是正在孵化中的鬣蜥。

有些蜥蜴通过断尾来躲避攻击。当攻击者得到摆动的尾巴时，蜥蜴会趁机逃跑。之后，它们会长出一条新的尾巴。有些蜥蜴会用尾巴发出嘶嘶声，把攻击者吓跑。有些则会改变自身的颜色，与周围环境融为一体隐藏起来。诸如巨蜥这样的一些蜥蜴种类则生性凶猛。

大多数蜥蜴以昆虫和小型动物为食，但是有些蜥蜴以植物为食。大多数蜥蜴产卵，但也有少数种类会直接产下幼体。

有些蜥蜴有灭绝的危险。捕杀和生境被破坏是人类对蜥蜴造成威胁的主要原因。

延伸阅读： 变温动物；爬行动物。

世界上现存的蜥蜴有上千种。大多数蜥蜴（如壁虎）的眼睑是闭合的，头上有耳孔，而且尾巴很长，并有四条腿。上图是一种常见的壁虎。

一类叫作变色龙的蜥蜴可以改变自己皮肤的颜色以与周围环境相匹配。

蟋蟀

Cricket

蟋蟀是一类以鸣叫而闻名的善于跳跃的昆虫。这些鸣叫声能够帮助雄性和雌性蟋蟀找到彼此。

蟋蟀看起来很像蝗虫。许多种类的蟋蟀都是黑色或棕色的，也有一些种类是白色或浅绿色的。它们常见于草地、路边、树上和灌木丛中，有时也会出现在房间里。蟋蟀以植物和死去的昆虫为食。

蟋蟀通过摩擦它们的前翅而发出声音。每一种蟋蟀都具有不同的叫声——通常是高音调的颤音或一系列唧唧声。在大多数情况下，只有雄性蟋蟀会鸣叫。蟋蟀通过位于前腿的特殊听觉器官听声音。

延伸阅读： 蝗虫；昆虫。

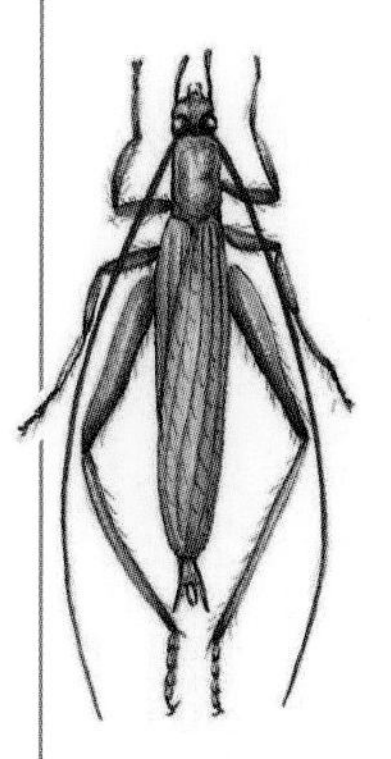

家蟋蟀

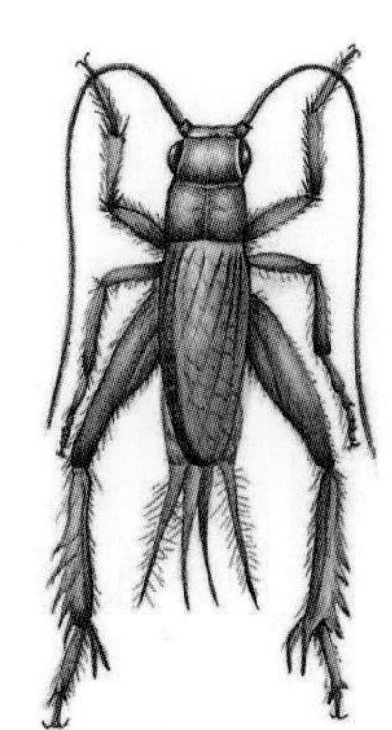

树蟋蟀

喜鹊

Magpie

喜鹊是一种与乌鸦、渡鸦和松鸦亲缘关系密切的鸟类，遍布欧洲、中亚、俄罗斯北部的部分地区和北美洲西部。

喜鹊全身呈黑色，具有白色的腹部和翅尖，翅膀和尾巴上的羽毛具有青铜绿色的光泽。喜鹊的喙很厚重，尾巴很长，尾尖很细。

喜鹊主要以昆虫为食，特别是蝗虫和甲虫。它们会结伴或以小群的形式行进。它们的叫声很多样，包括吱吱嘎嘎的叫声和柔和的颤音。被驯养的喜鹊能够模仿人类的声音或其他鸟类的叫声。

延伸阅读：鸟；乌鸦；松鸦；渡鸦。

喜鹊翅膀和尾巴上的黑色羽毛上点缀着闪亮的青铜绿色。

细胞

Cell

细胞是生命的基本单位。除病毒以外，生物都是由细胞构成的。像变形虫、草履虫和细菌这样的生物只由一个细胞构成，而动物和植物则是由数以百万计的细胞构成的。人体内则含10万亿个以上的细胞！

细胞如此之小，我们只能通过显微镜看到它们。数以万计的细胞都可以放进这里所印刷的这个字母O里。

我们体内的细胞是活的，它们需要食物和氧气，我们通过呼吸从空气中获取氧气，我们的血液会将氧气和食物微粒输送到全身所有的细胞处。

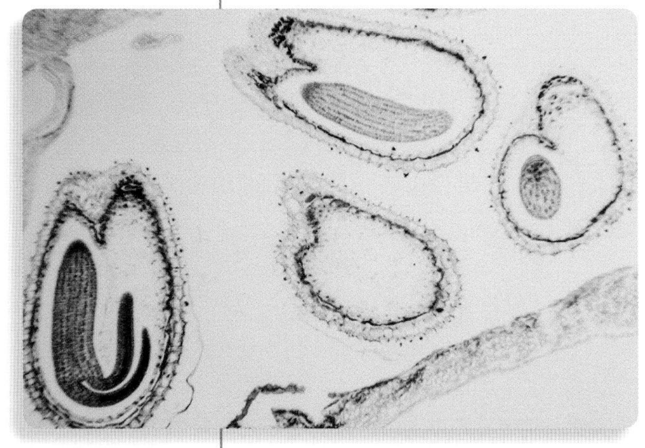

细胞是生命最基本的组成部分。

人体内有许多不同种类的细胞。细胞有不同的形状。有些细胞呈现圆形，里面充满脂肪，有些细胞则又长又瘦，还有一些细胞看起来呈现星形、方形或其他形状。细胞还有不同的作用。细胞的形状取决于它们的作用。组成肌肉的细胞又长又瘦，血液中的许多细胞看起来就像中间孔洞被填满的甜甜圈，组成神经的细胞具有树木一般的分枝。

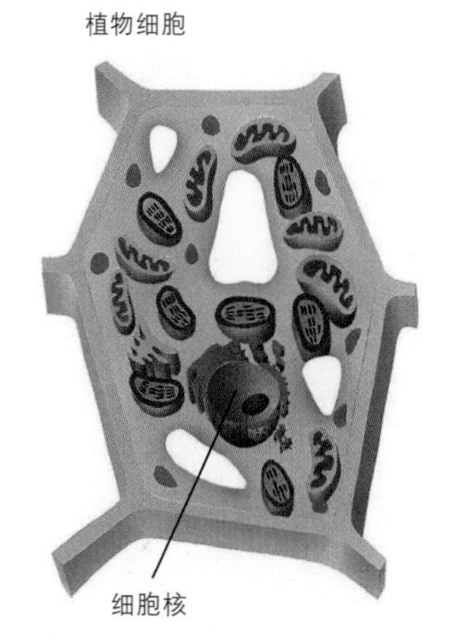

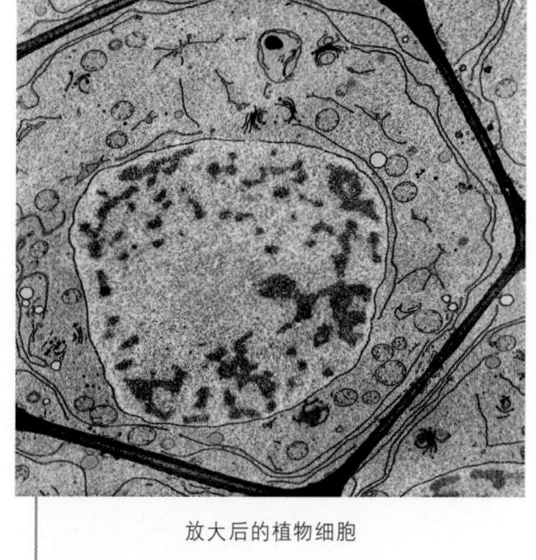
放大后的植物细胞

人和其他动物体内的细胞都由不同的部分组成。动物细胞的外部有一个被称为细胞膜的薄覆盖物，它保护着细胞的其他部分。细胞膜内的所有物质都被称为原生质。细胞内的两个主要部分分别被称为细胞核和细胞质。

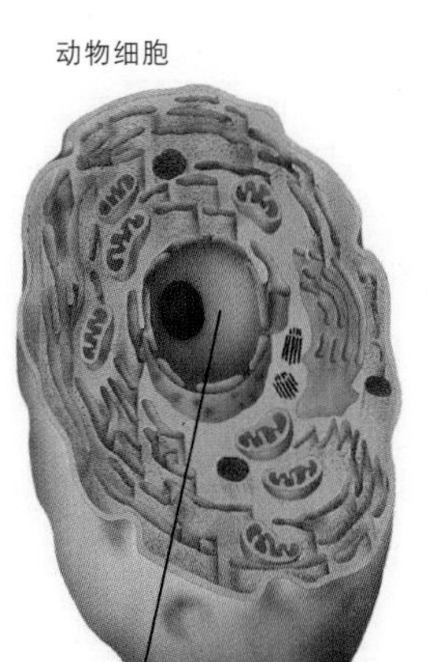

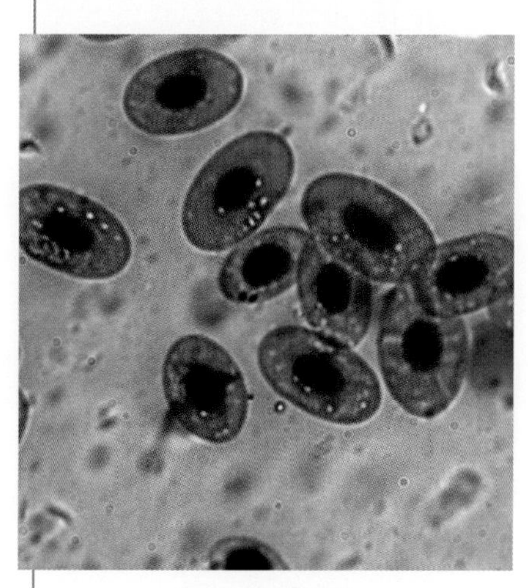
放大后的动物细胞

植物细胞与动物细胞的区别在于形状、大小以及所发挥的作用上。但是所有的细胞都有细胞核。

细胞核位于细胞中央，包含着几乎控制着细胞一切活动的遗传程序。遗传程序被写在一种叫作DNA（脱氧核糖核酸）的化学物质中。DNA内所携带的遗传程序使每个生物与其他生物不同。这种程序使狗不同于鱼，斑马不同于玫瑰，柳树不同于黄蜂，它使我们每个人与其他人不同。

细胞核内含有来自父母双方的基因。基因中携带着那些塑造着我们长相和使身体运作的信息。例如，基因决定我们的身体能长到多高，决定我们的头发和眼睛是什么样的颜色。基因同时也做了许多能让我们生存和保持健康的事。基因分布在叫作染色体的结构中，染色体主要由DNA和蛋白质组成。

细胞质是细胞核和细胞膜之间的物质。细胞质含有许多较小的细胞器，每一个都有独特的作用，包括存储食物颗粒，将食物转化为细胞所需的能量，以及解决细胞可能存在的任何问题。

我们体内的细胞会繁殖，它们会自我复制。一个细胞通过分裂变为两个细胞。随后，这两个细胞会再次分裂形成四个细胞。细胞会不断分裂以制造出越来越多的细胞，这正是我们身体生长的原因，也是我们的身体替换那些已经死亡的细胞的方法。我们体内每天都有数以百万计的细胞死亡并被替换。

植物细胞在某些方面与动物细胞不同。植物细胞没有细胞膜，相反，它们的细胞外面有一层厚厚的细胞壁。植物细胞内绿色的部分叫作叶绿体。叶绿体能利用阳光的能量，把水和二氧化碳转化为食物。

在其他方面，植物细胞与动物细胞很相似。植物细胞也存在带有基因和染色体的细胞核，也通过分裂繁殖。

细菌的细胞要比动物或植物的细胞简单许多。它们的组件很少，没有细胞核。它们的基因位于细胞内一个被称为拟核的区域，拟核没有被膜覆盖。与植物和动物细胞一样，细菌细胞也通过分裂繁殖。

当一个人生病的时候，通常是因为他的一些细胞出现了问题。当细胞分裂超过了它们应该发生的数量的时候，就会出现癌症这种疾病。额外生长出的细胞被称为肿瘤，肿瘤会占据身体的一个器官或更多部分，医生会尝试杀死肿瘤或从人的身体上切除肿瘤。

感冒和发烧是由病毒引起的疾病。病毒是进入细胞并占据细胞的微小生物。它们会迫使细胞制造更多的病毒，随后这些病毒会进入身体的其他细胞内，并且继续同样的过程。

有时候，一个人出生时就患有疾病，这可能是因为细胞内的基因在从父母传递给子女时出现了问题。

延伸阅读： 细菌；脱氧核糖核酸；眼虫；基因；病菌；减数分裂；有丝分裂；草履虫；原生生物；病毒。

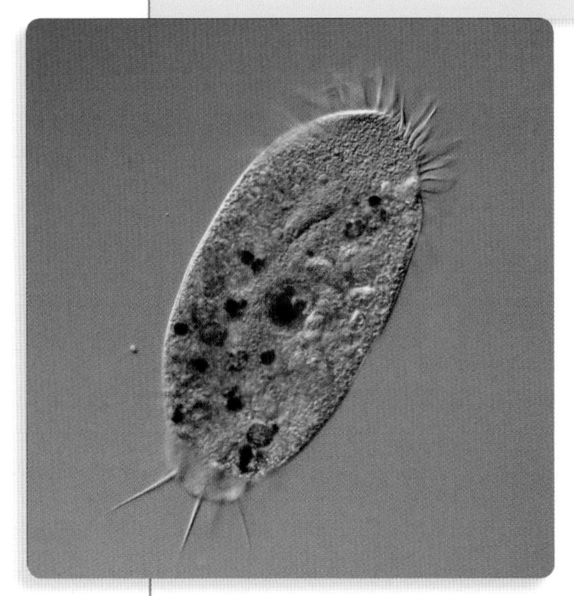

变形虫是由一个细胞组成的生物。它的体型很小，只有通过显微镜才能看到。

草履虫是一种栖息于池塘中的微小生物。没有显微镜就看不见它。

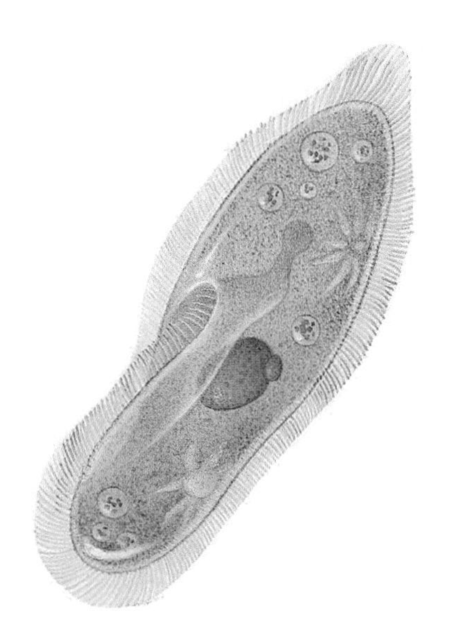

细菌

Bacteria

细菌是几乎无处不在的微小生物。细菌体型过于微小，人们只能依靠显微镜才能观察到它们。它们的每个个体都只由一个细胞组成。

细菌种类成千上万。科学家通过外形将它们分成不同的类别，有圆形的，也有杆状的或者螺旋形的。有些细菌看起来就像弯曲的棒子。细菌能够以单独、成对或长链状的形式生存。

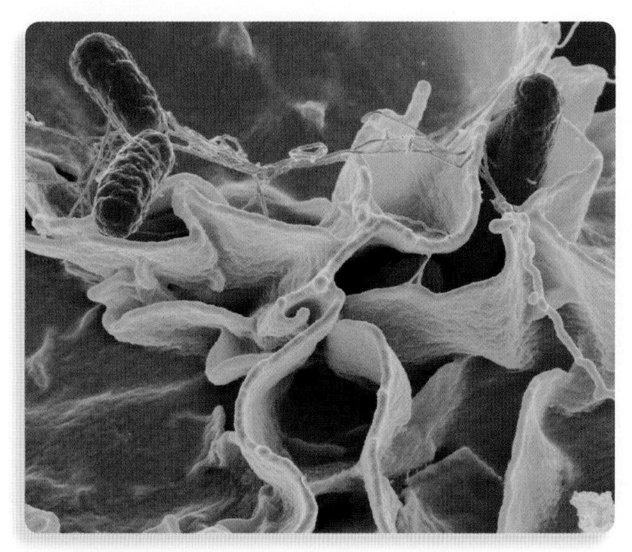

沙门氏菌能够造成包括伤寒在内的多种感染。

几乎任何地方都有细菌生存。空气中、水中、土壤的上层中都含有众多细菌。细菌也生存在包括深海在内的海洋中。有些细菌甚至生存在地表深处以及海底之下。细菌还可以在其他生命无法生存的地方存活。例如，一些细菌生存在热水中，而这样的水温足以杀死其他所有生物。

细菌有许多不同的生存方式。一些种类能利用阳光中的能量制造食物，就像植物一样。另一些细菌的生存方式则有点像动物，它们通过消耗食物来生存。还有些细菌则取食那些会毒害其他生物的化学物质。

大多数细菌不会危害人类。细菌生存在人体表面和人体内部。事实上，一个人的身体里有无数的细菌。细菌的细胞比人类和其他动物的细胞小得多。存在于肠道中的许多细菌，能够帮助身体消化食物。

细菌还能以许多其他方式帮助人类。它们能帮助动植物保持土壤和水的健康。在制作乳酪和许多其他食物时，人们也会使用细菌来帮忙。污水处理厂使用细菌来净化水。在制药业中，细菌也能发挥作用。

但也有些细菌对人体有害。它们会引起包括肺炎、食物中毒和百

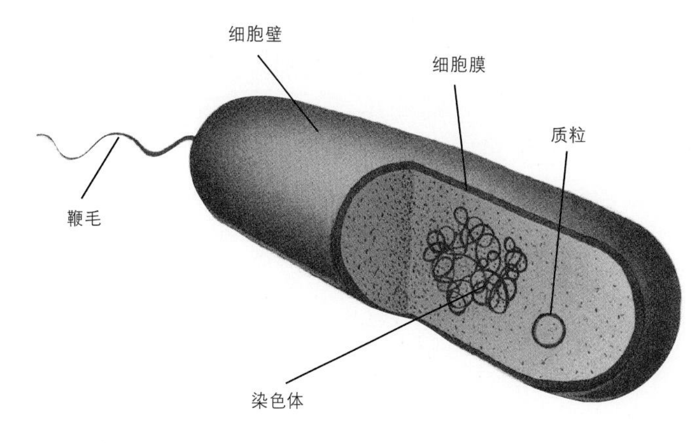

细菌由一个细胞组成。它们有被称为细胞壁的外保护层和被称为细胞膜的内保护层。细菌的基因由染色体携带。一些细菌细胞内的被称为质粒的部分也会携带基因，毛发状的鞭毛能帮助细菌移动。

日咳在内的疾病。细菌也会引起其他动物和植物的疾病。

抗生素类药物能够杀死细菌。防腐剂和消毒剂也有助于杀灭在皮肤和其他物品表面的细菌。使用肥皂和水洗手也有助于清除细菌。高温更能够杀死细菌，因此人们通常用高温来杀死食物以及叉子和勺子等餐具上的细菌。

细菌可能是地球上最早出现的生物。迄今发现的最古老的化石就是生存在距今35亿年前的细菌留下的痕迹化石。

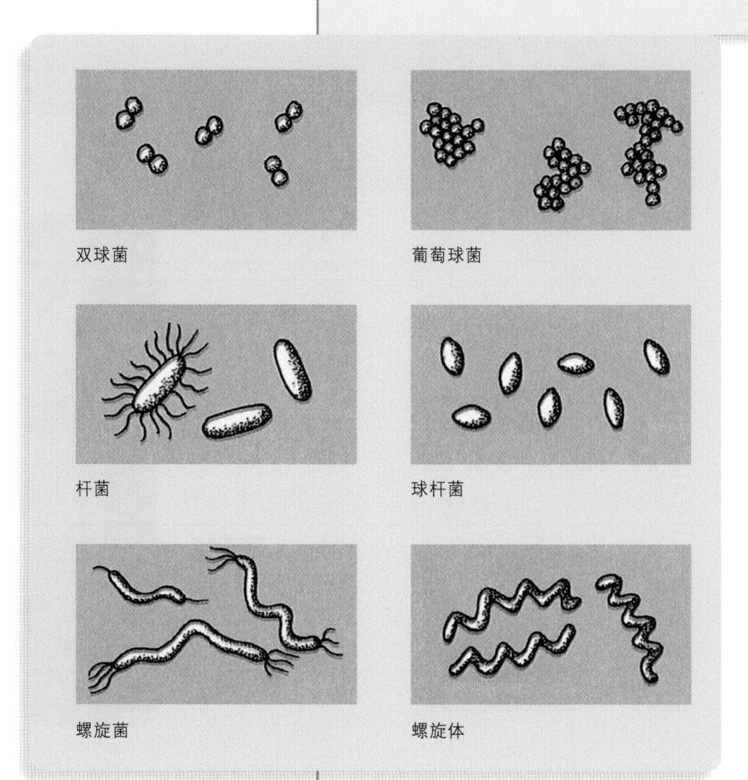

细菌有多种形态。其中最主要的有三种：呈卵状的球菌；呈杆状的杆菌；呈螺旋状外形的螺旋菌。

细尾獴

Meerkat

细尾獴是一类非洲的小型哺乳动物，栖息于开阔、干燥的土地上，那里的地面坚硬而多石。

成年细尾獴的体长约为50厘米，尾长约为20厘米，体重约900克。细尾獴的前足具有用于挖掘的强有力的弯曲爪子，而它们的后足也很强壮。它们的头部又宽又圆，鼻子则很尖。大多数细尾獴的体色呈银色和棕色，背上具有深色的条纹。

细尾獴以大约30只个体组成的地下群体生活。它们的洞穴具有许多通道和入口。细尾獴只在白天离开自己的洞穴。它们常常会直立

细尾獴是一类分布于非洲的小型哺乳动物。它们经常会直立着观察会捕猎它们的大型鸟类。

着观察捕食它们的大型鸟类。每当看到这些鸟，细尾獴就会发出警报。这种警报会警告群体中的其他成员躲到洞穴里。细尾獴主要以蜘蛛和昆虫为食。

延伸阅读： 哺乳动物。

虾

Shrimp

虾是一类小型甲壳动物。它们具有触角、五对足和大大的尾部。在淡水和咸水环境中都有虾的分布。它们有的栖息于近海，有的则栖息在又深又冷的深海环境中。世界上的虾有很多种。

虾有很多颜色。有些种类还具有条纹或者可以改变体色来适应周围环境。最小的虾体长不到2.5厘米，而最大的虾体长可达0.3米。虾的身体由两个主要部分组成，即相互连接在一起的头胸部，以及腹部。虾的腹部具有扇状的身体结构，被称为游泳足。

虾类具有坚硬的外壳。随着成长，它们会蜕去旧的外壳，长出新的。虾类通过产卵繁殖后代。一些种类的雌虾会将卵附在游泳足上，直到它们孵化。

虾与蟹类、龙虾具有亲缘关系，它们都属于甲壳动物。成年虾往往颜色鲜艳，并具有条纹。

人们会吃各种各样的虾。通常情况下，人们其实只吃掉了虾的尾部。人们会捕捉野生虾类或在养殖场饲养它们。有些虾具有灭绝的危险，尤其是一些淡水虾类。

延伸阅读： 甲壳动物；蟹；龙虾；壳。

夏威夷雁

Nene

夏威夷雁是分布在美国夏威夷的一种稀有鸟类，是夏威夷的州鸟。夏威夷雁的体长为56～69厘米，体色为棕色，颈部具有黄褐色的羽毛，足部则为暗黑色。它们栖息于开阔的田野地带，主要以草为食。雌鸟每次会产3～6个乳白色的蛋。

在1950年，大约只有50只夏威夷雁仍然存活。从那以后，它们的种群数量大大增加。繁殖和保护计划已经帮助夏威夷雁种群数量回升并不断增加。

延伸阅读：鸟；濒危物种。

夏威夷雁是夏威夷的州鸟。

纤毛

Cilia

纤毛是某些细胞上的微小毛状物。细胞是生命的基本单位。细胞会利用纤毛完成许多不同工作。

许多原生生物具有纤毛。原生生物是单细胞生物，它们的生活方式与动物有些相似。具有纤毛的原生生物称为纤毛虫。

一些原生生物使用自己的纤毛取食，纤毛会将含有食物的水扫入细胞内。还有一些原生生物通过来回移动纤毛来实现自身移动。纤毛也能帮助它们感知周围的环境。

动物体内的一些细胞也有纤毛。在人体内，有纤毛的细胞存在于鼻子、耳朵和延伸进肺部的气管中。纤毛将灰尘、微生物和其他有害物质排出，这有助于保持身体这些部位的清洁。

延伸阅读：细胞；原生生物。

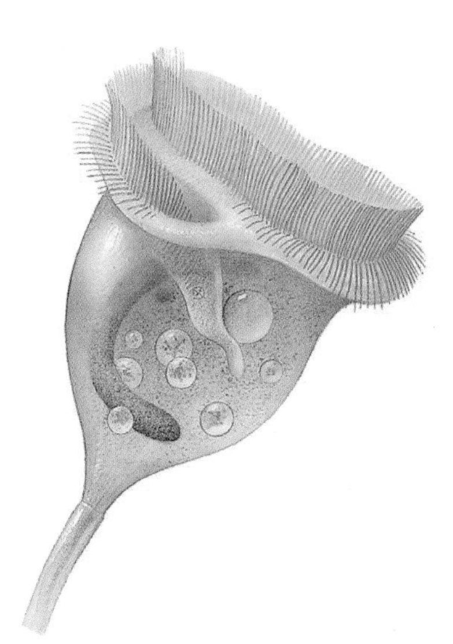

钟虫是一类原生生物，它们有许多毛发状的纤毛。

线形动物

Roundworm

线形动物的身体通常很细，身体末端更细。人们经常发现线形动物会蜷成一圈。

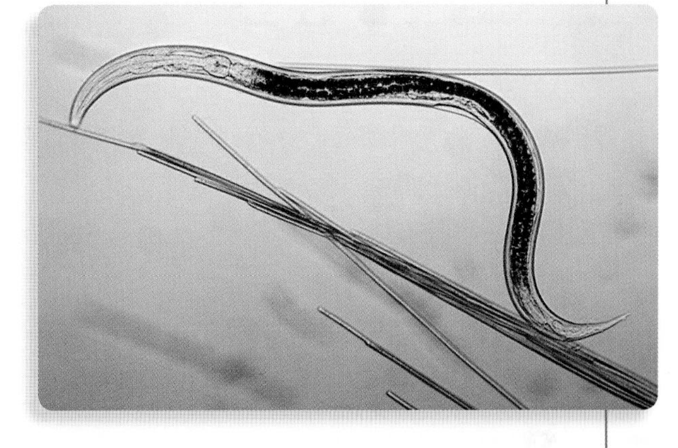

线形动物是一类身体细长、并呈圆柱形的蠕虫。线形动物的种类有数千种，其中有些种类被称为蛔虫。线形动物中的许多种类生活在土壤和水中以及死亡的植物或动物中。还有一些种类则是寄生虫，它们生活在另一种生物体内或体表吸取其营养。

一些线形动物只有在显微镜下才能看到，还有一些可以长到90厘米长。线形动物可以很快就产生出大量幼虫。

寄生生活的线形动物能够通过不同的方式伤害寄主。有一类线形动物（即蛔虫）生活在人的小肠里，能引起严重的疾病。引起人类疾病的线形动物包括钩虫和蛲虫。

延伸阅读： 扁形动物；吸虫；寄生虫；蠕虫。

陷阱蛛

Trap-door spider

陷阱蛛是一类会在地上挖一个洞，然后盖住洞口的蜘蛛。洞口上方的盖子就像陷阱的入口。这类蜘蛛主要栖息于气候温暖的区域，对人类无害。陷阱蛛有很多种，有些种类的体长超过2.5厘米。

陷阱蛛会利用洞保护自己或将其作为巢穴。它们会用蜘蛛丝托在这些洞里面。有些洞的深度超过25厘米，宽度超过2.5厘米。陷阱入口则是由蜘蛛丝和泥土做成的。有些陷阱入口很薄，宛如薄纸，只是轻轻地盖住了洞口。有些陷阱入口则很厚，就像封住洞口的软木塞。

陷阱蛛以昆虫为食。它们会在陷阱入口等着，直到一只昆虫经过，它们随即会迅速打开洞门，抓住猎物并拖进洞里。陷阱蛛习性羞怯，雌蜘蛛很少离开巢穴。

延伸阅读： 蜘蛛。

陷阱蛛会在自己的洞口制作一个盖子，就像陷阱一般。

响尾蛇

Rattlesnake

响尾蛇是一类分布于北美洲和南美洲的毒蛇，尾巴末端有一组中空的环状物。它们会用尾部发出的嘎嘎响声警告其他动物不要靠近。不过，在发动攻击前，响尾蛇并不总是会发出嘎嘎声。不同响尾蛇的体型大小不同。东部菱背响尾蛇的体长约为2.2米，而一些较小的种类体长可能不到60厘米。

响尾蛇通过两颗长而中空的毒牙分泌毒液。毒牙位于上颌，通常会折叠在响尾蛇的嘴里。当响尾蛇发动攻击时，毒牙就会张开。毒牙在刺穿皮肤后会释放出毒液。

大多数响尾蛇以鸟类和小型动物为食，也会以鼠类和其他危害农作物的动物为食。

响尾蛇的雌蛇不像大多数爬行动物那样产卵，而是直接生下活的幼蛇。新生响尾蛇在出生时就能独立生活，并且已经能咬人了。

延伸阅读： 有毒动物；爬行动物；蛇。

响尾蛇分布于北美洲和南美洲，从加拿大南部到阿根廷。

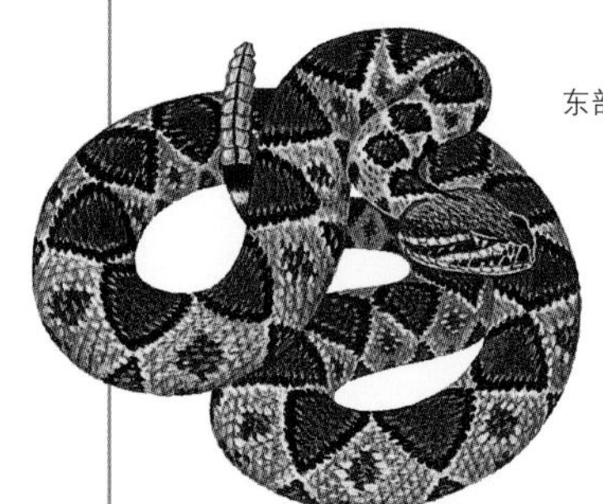

东部菱背响尾蛇

森林响尾蛇

象

Elephant

象是世界上最大的陆地动物类群。一些象的体重能超过5400千克，它们的肩高能超过3.4米。象是唯一一类有如此长鼻的动物类群，它们还有大大的耳朵和两颗长而弯曲的象牙。

象会像我们用手一样使用自己的长鼻子。象鼻能够把叶子和其他植物性食物送到象的嘴里。象会把水吸进鼻子里，然后喷在身上来洗澡。雌象会用自己的鼻子轻抚幼象。

一头雄性非洲象

野生象的大部分时间都被用来取食，它们每天会吃大约140千克的植物。它们会在湖里和河中洗澡，并常常在泥水中打滚。在洗完泥浴后，象满身都是泥，这些泥有助于保护大象的皮肤免受阳光和昆虫的伤害。

一头带着小象的亚洲象

象成群生活。它们会发出各种各样的隆隆声来相互交流，也会尖叫、咆哮、吼叫和呻吟。象有很好的听力，它们可以在4千米或更远的位置听到对方的声音。

象主要有两个类别，非洲象和亚洲象。非洲象只分布于非洲，亚洲象也叫印度象，分布于印度和东南亚。亚洲象的体型比非洲象略小，它们的耳朵和象牙也小一些。

象是所有动物中最聪明的类群之一。过去，人们训练了大象在马戏团进行工作和表演，现在已经不再提倡这样做了。在过去，象还被训练去打仗。

象牙是一种贵重材料，为了获取象牙，人们杀死了许多象。如今这种捕猎行为是非法的，但仍然有人在继续偷猎，象仍然面临着严重的威胁。

延伸阅读： 濒危物种；哺乳动物；猛犸象；乳齿象；偷猎。

象海豹

Elephant seal

象海豹

象海豹是体型最大的海豹类型。世界上现存有两种象海豹，南象海豹分布于南极洲附近的南大洋，北象海豹分布于东太平洋东北部。一只雄性南象海豹的体重可达4000千克，一只雄性北象海豹可重达2268千克，这两种动物的雌性体重都在400～590千克之间。象海豹的名字来源于它们的体型和雄象海豹所具有的长鼻子。

象海豹的繁殖季节大约会从冬季到早春持续三个月，每只成年雄性都会为了赢得一群处于繁殖期的雌性而争斗。雄性会发出巨大的噪音、摆出威胁的姿势并直接相互争斗，保护自己的妻妾群免受其他雄性的侵扰。

雌性象海豹通常每胎会生下一个幼崽。它们会下潜到海面以下610米或更深的区域，捕捉章鱼、乌贼和鲨鱼为食。象海豹在野外可以生存14~20年。

延伸阅读： 哺乳动物；鳍脚类。

象甲

Weevil

象甲是一类具有长喙的甲虫。有些种类的象甲是对农作物危害最严重的害虫之一。例如，棉铃象甲会对棉花造成很大的损害，水稻象甲会危害水稻和其他谷类作物。

象甲会在植物的茎、种子或果实中产卵。随后，幼虫会以这些植物的不同部分为食。象甲成虫也会危害农作物。

有些种类的象甲成虫体型很小，很难看到。例如，苜蓿象甲的体长不足6毫米。一些象甲的喙甚至比它们身体的其他部分还要长。

延伸阅读： 甲虫；昆虫；有害生物。

象甲是危害庄稼的害虫。它们会在水稻或谷类作物中产卵，随后它们的幼虫会以这些植物为食。

象鸟

Elephant bird

象鸟是一类曾经栖息于马达加斯加岛上的巨大而温驯的鸟类。这类鸟在一千年前就完全灭绝了。象鸟有好几个种类，其中最大的可高达3米，体重约450千克。人们曾经发现了象鸟骨头旁巨大的鸟蛋，这些鸟蛋能够容纳8升的水。

当人类于约两千年前第一次来到马达加斯加时，那里就生活着象鸟。人类的捕猎可能是这类鸟消失的一个主要原因。

延伸阅读：鸟；灭绝；史前动物。

已经灭绝的象鸟原产于非洲东海岸的马达加斯加岛。

象鼩

Elephant shrew

象鼩是一类小型哺乳动物，它们的鼻子长而灵活，有点像大象的鼻子。虽然和鼩鼱长得很像，但象鼩并不是真正的鼩鼱。象鼩的体长从8～30厘米不等，体重为42～540克。它们有大大的眼睛和耳朵，以及相对较长的腿和一条长长的尾巴。它们通常有灰色或棕色的毛皮。

象鼩具有一条灵活的长鼻子。

世界上现存的好几种象鼩分布于非洲的大部分地区。它们会用长长的鼻子寻找食物。它们以昆虫、蜘蛛、蠕虫为食，偶尔也会吃植物。

象鼩通常终生具有繁殖能力。它们的雄性和雌性会共同建立并守卫自己的领地。雌象鼩通常一次产1～2个后代，幼崽在出生一两个月后就会离开父母独自生活。在野外，象鼩能存活4年。

延伸阅读：哺乳动物；鼩鼱。

小丑鱼

Clownfish

小丑鱼

小丑鱼是一类色彩斑斓的珊瑚鱼类。小丑鱼本身的颜色很多样，有些种类的小丑鱼具有亮橙色和白色相间的条纹。小丑鱼也被称为海葵鱼，这个名字表明它们与海葵之间的联系密切。海葵是一类外观有点像水下花朵的动物。最大的小丑鱼的体长能达到10～17厘米。它们栖息于太平洋和印度洋中。

小丑鱼在海葵的触须周围生活。这些触须上有刺，可以毒死与海葵接触的鱼，但是小丑鱼却不会被海葵刺到。与海葵保持近距离有助于保护小丑鱼不被其他捕食者吃掉，而作为回报，小丑鱼通过取食海葵周围的碎屑和寄生虫来帮助清洁海葵，它们还攻击那些可能会取食海葵的鱼类。

延伸阅读： 珊瑚礁；鱼；海葵；触须。

小飞象章鱼

Dumbo octopus

小飞象章鱼的头部有两个大鳍，它们的名字来源于动画片《小飞象》中的主角。在影片中，小飞象是一只依靠拍打大耳朵飞行的幼年大象。

小飞象章鱼是一种头上有两个大鳍的海洋动物，它们会通过拍打鳍在水中移动。小飞象章鱼得名于动画片《小飞象》(1941年)中的主角。在影片中，小飞象是一只依靠拍打大耳朵飞行的幼年大象，小飞象章鱼的动作与小飞象也差不多。

与所有的章鱼一样，小飞象章鱼有八条腿，它们的身体柔软而没有骨头。小飞象章鱼可以长到1.8米长，有一些可以长到4米。大多数小飞象章鱼生活在海洋深处，它们有一张喙状的嘴，以贝类、虾、蠕虫和其他动物为食。

延伸阅读： 鳍；软体动物；章鱼。

小红蛱蝶

Painted lady

小红蛱蝶是一类漂亮的蝴蝶。它们的翼展约为5厘米，翅膀上具有大理石状的花纹。翅膀的上部主要为橘黄色，下部则为粉红色、浅黄色和棕色。小红蛱蝶分布于非洲、欧洲和北美洲。

小红蛱蝶是一类强壮的蝴蝶。每年春天，它们会穿越地中海，从北非飞到欧洲。

雌性小红蛱蝶会在叶背面产下小小的绿色卵。美洲小红蛱蝶的毛虫具有黄绿色的身体和黑色的斑点，头部为黑色，头部两侧还具有两条黄色条纹。在觅食时，毛虫会在身体周围缠绕一圈丝，以便保护自己。

延伸阅读： 蝴蝶；昆虫。

小红蛱蝶

小黄蜂

Yellow jacket

小黄蜂是身上具有黑黄色斑纹的黄蜂。小黄蜂的种类很多，在世界上的大部分地区都有它们的分布。

小黄蜂会建造纸质的蜂巢。它们通过嚼碎朽木和碎树枝来造纸。每个蜂巢都包含许多六面体结构的巢室。大多数蜂巢位于地下，但也可能在树上、灌木上、中空的树干或建筑物的墙壁上。

小黄蜂群居。小黄蜂群由蜂后领导。蜂后能够产卵，它由其他被称为工蜂的雌性小黄蜂照料。工蜂不产卵。为了与蜂后交配，雄性小

小黄蜂通过嚼碎朽木和碎树枝来筑巢。它们能建造许多六面体结构的巢室。

黄蜂的寿命相对较短。大的小黄蜂群可能有几千只工蜂。具有这种生活方式的昆虫称为群居性昆虫，蚂蚁和一些蜜蜂也是群居性昆虫。

小黄蜂的蜂巢几乎总是在秋天呈现衰败状态，但是新交配的蜂后会在巢内冬眠至春季，然后每只蜂后会营造一个全新的蜂巢。

大多数种类的小黄蜂喂它们的幼蜂吃昆虫。它们会捕捉许多苍蝇、毛虫和其他害虫，也喜欢取食成熟的水果、软饮料和其他含糖的食物。

在小黄蜂群体中，为了保卫蜂巢，工蜂会发起多次蜇刺攻击。被小黄蜂蜇会很痛，但通常不危险。不过有些人会对这种蜇刺有强烈的过敏反应，可能需要治疗。

延伸阅读： 昆虫；黄蜂。

小羊驼

Vicuña

小羊驼是骆驼家族中体型最小的，肩高为70～90厘米，体重为35～65千克。

小羊驼分布于南美洲的安第斯山脉，栖息于海拔3660～5490米的区域，主要以草为食。

小羊驼每年可以产出约113克的毛。小羊驼的毛质很好，人们会为了获取小羊驼毛制作衣物而猎杀它们。

延伸阅读： 骆驼；哺乳动物。

小羊驼栖息于南美洲的安第斯山脉。小羊驼的毛会被用来制作精细的织物。

笑翠鸟

Kookaburra

笑翠鸟是一种栖息于澳大利亚和新几内亚森林中的翠鸟。

笑翠鸟有大大的脑袋和长长的喙，有棕色、黑色或白色的羽毛。笑翠鸟的体长约为43厘米，体重约0.5千克。

笑翠鸟是食肉动物，它们以毛虫、蠕虫、昆虫、蜥蜴、蛇甚至小鸟为食。它们会把捕获到的猎物在岩石上猛击，使肉变软后再吃。

笑翠鸟在树洞里筑巢，雌鸟一次会产下2～4枚白色的卵，这些卵会在24～26天内孵化。笑翠鸟以其不同寻常的嘈杂叫声而闻名，这种叫声听起来就像是一个人在笑。笑翠鸟会在清晨相互呼唤，当晚上回到自己的巢穴时，它们会再次相互呼唤。

延伸阅读： 鸟；翠鸟。

笑翠鸟有一个大大的脑袋，一个又长又尖的喙，以及棕色、黑色或白色的羽毛。笑翠鸟栖息于澳大利亚和新几内亚的森林中。

蝎子

Scorpion

蝎子是一类尾巴末端带有弯曲毒刺的小型动物。如果人被蝎子的毒刺刺到，会感到痛苦，但这很少造成生命危险。蝎子分布于世界大部分温暖地区的国家。它们不是昆虫，而是蛛形动物，这是一类包括蜘蛛和蜱虫的动物类群。

大多数蝎子体色都呈黑色或偏黄色。它们的体长能够达到20厘米。蝎子有6～12个眼睛，还具有用来抓住和压碎猎物的大爪子。蝎子在晚上最为活跃。它们通常以昆虫和蜘蛛为食。

蝎子的幼体由雌蝎直接产下。新生的蝎子会紧紧抓住母亲，直到它们能够独立生存。

延伸阅读： 蛛形动物；避日蛛；有毒动物。

蝎子的尾部末端具有一个弯曲毒刺。

蟹

Crab

蟹是一类具有坚硬外壳和分节肢体的动物。有些蟹栖息于海岸边的浅水里，有些则栖息于更深的水域，只有少数蟹栖息于陆地上或淡水中。有些种类的蟹很好吃。

蟹属于甲壳动物。甲壳动物是一类具有分节的肢体、没有脊椎骨的动物，龙虾和虾也属于甲壳动物。

蟹有五对足，第一对是尖利的螯足。大多数蟹在滩地上采取横向走动或奔跑的方式移动。在会游泳的蟹中，最后一对足呈现桨状。蟹的外壳覆盖了身体的上半部分。蟹以多种水生动物为食，许多蟹会取食碎屑和动物残骸，有些种类的蟹主要吃植物和藻类。

延伸阅读： 蓝蟹；椰子蟹；甲壳动物；招潮蟹；寄居蟹；鲎；壳；蜘蛛蟹。

蓝蟹得名于它们蓝色的腿。它们有一个绿棕色的外壳和具有红色尖端的强有力的螯足。

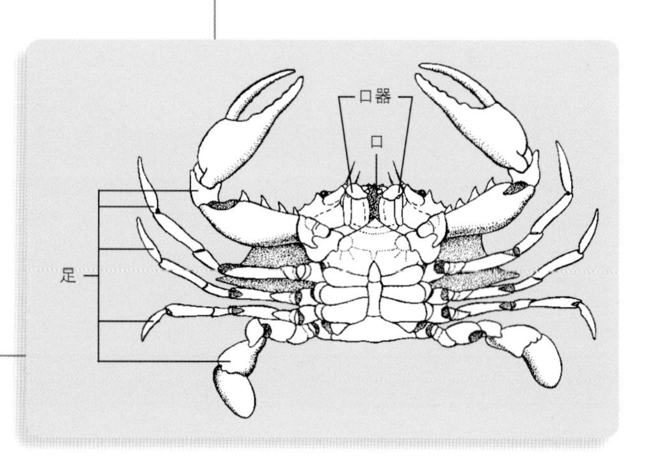

新西兰秧鸡

Weka

新西兰秧鸡是分布于新西兰的一种不会飞的鸟，体长可达50厘米。它们具有红色和棕色的羽毛。

新西兰秧鸡栖息于森林、沼泽、湖边和海滨。它们以鸟蛋、水果、昆虫、蜥蜴、贝类和蠕虫为食。它们的叫声就像尖锐的口哨声。新西兰秧鸡会在树干下或灌木丛中用枯草和枯叶筑巢。

延伸阅读： 鸟。

新西兰秧鸡以蠕虫、水果、蜥蜴、贝类、鸟蛋和昆虫为食。

信天翁

Albatross

信天翁是一类大型海鸟。信天翁拥有巨大的翅膀，有助于长时间翱翔。它们分布在全球的海洋上。信天翁有好几种，最著名的莫过于漂泊信天翁。漂泊信天翁身体为白色，翅膀和尾巴则为深色，它张开翅膀时，从一端到另一端的距离可以达到3.5米。信天翁会花费大量时间用于飞行，只有在繁殖和哺育幼鸟时，才停留到陆地上。信天翁主要取食鱼和枪乌贼。它们常常为了取食船上的残羹剩饭，在船舶后面不停歇地飞行数日。

延伸阅读：鸟。

信天翁是一类翼展宽广的海鸟。

猩猩

Orangutan

猩猩是一类毛发为红色的大型猿类。其他猿类包括黑猩猩和大猩猩。猩猩分布于东南亚的婆罗洲和苏门答腊岛。

成年雄性猩猩的身高约为140厘米，体重约为80千克。雄性的体型为雌性的两倍。

猩猩的前肢比后肢和上身长。当它们站直时，手臂能一直延伸到脚踝的位置。猩猩具有长而弯曲的手指和脚趾，这能够帮助它们攀爬和抓握树枝。

猩猩主要以无花果和其他水果为食，也会取食树叶和树皮。猩猩在高高的树上进食和睡觉。它们不会经常下地活动。成年猩猩会独自栖息在森林里，彼此相距很远。

猩猩在野外濒临灭绝。人们砍伐了许多猩猩居住的森林，还捕捉野生猩猩作为宠物出售，有时人们还会猎杀猩猩来获取它们的肉。猩猩受法律保护，猎杀或捕获它们都是违法的。

延伸阅读：猿；濒危物种；哺乳动物；灵长类动物。

猩猩是栖息在东南亚热带雨林中具有红色毛发的猿类。

行军蚁

Army ant

行军蚁成群结队行动。它们的群体通常包括10万~2000万只蚂蚁，这些蚂蚁通力合作共同寻找食物。全世界行军蚁的种类达300多种。

行军蚁分布于世界上最温暖的地区，在中美洲和南美洲尤为常见。非洲和亚洲也有行军蚁。

行军蚁通常在黎明时分进入一个区域。它们会捕捉其他种类的蚂蚁、甲虫、蜈蚣、蚱蜢、蟑螂、蝎子、蜘蛛和狼蛛，也可能攻击蛇、蜥蜴和鸟类，但对大型动物或人类不会构成威胁。

行军蚁

行军蚁群通常包括大量工蚁、一个蚁后和一群成长中的幼蚁。行军蚁不会建造永久性的巢穴，它们必须不停地迁移从而寻找食物。

延伸阅读：蚂蚁；昆虫。

熊

Bear

熊是一类高大强壮、毛皮厚实的动物。大多数熊的身形沉重，并长有一个巨大的毛茸茸的脑袋。它们具有短而强壮的腿和巨大的脚。熊还具有又长又重的爪子和锋利的牙齿。世界上的熊有好几种。

熊主要分布于亚洲、欧洲和北美洲，只有一种熊分布于南美洲。北极熊分布于北极地区。非洲、南极和澳大利亚都没有野生熊类分布。

熊属于食肉动物，会捕食多种不同的动物。它们的食物涵盖鸟蛋、鹿、鱼、野猪以及

一只棕熊正在从阿拉斯加的河流中捕捉鱼类。熊属于食肉动物。

昆虫，它们也会吃水果、坚果、蜂蜜、树叶和植物的根。

世界上最大的熊是棕熊。阿拉斯加棕熊是陆地上最大的食肉动物之一，它能长到2.7米长，体重能超过270千克。

熊的眼睛和耳朵很小。它们的视力和听力一般，但嗅觉很不错。

熊通常独自生活。一些种类会以冬眠的方式度过冬季的大部分时间，它们会在山坡上挖掘出的洞穴中冬眠。

母熊通常生育两个幼崽。幼崽出生时体型很小，体重还不到0.5千克。而人类的婴儿出生时的体重通常会超过3.2千克。但熊的幼崽生长速度很快，在出生后10个月，它们的体重就能达到18千克。

熊通常会回避人类，但有些种类有袭击和杀害人类的记录。这种袭击行为其实很罕见，其中常见的情况是熊妈妈认为幼崽受到了威胁。

延伸阅读： 北美棕熊；冬眠；哺乳动物；北极熊；懒熊。

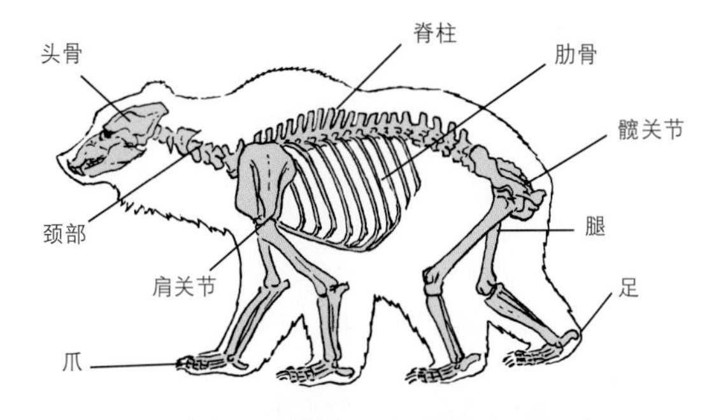

棕熊的骨架

不同种类的熊的体型比较

熊蜂

Bumble bee

熊蜂是一类体型大且毛茸茸的蜂类。像其他蜂类一样，熊蜂大多是黄色和黑色的。我们常常会看到熊蜂在花朵间飞舞，它们飞行时的嗡嗡声很响。它们也具有螯针，但只有被激怒时才会蜇人。

熊蜂是群居性昆虫。它们一起生活的蜂群主要由许多雌性工蜂构成。工蜂负责收集食物和保护巢穴。体型巨大的蜂后是唯一能够产卵的雌性。蜂群中的少数雄蜂不需要工作，对于蜂群而言，雄蜂唯一的使命就是与年轻的蜂后交配。每到夏季，蜂群内的熊蜂数能达到数百只之多，但除了年轻的蜂后外，所有这些熊蜂在当年冬天都会死去。年轻的蜂后会在来年春季创建新的蜂群。

熊蜂是大自然的重要组成部分。它们会在开花植物间传播花粉，帮助植物繁殖。由于能为农作物授粉，所以熊蜂对农民也十分有益。

延伸阅读：蜜蜂；昆虫。

与蜜蜂一样，熊蜂也是大自然的重要组成部分，它们会在开花植物间传播花粉。

雪豹

Snow leopard

雪豹是一种分布于中亚寒冷地区的大型猫科动物。在夏季，它们会待在青藏高原一带的高山上。而在冬季最冷的月份，雪豹则会从高山迁入谷地。它们的体长约为1.8~2米。

雪豹具有浓密的浅灰色毛发，上面带有褐色的斑点。它们具有一条毛茸茸的长尾巴。当捕猎时，它们会悄悄地跟踪猎物，然后突然一跃而上。雪豹的跳跃距离能达到15米。它们会捕食鹿、野山羊、啮齿动物以及

雪豹所具有的带斑点的浅色毛皮，能够帮助它们融入周围的雪地环境中。

牲畜。

雪豹与狮子、老虎等大型猫科动物有许多不同之处。例如，雪豹不能像其他大型猫科动物那样咆哮，它们的叫声像人们养的猫一样。

雪豹大多独居，但是雄性和雌性会在繁殖季节一起狩猎。雌性一次会产下两三只幼崽。如今雪豹有在野外灭绝的危险。人们为了获取它们的毛皮捕杀了许多雪豹，而且会为了保护自己的牲畜杀死雪豹。雪豹受到法律的保护。

延伸阅读：猫；濒危物种；豹；哺乳动物。

雪猴

Snow monkey

雪猴也称日本猕猴，是一种原产于日本的小型猴类。它们的分布区比其他猿类或猴类更靠北方。

雪猴从头到尾全长50~76厘米。雪猴具有能够抵御严寒的厚实毛发，这些毛发的颜色从棕色到灰色。它们的面部和臀部则没有毛发覆盖，呈红色。

雪猴会在火山附近的温泉里洗澡，温泉能够帮助它们在冬季保持温暖。雪猴也会滚雪球，不过这显然只是为了好玩。

延伸阅读：哺乳动物；猴；灵长类动物。

雪猴

雪兔

Snowshoe hare

雪兔是一种分布于北美洲的中型野兔。它们栖息于加拿大和包括阿拉斯加在内的美国北部森林和沼泽中，也出没于美国南部的山区地带，西至新墨西哥州，东至田纳西州。

成年雪兔的体长可达50厘米，其中大多数个体的体重约为1.3千克。雪兔具有用来在雪地上跳跃的大而多毛的后腿。在一年中的大部分时间里，雪兔上身的毛为棕色，下巴、腹部和尾巴则为白色。而到了冬天，它们会脱掉之前的毛，长出新的。这时的雪兔除了长耳朵上的黑色外，整个身体的毛色为白色。

雪兔主要在夜间活动。它们以草和树叶等植物为食。雌性雪兔一年最多能生育4次，每次可能生下2～4只幼崽。

许多动物以雪兔为食，如雪鸮和猞猁。此外，人们为了获取食物和狩猎，每年也会杀死数百只雪兔。

延伸阅读： 野兔；哺乳动物。

在一年中的大部分时间里，雪兔的毛色是棕色和白色的。而到了冬季，雪兔会脱掉之前的毛，长出新的。雪兔的白毛使它们能够融入雪地环境中。

雪羊

Mountain goat

雪羊是一种全身密布白色长绒毛的哺乳动物，栖息于北美洲西部的高山上。雪羊是羚羊的一种。与其他羚羊相比，它们看起来与家山羊更像，但它们只是山羊的远亲。

雪羊以草、灌木和其他植物为食。它们浑身长着厚厚的绒毛，通体呈雪白色。它们的毛皮能够保护自己免受冬季强风和寒冷的侵袭。雪羊的肩高为90～120厘米。短小有力的腿和宽大的蹄子使它们具有矫健的登山能力。它们能够攀爬陡峭的山坡，并沿着小小的山脊行走。雄性雪羊的角长约30厘米，雌性的角通常更长。

延伸阅读： 羚羊；山羊；哺乳动物。

在寒冷的冬天，雪羊有厚厚的白色绒毛来保暖。

鳕鱼

Cod

鳕鱼是主要分布于大西洋和太平洋寒冷水域的鱼类。成年鳕鱼的体长从0.5~1米不等，体重介于1.4~11千克之间。鳕鱼的背部有三个鳍，腹面有两个鳍。鳕鱼的体色十分丰富，许多种类会呈现灰色、棕色或黑色，同时它们的上半身还有斑点。

鳕鱼栖息于大洋底部附近。但在进食时，它们经常会游到中等深度的海层或者接近水面的位置。鳕鱼以小鱼、鱿鱼、蟹和虾，以及蛤等贝类为食。

鳕鱼曾经是世界上最重要的食用鱼类之一，但是人类捕捞鳕鱼的速度快于它们自我更替的速度，过度捕捞和其他原因大大减少了鳕鱼的种群数量。

延伸阅读： 鱼；渔业。

寻血猎犬

Bloodhound

寻血猎犬

寻血猎犬是一个具有敏锐嗅觉的犬种，它们以跟踪气味的能力而著称。这个犬种对血液并没有特别的偏好，它们名字中的“血”其实指的是它们的血统或者祖先的品系，它们的血统可以追溯到欧洲的早期记录。

寻血猎犬灵敏的鼻子使它们能够探测地面上足印留下的味道，也能够探测出刮擦在灌木丛上的身体气味。经过训练的寻血猎犬通常可以追踪数小时前留下的气味痕迹，有些甚至能够追踪那些尚未被雨水或其他气味破坏的残留时间更久的气味。

寻血猎犬的体重为36~50千克。它们的体色有黑色和褐色相间的，也有红色和褐色相间的，或者呈现黄褐色。它们有长而耷拉的耳朵以及皱巴巴的脸。

延伸阅读： 阿富汗猎犬；巴塞特猎犬；腊肠犬；狗；哺乳动物。

鲟鱼

Sturgeon

由于过度捕捞，许多种类的鲟鱼已经成为濒危物种。

鲟鱼是一类大型鱼类。人们捕捉鲟鱼是为了获取它们的肉和卵。人们会用这些卵制作鱼子酱。

鲟鱼身体细长，身上覆盖着一排排骨板。鲟鱼具有一个没有牙齿的小嘴和厚厚的用于吸吮的嘴唇，以蠕虫和贝类为食。

大多数鲟鱼栖息在咸水环境里，它们会迁徙至淡水溪流交配和产卵。不过也有一些种类的鲟鱼一生都栖息在淡水中。

白鲟是世界上体型最大的淡水鱼类，体长可达8.5米。目前已知最重的白鲟体重可达2072千克。

许多种类的鲟鱼已经濒临灭绝。由于鲟鱼卵味道鲜美，人类已经捕杀了太多鲟鱼。同时，人类还破坏了鲟鱼栖息的水域。

延伸阅读： 濒危物种；鱼。

驯鹿

Reindeer

驯鹿是一种分布于亚洲北部、欧洲和北美洲的大型鹿类。它们具有比其他鹿更大的鹿角和更厚的毛皮。它们宽阔的蹄子使它们不会陷进雪里。与大多数鹿类不同，驯鹿的雌鹿也具有鹿角。

夏天，驯鹿会取食草和树叶。而在冬天，它们会用蹄子扒雪取食与植物相似的地衣。为了获取足够的食物，它们必须经常迁移到很远的地方。一只驯鹿一年可以走几百千米。大多数雌性驯鹿会在春天产下一头小驯鹿。

北欧的一些人会饲养驯鹿作为牲畜。他们用驯鹿搬运货物和拉雪橇，还吃驯鹿的肉，喝驯鹿的奶，并用驯鹿的皮做衣服。

延伸阅读： 鹿角；鹿；哺乳动物。

驯鹿栖息于欧洲和亚洲附近的北极地区。它们具有巨大的鹿角和灰褐色的毛皮。

鸭

Duck

鸭是一类大部分时间都待在水上的鸟，它们通常生活在池塘或湿地。鸭是雁和天鹅的近亲。世界上现存的鸭有几十种，分布于世界上的大部分地区。

鸭有一层防水的羽毛，羽毛下面具有一层柔软、蓬松的绒羽。鸭有蹼足，它们会把蹼足像桨一样用来游泳和划水。大多数鸭以植物和生活在水中的小型动物为食。

母鸭和它的幼崽。

鸭擅长飞行。许多鸭会长途跋涉到温暖的地区过冬，在春天天气又暖和起来时返回，这种旅行叫迁徙。

许多人喜欢吃鸭，这些鸭是在农场里饲养的。人们也喜欢捕猎野鸭。在美国，法律限制着猎鸭人可以捕杀的野鸭数量，同时还有很多其他法律保护着鸭生活的湿地。

延伸阅读： 鸟；雁；天鹅。

鸭嘴龙

Hadrosaur

鸭嘴龙是一类大型恐龙的通称。它们的嘴很宽，看起来有点像鸭子的嘴，故名。

鸭嘴龙有很多种。大多数体长可达7.6~11米，体重为2.7~3.6吨或更重。有些种类的头部很平，许多种类的头部还具有骨质头冠或顶冠，有些头冠是中空的。科学家认为，长着中空头冠的鸭嘴龙也许能够通过发出短促的鸣声来相互交流。

鸭嘴龙的嘴很宽，就像鸭子一样。当鸭嘴龙察觉到危险时，便会抬起前腿，用后腿奔跑。

鸭嘴龙集群生活，它们以植物为食。鸭嘴龙有大约250颗牙齿。大部分时间它们都是四足着地走路，但也可以只用后腿行走。鸭嘴龙和其他恐龙一起于约6500万年前灭绝。

延伸阅读： 恐龙；古生物学；史前动物。

鸭嘴兽

Platypus

鸭嘴兽栖息于澳大利亚的溪流边。因为它们的嘴看起来像鸭子，故名。

鸭嘴兽是一种分布于澳大利亚的哺乳动物。因为它们的嘴看起来像鸭子，故名。鸭嘴兽是为数不多的会产卵的哺乳动物之一。几乎其他所有的哺乳动物都是胎生的。产卵的哺乳动物称为单孔类。

鸭嘴兽栖息于溪流边。它们的四个蹼足和又宽又肥的尾巴有助于它们游泳。鸭嘴兽以蠕虫和小型动物为食。成年鸭嘴兽没有牙齿，它们用下巴上坚硬的肉垫压碎食物。鸭嘴兽会在溪边挖洞，每只成年鸭嘴兽都生活在自己的洞穴中。雌性鸭嘴兽一次会产1~3枚卵，这些卵会在大约10天后孵化。鸭嘴兽幼崽会在洞穴里生活约4个月，期间以它们母亲的乳汁为食。

延伸阅读： 针鼹；卵；哺乳动物。

蚜虫

Aphid

蚜虫

蚜虫是一类以植物汁液为食的微小昆虫。许多种类的蚜虫会对农作物造成损害。

蚜虫的口器为管状。蚜虫会用管状口器在植物的叶子或茎上钻一个小洞，然后通过管状口器把植物的汁液吸出来。

蚜虫的体色会呈现绿色、黑色、白色或其他颜色。许多蚜虫有四个翅膀，有些则没有翅膀。

大多数蚜虫都会分泌一种叫作蜜露的液体。蚂蚁喜欢吃蜜露。蚂蚁有时会帮助蚜虫从一株植物移到另一株植物，蚜虫因此得到足够的食物，产生更多的蜜露。这样，蚂蚁和蚜虫就可以互相依赖，蚂蚁甚至可以保护蚜虫不被其他动物吃掉。

延伸阅读： 蚂蚁；昆虫。

亚当森

Adamson, Joy

乔伊·亚当森（1910—1980）是一名作家和野生动物保护主义者。她曾在非洲研究动物的行为。她最著名的著作是有关野生母狮爱尔莎的。爱尔莎刚出生妈妈就死了，亚当森在野外救了它，并把它抚养长大，亚当森和她的丈夫乔治照顾爱尔莎，训练爱尔莎在野外生存。电影《生而自由》就是以亚当森的书为蓝本，传播了关爱野生动物的理念。

亚当森一家是最早训练圈养动物并释放至野外的保护主义者之一。他们也致力于控制偷猎。偷猎是指为了动物的皮毛和身体的其他部分而非法杀害动物。1980年1月3日亚当森被一名曾为她工作的人杀害，她的丈夫乔治是一名野生动物保护主义者和猎场管理员，1989年8月20日，他也被偷猎分子杀害。

延伸阅读： 自然保护；狮；偷猎。

以亚当森的著作为蓝本的电影《生而自由》的第一张海报。

亚里士多德

Aristotle

亚里士多德（前384—前322）是希腊哲学家、教育家和科学家。哲学家研究真理，试图理解事物的奥秘。亚里士多德是古代最重要的哲学家之一，有时也被认为是世界上第一位伟大的生物学家。

亚里士多德研究并进一步发展了古希腊哲学思想。亚里士多德的老师是柏拉图，柏拉图又是苏格拉底的学生，这三个人是古希腊最重要的哲学家。

除了哲学，亚里士多德还研究生物学、文学和政治学。他研究了动物和植物的种类、结构和行为，对生物学有数百年的重要影响。不过如今，科学家认为亚里士多德关于生物的大部分观点其实都是错误的。

亚里士多德

延伸阅读： 生物学。

亚洲鲤鱼

Asian carp

富有侵略性的亚洲鲤鱼是密西西比河流域的入侵物种。

亚洲鲤鱼是几种淡水鱼的统称。这些鱼来自亚洲，已经扩散到世界许多地方，并被认为是入侵物种。入侵物种指的是扩散到新地区的生物，它们会威胁到自然生长在该地区的生物。

亚洲鲤鱼的体重可达27~50千克，体长能超过1.2米。亚洲鲤鱼食量巨大，可以大量取食其他动物需要的水生植物，令其他鱼类很难找到足够的食物。

在美国，亚洲鲤鱼已经遍布整个密西西比河流域，它们还在一条连接伊利诺伊河和密歇根湖的运河中被发现。科学家担心亚洲鲤鱼会利用运河到达五大湖区。野生动物保护人员已经在运河上筑起了一道电屏障，希望能够阻止亚洲鲤鱼的扩散。

眼虫

Euglena

眼虫是一类微小的单细胞生物。世界上现存的眼虫有上百种。它们栖息于淡水中，只有在显微镜下才能看到它们。它们的体长为0.025~0.25毫米。

眼虫在某些方面与动物很相似。例如，眼虫可以在水中活动，许多种类的眼虫还会在水里取食一些食物。但眼虫在其他方面又与植物相似。例如，眼虫可以利用阳光中的能量，自己制造食物。

眼虫的身体形状就像一根小棒子，它们有鞭状的鞭毛，并利用鞭毛在水中移动。

延伸阅读： 鞭毛；微生物；原生生物；原生动物。

眼镜蛇

Cobra

眼镜蛇是一类生活在非洲和亚洲的毒蛇。当眼镜蛇兴奋或受到威胁时，它们会将身体前部抬起，使脖子变胖变宽形成“兜帽状”的形态。眼镜蛇有好几种。其中，普通印度眼镜蛇平均体长为1.8米，眼镜王蛇则可以长到5.5米。

眼镜蛇有尖而中空的牙齿，可以释放出毒性很强的毒液。被咬伤的人可能在几小时内死亡。有些眼镜蛇还会向动物的眼睛喷射毒液，如果不立即冲洗掉这些毒液，会引起严重的刺激，甚至导致失明。

眼镜蛇以青蛙、鱼、蜥蜴、鸟类和小型哺乳动物等各类动物为食。眼镜王蛇则捕食其他的蛇。獴是眼镜蛇最危险的捕食者之一，它们会攻击眼镜蛇，并且常常会杀死眼镜蛇。不过人类才是眼镜蛇最大的威胁。

延伸阅读： 埃及眼镜蛇；曼巴蛇；有毒动物；爬行动物；蛇。

眼镜蛇

鼹鼠

Mole

鼹鼠是一类在地下生活的毛茸茸的小型动物，以快速挖掘地道而著称。鼹鼠分布于亚洲、欧洲和北美洲。世界上现存的鼹鼠有好几种。

鼹鼠具有又窄又尖的鼻子，三角形的脑袋，以及厚实的身型。它们的两条前腿很大，上面的爪子上长着又长又平的指甲。鼹鼠会用前爪在地上迅速挖洞。它们的后腿则短小有力。虽然鼹鼠的耳朵深藏在毛下，但是它们的听觉很不错。它们的眼睛很小，视力不佳。

鼹鼠主要以蠕虫和昆虫为食。它们挖掘的洞穴地道经常会给花园和田野带来破坏。

延伸阅读：哺乳动物。

鼹鼠是一类毛茸茸的小型动物，以快速挖掘地道而著称。

雁

Goose

雁是一类栖息于水中和水域附近的大型鸟类。雁是鸭和天鹅的近亲。世界上现存的雁有好几种，大多数分布于亚洲、

鹅

家养雁（鹅）主要由欧洲和亚洲农场所驯化。

野生雁分布于亚洲、欧洲和北美地区。世界上现存超过40种野生雁。

野雁

欧洲和北美洲。

雁具有扁平的嘴、长长的颈部和带蹼的脚。它们身体的大部分覆盖着羽毛，其中最大的羽毛是位于它们翅膀和尾巴上的又长又硬的羽毛。雁的正羽下有一层厚厚的绒羽。

许多雁会在秋季飞到南方的温暖地区过冬。有些种类的雁能够在中途不休息的情况下飞行超过1600千米。雁以植物为食。它们会用嚎叫、撕咬和拍打翅膀等方式进行自卫。雁之间会通过鸣叫相互呼唤。

为了获取雁身上美味的肉和羽绒，人类将它们饲养并驯化成了鹅。鹅绒被用作枕头的填充物，也会用来制作羽绒服。

延伸阅读： 鸟；加拿大雁；鸭；天鹅。

燕鸥

Tern

燕鸥是一类海鸟的通称，以其惊人的飞行能力而闻名。例如，北极燕鸥一年可以飞行35400千米。燕鸥有许多不同种类，在世界上的许多地方都有燕鸥的分布。

燕鸥具有长长的尖喙和蹼足。它们具有尖尖的翅膀。燕鸥飞行时又快又优雅，很像燕子。

燕鸥主要以小鱼为食。它们会从空中迅速潜入水中，用喙抓住鱼类。

红嘴巨鸥是体型最大的燕鸥之一，体长可达53厘米。

延伸阅读： 鸟；鸥。

北极燕鸥每年都会从北极圈飞到南极，然后再折返飞回来。

燕子

Swallow

燕子是一类小巧而优雅的鸟类，具有长而有力的尖翅膀和小小的足部。它们还有宽大的嘴部，用于捕食昆虫。世界上现存的燕子有很多种。

燕子几乎遍布世界各地。它们通常栖息在靠近水域的开阔或部分开阔的区域。大多数燕子会在夏季和冬季进行很长距离的迁徙。

有些燕子成对筑巢，但大多数燕子成群生活。有些燕子会在树洞里筑巢。还有一些种类的燕子则会在桥梁上或谷仓里用黏土或泥巴筑巢。

北美洲最大的燕子是紫崖燕，体长可达20厘米。

延伸阅读： 鸟；沙燕。

燕子是一类通常栖息在旷野的优雅的鸟类。

秧鸡

Gallinule

秧鸡是一类在世界各地沼泽区域都有分布的鸟类。世界上现存的秧鸡有很多种，其中最著名的一种是黑水鸡，另外还有一种紫水鸡也很有名。

黑水鸡有黑色或深灰色的羽毛。包括紫水鸡在内的有些秧鸡具有鲜艳的体色。黑水鸡的体长约为30厘米，紫水鸡的体型远比黑水鸡大。

秧鸡有优秀的游泳能力，但它们的飞行能力很差。它们具有长长的脚趾，这有助于它们在水生植物上游泳和行走，而这些水生植物密布的地方也是它们筑巢的区域。秧鸡以蠕虫、昆虫、蜗牛、种子和植物为食。

延伸阅读： 鸟。

紫水鸡

羊驼

Alpaca

羊驼

羊驼是一种分布于南美洲的动物，与骆驼具有亲缘关系。它们居住在安第斯山脉，取食青草和其他植物。

羊驼站立时身高不超过1.2米。它们的毛发很厚，毛色为黑色、白色或棕色，能制成非常好的绒线，人们用羊驼毛制作毛衣、披巾和其他衣物。

羊驼居住的山地区域空气十分稀薄，空气中的含氧量比较低（氧气是大多数生物都需要的气体）。但是，相比其他动物，羊驼体内的血液能够携带更多的氧气，使得它们更适应在空气稀薄的地区生存。

延伸阅读： 骆驼；家羊驼；哺乳动物；小羊驼。

鳐鱼

Ray

刺魟是一类身体扁平的鱼，具有鞭子状的尾部，身体侧面还具有就像大型翅膀一样的鳍。

鳐鱼是一类与鲨鱼具有紧密亲缘关系的鱼类。大多数鳐鱼的身体像薄饼一样。鲨鱼和鳐鱼的体内都是软骨。鱼类的软骨坚硬而柔韧，就像人类的鼻尖软骨一样。其他大多数种类的鱼的骨骼是由硬骨构成的。

世界上现存数百种鳐鱼，包括鹰鳐、电鳐、犁头鳐、蝠鲼、锯鳐和刺魟。有些鳐鱼具有侧鳍，看起来像大翅膀一样。犁头鳐和锯鳐是两类身形并不像薄饼的鳐鱼，它们看起来更像鲨鱼，有着长长的鱼雷状的身体。

大多数鳐鱼都生活在海底，以栖息在那里的生物为食，包括蛤蜊、牡蛎、贝类和某些鱼类。还有一类鳐鱼，即蝠鲼，则生活在海洋的顶部以栖息于海面附近的小型海洋动物和浮游生物为食。

鳐鱼的身体上具有一种类似裂缝的开口，称为鳃裂。鳃裂内即是使鱼能够呼吸的鳃。我们可以通过鳃裂的位置来区分鲨鱼和鳐鱼。鲨鱼的鳃裂位于头部的两侧，而鳐鱼的鳃裂则位于侧鳍的下方。

鳐鱼与其他大多数鱼类的生育方式不同。大多数鱼在产卵后才孵化，但几乎所有种类的雌鳐鱼都在体内产卵。随后直接产下幼鱼。只有一类鳐鱼会在产卵后孵化。

延伸阅读： 鱼；蝠鲼；鲨鱼；刺魟。

椰子蟹

Coconut crab

椰子蟹是世界上最大的陆地蟹类，也称为强盗蟹，分布于印度洋和太平洋的岛屿上。

椰子蟹有五对足。它们的体色从斑点状的白色和橙色到斑点状的蓝色和棕色。一只成年椰子蟹体长约为40厘米，有的椰子蟹包括腿在内的体长可能超过1米，它们的体重可达4千克。

椰子蟹以水果、种子、其他蟹类和动物遗骸等为食。这种蟹是充满好奇的探索者，它们可能会把找到的东西带走，椰子蟹以偷窃人们放在户外的食物甚至鞋子而闻名。

延伸阅读： 蟹；甲壳动物。

椰子蟹原产于印度洋和太平洋的岛屿上，它们是世界上最大的陆地蟹类。

野马

Mustang

野马是北美洲西部的野化家马，是西班牙人带到北美洲的马的后代。从17世纪中期到20世纪初，野马的数量大量增加。

延伸阅读：马；哺乳动物。

野马是在北美洲西部辽阔的草原上游荡的野化家马。

野猫

Wildcat

野猫是野生猫科动物中体型较小的一员。野猫看起来与家猫很相似。事实上，科学家认为某一种野猫就是家猫的祖先，但是野猫比家猫体型更大也更强壮。

野猫的毛皮呈淡褐色或浅灰色，身体、腿部和尾部周围都具有黑色的斑点，尾部的毛很浓密且末端呈钝形。

野猫分布于非洲、亚洲和欧洲，栖息于沙漠、森林或沼泽区域。野猫通常独自生活，主要捕食小型哺乳动物，还会取食鸟类、果实、昆虫和其他食物。在一些区域，野猫有完全灭绝的风险。

人们有时也会用野猫这个词来指代其他野生猫科动物，如短尾猫。人们也会用这个词来指代生活在野外的家猫。

延伸阅读：猫；哺乳动物。

与家猫相比，野猫的体型更大，身体更强壮。

野牛

Buffalo

野牛是一类野生的牛类。最早被用来称呼印度的亚洲水牛。亚洲水牛看起来就像是一只具有大而弯曲犄角的黑色家牛，会将自己一连好几个小时都浸泡在水里。在亚洲和非洲，许多亚洲水牛被驯化为役畜。

美洲野牛并不是真正的水牛。

体型小的亚洲水牛品种还包括菲律宾水牛和民都洛水牛，它们都分布于菲律宾群岛。菲律宾水牛常常能长到1.8米高，而民都洛水牛则只有107厘米高，倭水牛体型甚至更小。

野牛也分布于非洲。分布于南非的非洲野牛，是一种体色偏黑、脾气很差的大型动物。而另一种非洲的野牛则生活在非洲西部和中部的森林里。

美洲野牛并不是水牛。它们的头部和颈部较大，肩部隆起，具有比真正水牛更小的角。美洲野牛的身体前半部为棕黑色，后半部则为棕色。它们的雄性体长为3~3.8米，体重可达1400千克，而雌性则体型较小。它们主要以草本植物和其他小型植物为食。

在19世纪末，美国的猎人曾经杀死了数百万只美洲野牛，这个物种几乎被猎杀殆尽。如今，美洲野牛的种群数量已经有所恢复。其中许多种群在国家公园中受到保护，还有一些种群生活在私人牧场中。有些人为了获取肉类饲养着这些美洲野牛。

欧洲野牛曾经在欧洲很常见，但到了20世纪初，剩下的已为数不多。目前有一个较大的欧洲野牛种群栖息在波兰和白俄罗斯边界的森林地带，这些欧洲野牛现在已经被保护起来，不用担心狩猎的威胁。

亚洲水牛

延伸阅读： 濒危物种；哺乳动物；牛；水牛。

野山羊

Ibex

野山羊是野生山羊类的一种。它们分布于非洲、亚洲、欧洲和中东地区的高山上，它们是优秀的登山者。野山羊以草和其他植物为食。

阿尔卑斯野山羊的肩高约为90厘米。野山羊具有向后弯曲的角，雄性野山羊的角能够长到76厘米长，雌性的角只有15~20厘米长。西伯利亚野山羊比阿尔卑斯野山羊体型更大，它们有长长的角、大胡须和偏白色的背部。

延伸阅读：山羊；雪羊。

阿拉伯野山羊分布于以色列。

野兔

Hare

野兔是与家兔很相像的动物。但在某些方面，野兔与家兔还是不同的。野兔会在地面上直接产崽或挖一个洞穴来产崽，而家兔则用毛筑巢；野兔通过奔跑来逃避危险，家兔通常采取隐藏的策略。

大多数野兔体色为棕灰色，腹部为白色。在寒冷的地方，野兔会在冬季长出白色的毛皮。野兔的体长接近70厘米。它们通常会一胎产下五个幼崽，这些幼崽出生时就长着毛，眼睛也睁着。

野兔通常在夜晚和黎明时分觅食。它们如果做出用后腿重击地面的动作，可能是在警告其他野兔有危险出现。雕、狐狸等动物会猎食野兔。

延伸阅读：哺乳动物；兔子。

上图展示的野兔与家兔具有亲缘关系，它们常常混淆。

野猪

Wild boar

野猪是与家猪亲缘关系密切的动物。它们分布于欧洲、亚洲和非洲北部的部分地区，并已被引入北美洲。

野猪体色为灰黑色，有短而尖的毛发，在它们的下颚上生长着两颗锋利的獠牙。

野猪的肩高约为90厘米，体重可以达到180千克。

野猪的习性谨慎，白天它们会躲藏在茂密的灌木丛中，晚上再出来。它们取食植物的根茎和谷物，有时也取食小型动物和鸟蛋。如果受到威胁，它们会用獠牙进行猛烈地还击。天气炎热时，野猪喜欢躺在泥浆中降温。

延伸阅读： 猪；哺乳动物。

野猪是家猪的近亲。

叶蜂

Sawfly

叶蜂是一类昆虫的通称。它们与蚂蚁、蜜蜂和黄蜂具有亲缘关系。叶蜂会在植物的叶子和茎上以及树上产卵。雌性成虫具有像“锯”一样的身体部位，这个部位可以用来切割植物，并把卵推进其中。

刚孵出的叶蜂看起来就像是蝴蝶的幼虫，但是它们具有更多腿。一些叶蜂的幼虫会在植物体内大量聚集，这导致了植物上树瘤（肿块）的形成。

有些叶蜂被认为是害虫，它们可能会危害珍贵的松树、冷杉和云杉。另一些叶蜂则会危害花园玫瑰、小麦茎以及樱桃、梨树和榆树。

延伸阅读： 蚂蚁；蜜蜂；毛虫；昆虫；黄蜂。

有些叶蜂被认为是害虫，它们会对一些树木、玫瑰丛和小麦造成损害。

夜鹰

Nighthawk

夜鹰常见于北美洲和南美洲的大城市。

夜鹰是一类以美国常见的三声夜鹰为代表的鸟类，但它们不是真正的鹰类。

在美国，夜鹰经常会成群结队地在停车场、郊区街道和庭院上空飞行，最多时数量能达到30只。它们在大城市里很常见。

夜鹰的体长约为25厘米，全身混合着棕色、黑色和白色的羽毛，喉部往往有一块白斑，翅膀上还有一根白色的条带。夜鹰在日落后不久就便会起飞活动寻找昆虫吃。

夜鹰在春天和夏天会栖息在美国和加拿大。而到了冬天，它们会栖息在南美洲。雌性夜鹰一次会产下两枚带斑点的蛋，它们在地上或屋顶上孵化。

延伸阅读： 鸟；三声夜鹰。

一角鲸

Narwhal

一角鲸以其独特的长牙而闻名。这种螺旋状的长牙能长达2.4米。

一角鲸是一种以长牙闻名的鲸类。通常只有雄性一角鲸才长着长牙，这种螺旋状的长牙长约2.4米。一角鲸分布于北冰洋。

不算长牙，一角鲸的体长可达4.6米，体重可达3.2吨。它们的身体背面呈灰色，腹面则为白色，但也带有深褐色的斑点。一角鲸的长牙从上颌伸出，这其实就是一颗加长的牙齿。科学家认为，雌性独角鲸可能根据长牙的大小来选择配偶。也有证据表明，长牙能够帮助一角鲸感知周围的环境。例如，长牙也许具有检测温度变化或水咸度的功能。人们曾经以为一角鲸的长牙是独角兽的角。独角兽是神话中只有一只螺旋状角的兽类。

延伸阅读： 鲸豚类动物；哺乳动物；鲸。

贻贝

Mussel

贻贝是一类具有硬壳保护的水生动物，栖息于海洋和淡水环境中。它们的外壳由两个相互连接的瓣状壳组成。有这种外壳的动物称为双壳动物。大型贻贝会把壳紧紧地合在一起，以防危险。

海洋贻贝分布于沿海的浅水环境中。它们会用黏性的线状物附着在岩石上。海洋贻贝常常会形成大群，能够占据大片区域。它们会用鳃捕食浮游生物。浮游生物是由随波逐流的微小生物组成的生物群体。人们会吃好几种海洋贻贝。淡水贻贝则会把自己埋在河流、溪流和湖泊的沙底下。

贻贝的身体柔软，但具有坚硬的保护壳。它们栖息于海洋和淡水环境中。

延伸阅读：双壳动物；蛤蜊；软体动物；浮游生物；壳。

遗传学

Genetics

遗传学是研究遗传的学科。遗传是一种亲代将性状传递给子代的过程。遗传学家研究基因如何工作。基因是遗传的基本单位，它们存在于所有生物体的细胞中。例如，人体中的每个细胞都有大约20000～30000个基因。基因是人们形成自己独特长相的主要原因。这就是为什么有些人具有蓝色的眼睛、卷曲的头发或大脚的原因。

基因是在被称为染色体的结构中发现的。染色体是由脱氧核糖核酸（DNA）组成的长串。

基因有时会突然发生改变，这即是突变。有时，一些基因的变化会使人生病。

一位研究分子遗传学的学者。

延伸阅读：脱氧核糖核酸；基因；突变。

蚁狮

Ant lion

蚁狮是一类会挖坑的昆虫。这类昆虫利用土坑诱捕蚂蚁和其他小昆虫，并以此为食。只有蚁狮的幼虫会挖坑，它们的成虫看起来像蜻蜓。蚁狮的身体毛茸茸的，一对剑形颚从狭窄的头部伸出来，三对足则从离头部很近的身体伸出。蚁狮只能向后走。

蚁狮通常在干燥的沙土中挖坑。它们待在沙坑底部，隐藏在沙子下面。如果一只蚂蚁靠近沙坑边缘爬行，柔软的沙子就会在蚂蚁的脚下滑落，然后蚂蚁就会掉进坑里。蚁狮会用颚杀死蚂蚁并吸吮它的体液。

延伸阅读： 蚂蚁；昆虫；幼体。

蚁狮

异特龙

Allosaurus

异特龙是一种大型食肉恐龙。它们生活在距今约1.5亿年前，化石发现于如今的美国西部地区。

异特龙的体长约11米，体重约1800千克。它们有大约70颗锯齿状的牙齿，这些锋利的牙齿很容易咬碎肉。它们短短的前肢上具有强壮而弯曲的爪子。异特龙用两条腿走路。它们的臀高约2米。

异特龙以其他恐龙为食。它们主要直接捕食植食恐龙，但也可能会吃其他恐龙的尸体。

延伸阅读： 恐龙；古生物学；史前动物；爬行动物。

异特龙是一种生活在距今1.5亿年前的食肉恐龙。

翼龙

Pterosaur

翼龙是一类生活在距今2.4亿到6500万年前的会飞行的爬行动物。翼龙不是恐龙，但和恐龙生活在同一时期。翼龙的大小差别很大。最小的翼龙翅膀只有几厘米长，而最大的翼龙翅膀则长达12米。较小的翼龙可能以昆虫为食，一些较大的翼龙则以鱼类、蜥蜴和其他小型动物为食。

大多数科学家认为翼龙的飞行能力很强。它们的骨头又轻又空，前肢末端具有三个有爪的手指以及一个长长伸出的第四指，前肢第四指和体侧之间长有翼膜。翼龙的身体上覆盖了毛发状的生长物，防止体温散失。

延伸阅读： 恐龙；古生物学；史前动物；爬行动物。

翼龙可以分为两个主要类群，一类是体型像鸟类一样小的喙嘴翼龙类，另一类则是像飞机一样大的翼手龙类。

蚓螈

Caecilian

蚓螈是一类外形与蚯蚓和蛇有些相似的动物。蚓螈属于两栖动物，它们会有一部分时间生活在水中，其余的时间生活在陆地上。大多数蚓螈大部分时间都栖息于地下。它们分布于全世界的热带地区，现存很多种。

最小的蚓螈只有10厘米长，而最大的蚓螈则长达1.7米。蚓螈的身体表面具有不同沟槽，有利于它们在土壤中穿行。它们的头部平而且骨头突出，吻部很尖。大多数蚓螈的体色为灰色或棕色，也有几种具有亮蓝色或黄色的皮肤。

蚓螈的眼睛很小，视力很差，许多蚓螈的皮肤甚至骨头在生长过程中会覆盖眼睛。蚓螈主要依赖嗅觉生存，它们头

蚓螈是一类大部分时间生活在地下的蠕虫状两栖动物。

部有一个特殊的触角，能够探测土壤中的气味。

蚓螈主要以昆虫和其他小型动物为食。对大多数捕食者而言，许多种类蚓螈的皮肤味道都不好，所以不会捕食它们。但有些鸟类和蛇类会捕食蚓螈。

延伸阅读： 两栖动物。

英国古典牧羊犬

Old English sheepdog

英国古典牧羊犬是一种牧羊犬，具有垂下来遮住眼睛的长长毛发。这些毛有助于保暖，但是为了保持它们的毛皮整洁，需要大量清理工作。它们的毛呈灰色或蓝色，通常会带有白色斑纹。也可能大部分为白色的，并带有灰色或蓝色的斑纹。英国古典牧羊犬的站高约为56厘米，体重则为23~29千克。

英国古典牧羊犬最初以用于放牧而闻名。如今在一些农场仍然可以看到它们的身影。许多人也会把它们作为宠物。

延伸阅读： 狗；哺乳动物；宠物。

英国古典牧羊犬

英国塞特犬

English setter

英国塞特犬是一个很受欢迎的犬种。它们面容英俊、毛皮光滑。它们因狩猎技能而成为一种很受欢迎的猎犬。英国塞特犬的毛长而直，通常呈现白色、黑色和棕褐色，也会呈现白色、黑色、柠檬色、橙色和栗色的混合颜色，长毛覆盖着它们的腿部和尾巴。一只英国塞特犬的站高约为64厘米，体重为23~32千克。

英国塞特犬动作迅速而优雅。它们具有良好的嗅觉，会用鼻子指示出猎物所处的位置，也可能会通过抬起一只前爪来示意。

延伸阅读： 狗；爱尔兰塞特犬；哺乳动物。

英国塞特犬是猎人们很喜爱的一种狗。

莺

Warbler

莺是一类在北美洲和南美洲以及全球都有分布的鸣禽，分布范围从热带地区延续到遥远的北方。莺类中大多数种类体长约为14厘米。世界上的莺类物种很多。美洲以外的一些鸟类也称为莺，但它们与美洲的莺类并没有密切的亲缘关系。

因为莺体型很小，而且活动位置离树和灌木很近，所以在野外很难看见。观鸟者喜欢这些种类众多、颜色美丽、动作快速、鸣声优美的莺类。

莺可能会在树上、灌木丛或地面上筑巢。它们的鸟巢通常呈杯状，由树枝和草组成。

莺能帮助农民捕食那些破坏水果和树叶的昆虫，它们会在树皮和果实的细小裂缝中寻找昆虫。

延伸阅读： 鸟。

橙胸林莺

婴猴

Galago

婴猴是一类分布于非洲的树栖动物。婴猴有柔软的绒毛和长长的尾巴。它们的手指、脚趾、手和脚上都有能够帮助它们抓住树枝和树干的修长护垫。婴猴的大眼睛能够帮助它们在黑暗中看清东西。婴猴白天睡觉，夜晚外出活动。

婴猴除了取食小鸟、蛋、水果和蜥蜴外，还取食多种昆虫。它们能够利用自己长长的后腿，在树枝间跳很远的距离。体型最大的婴猴与一只大松鼠的体型相当。体型最小的婴猴只有花栗鼠那么大。婴猴属于灵长类动物，这个类群还包括猴类、猿类和人类。

延伸阅读：哺乳动物；灵长类动物。

婴猴是一类原产于非洲的灵长类动物。猴类、猿类和人类都属于灵长类动物。

鹦鹉

Parrot

鹦鹉是一类美丽的热带鸟类。在中国，只有少数几种鹦鹉能够作为宠物，其他则为非法行为。人们很喜爱鹦鹉的聪明和友好。许多鹦鹉能学会说话。世界上现存的鹦鹉有很多种。

鹦鹉体长8～90厘米。大多数鹦鹉的喙很厚，形状像个钩子。许多鹦鹉还具有长长的尾巴。它们的腿和脚都很短，两个脚趾向前，两个脚趾向后。强壮的脚使鹦鹉能够抓住水果和坚果，攀爬树木，并倒挂在树枝上。

鹦鹉是一类吵闹的鸟。它们会和其他鹦鹉生活在一起。鹦鹉分布在不同类型的区域。它们大多栖息在森林里，也有些种类栖息于稀树草原或沙漠中。

鹦鹉主要取食水果、坚果、种子和花蕾，有些鹦鹉还会吃花蜜和花粉。

大多数种类的鹦鹉一生只有一个配偶。雌鹦鹉会产下圆

非洲灰鹦鹉是一种栖息于西非雨林中的大型鹦鹉。

形的白色蛋。它们通常在树洞里或地上产蛋，有些鹦鹉则会把蛋产在人们在树上安放的巢箱中。

世界上大约有一半的鹦鹉种类分布于中美洲和南美洲，其他则大多分布于澳大利亚和附近的岛屿上。

延伸阅读： 鸟；虎皮鹦鹉；鸡尾鹦鹉；凤头鹦鹉；金刚鹦鹉；长尾小鹦鹉；宠物；海鹦。

虹彩吸蜜鹦鹉是一类中小型彩色鹦鹉，它们的喙为黑色、红色或橙色。

凤头鹦鹉的头顶通常长着浓密的冠羽。

鹦鹉螺

Nautilus

鹦鹉螺是一类以螺旋形的壳而闻名的海洋动物。鹦鹉螺的壳保护着自己的身体。鹦鹉螺属于软体动物，软体动物是一个包括乌贼和章鱼在内的庞大动物类群。

一只成年鹦鹉螺的外壳大约有30个腔室。腔室内衬着具有彩虹般颜色的物质，这层物质称为珍珠层。

鹦鹉螺栖息于南太平洋和印度洋的珊瑚礁中，分布于6～300米深处，以海洋中的蠕虫、螃蟹和其他生物为食，也会取食动物的遗骸。

鹦鹉螺的身体大约有人的一个拳头那么大。头部周围具有90个短触角，这些触角称为触须。鹦鹉螺可以把自己的触须缩回到壳里。

延伸阅读： 软体动物；章鱼；壳；乌贼。

鹦鹉螺具有一个螺旋形的壳，里面具有30个腔室，每个腔室里都衬着珍珠层（一种彩虹色的物质）。

鹰

Hawk

鹰属于猛禽，它们是捕食其他动物的大型鸟类。鹰与雕的亲缘关系很近。除了南极，鹰在地球上的任何地方都有分布。世界上现存的鹰有很多种。

鹰是强壮而优雅的飞行者。一些种类的鹰能够很好地控制自己的身体，捕捉半空中的鸣禽。鹰还能长时间地飞翔，寻找猎物。鹰类的敏锐视力使它们能够从高处发现地面的猎物。

鹰的敏锐视力使它们能够从很高的位置发现地面的猎物。

鹰会捕食多种不同动物，包括多种鸟类、鱼、昆虫、哺乳动物以及爬行动物。鹰具有又长又尖的爪子，鹰会用爪子捉住猎物，然后用锋利的喙取食。

鹰在悬崖上、树上或地面上筑巢。雌鹰一次产1～3枚卵。雌鹰负责给卵保暖，雄鹰负责给雌鹰提供食物，直到雏鸟孵化出来，随后，父母会共同喂养雏鸟。

红尾鵟是北美地区最常见的鹰类之一，它们栖息于开阔的乡村和森林地带。

延伸阅读： 鸟；猛禽；鵟；夜鹰；鹗。

萤火虫

Firefly

萤火虫是能够发光的昆虫。世界上现存的萤火虫有数百种，分布于世界大部分地区，它们实际上是甲虫的一个类别。

特殊的化学物质使这类昆虫具有发光能力，这种能力称为生物发光。萤火虫用光来吸引配偶，每一种萤火虫都有独特的发光模式。

萤火虫通过发出或熄灭自己的光作为交配信号。

萤火虫的幼虫不具有飞行能力，它们是一类与蠕虫有些相似的蛴螬状幼虫。有些种类的萤火虫幼虫也会发光，它们会在1~2年后变为成虫，而变成成虫后只能再活5~30天。

有些动物会寻觅萤火虫的亮光并捕食它们，还有几种萤火虫甚至会捕食其他萤火虫，它们甚至能够通过发出其他萤火虫的交配信号来吸引猎物。

延伸阅读： 甲虫；生物发光；蓝光萤火虫；昆虫。

蛹

Pupa

蛹是许多昆虫在生命周期中都会经历的一个形态。它出现在幼虫阶段之后，长翅膀的成虫阶段之前。幼虫阶段是昆虫从卵中孵化后像蠕虫一般的时期。

处于幼虫阶段时，昆虫会不断进食而生长。当它准备变为成虫时，幼虫会转变成蛹。在蛹阶段，昆虫不会取食任何东西，而且会变得无法活动。它们会用外壳或丝包裹住自己。在这段时间，昆虫会改变自己的形态转变为成虫，这一过程称为变态发育。

昆虫的蛹期能持续一天至两年，这取决于昆虫的种类。这一阶段使得像蝴蝶这样的成虫，得以发育出与幼虫十分不同的身体特征。

延伸阅读： 蝶蛹；茧；昆虫；幼体；生活史。

蛹是许多昆虫生命周期中的一个形态。处于蛹阶段时，昆虫会变得很不活跃，而且它们会改变身体形态成为成虫，这个过程称为变态发育。

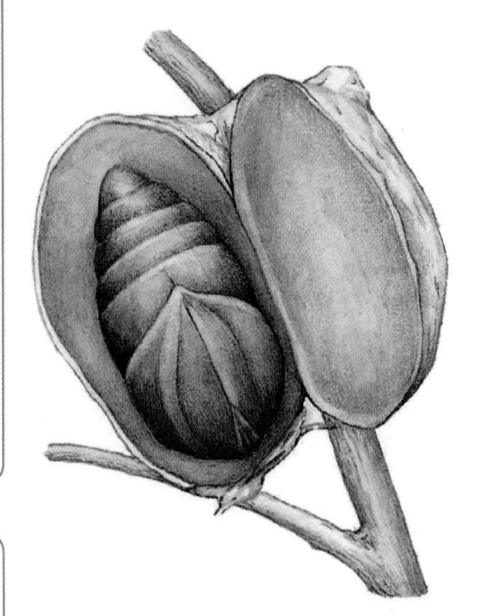

疣猪

Wart hog

疣猪是一类分布于非洲的野猪，其扁平的大脑袋上长着弯曲的獠牙，獠牙可长达60厘米。在獠牙和眼睛之间，有三对看起来像大疣的生长物。这些生长物正是疣猪得名的由来。一只雄性疣猪体重可超过90千克，肩高可达76厘米。

疣猪分布于从非洲南部向北到撒哈拉沙漠以南的干燥、多沙的国家。这类动物还喜欢长有许多灌木丛的开阔森林。疣猪会成群结队地行动。雌性一次能生育6~8个幼崽。

延伸阅读： 猪；哺乳动物。

游隼

Peregrine falcon

游隼是一种以飞行速度著称的大型鸟类。游隼的速度比其他任何动物都要快，俯冲时的速度可以超过320千米/时。游隼分布于除南极洲以外的每一个大陆上。

游隼的飞行速度比其他任何动物都快。它们能以超过320千米/时的速度俯冲捕食。

游隼的体长约为38~50厘米。雌鸟的体型约比雄鸟大三分之一。游隼的颜色幼时为褐色，成年时为深蓝或蓝灰色。它们的腹部颜色较浅，全身都有黑色的斑纹，头部和颈部还覆盖着黑色的头盔状髭纹。

游隼主要捕食活鸟。它们会从高处猛扑向猎物，把猎物从空中击打下来。游隼能够猎食像雁类一样大的鸟，但它们更喜欢较小的猎物，例如鸽类和鸭类。

游隼喜欢在高高的山崖，甚至摩天大楼上筑巢。雌鸟通常每年会产3~4枚蛋。

人们曾经用游隼捕鸟。由于杀虫剂的大量使用，游隼的数量在20世纪40年代末和50年代急剧下降。杀虫剂导致游隼的蛋壳变薄，使幼鸟在孵化前就死了。到1960年时，游隼已从北美大部分地区消失。但是从20世纪70年代开始，随着对杀虫剂的限制和其他措施的开展，游隼的数量逐渐恢复。

延伸阅读： 鸟；猛禽；濒危物种；隼。

有袋类动物

Marsupial

有袋类动物是哺乳动物的一个主要类别，它们的幼崽通常在母体的育儿袋中成长。有袋类动物的种类有很多。有袋类动物在澳大利亚和附近的岛屿上最为常见，包括袋鼠和考拉。而一类叫负鼠的有袋类动物则分布于北美洲和南美洲。

有袋类动物的妊娠期很短。它们出生时弱小无助，例如一只刚出生的袋鼠体长只有2.5厘米。新生的幼崽会立即爬进母亲身上的育儿袋里。在那里，它会抓住母亲的乳头，以乳汁为食。幼小的有袋类动物通常会在育儿袋里待上几个星期或几个月。只有当它们长到足以自己自由活动的时候，才会离开育儿袋。还有些有袋类动物则不会在育儿袋内发育，它们会紧紧抓住母亲的身体。

有袋类动物是哺乳动物的三大类型之一。其中最大的一类是有胎盘型哺乳动物。这类哺乳动物的妊娠期更长。它们的幼崽不会在育儿袋中成长。最常见的哺乳动物，包括人类在内，都属于有胎盘型哺乳动物。还有另一类哺乳动物称为单孔类动物。

单孔类动物是唯一能产卵的哺乳动物。最著名的单孔类动物是鸭嘴兽。单孔类动物只有几种。

延伸阅读： 袋鼠；考拉；哺乳动物；负鼠；袋獾；沙袋鼠；袋熊。

就像大多数有袋类动物一样，袋鼠会把幼崽放在自己身前的育儿袋里。

袋獾是一种与犬类大小相似的有袋类动物。袋獾会以死去的动物为食，偶尔也会捕食小型动物。

考拉是一类育儿袋袋口向后开的有袋类动物。

有毒动物

Poisonous animal

有毒动物指的是富含毒性物质(毒液或毒素)的动物。毒性物质是一类进入人体后会引起伤害或疾病的物质,它们会通过吞咽、吸入、注射或皮肤吸收等方式进入体内。由生物产生的毒性物质有时称为毒素。动物常常会用自己的毒素自卫或捕食。

许多动物的叮咬或蜇刺能导致中毒,这些动物包括多种蜜蜂、黄蜂、蝎子、蛇、蜘蛛、章鱼、螺类。这些动物使用的毒性物质称为毒液。有些动物的皮肤里有毒,这些动物包括多种蛙类和蝾螈。有些鱼,例如刺魟(黄貂鱼),具有毒刺。

有毒动物的体色通常很鲜艳。这些鲜艳的颜色是这种动物所发出的一种危险警告。

响尾蛇

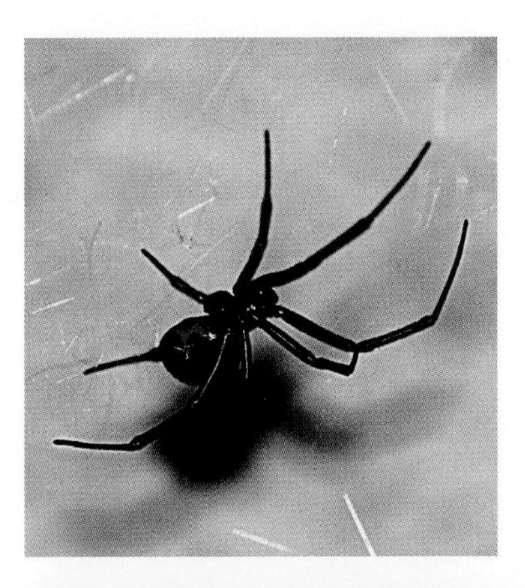

黑寡妇蜘蛛的叮咬能导致中毒,这能杀死其他动物,或引发疾病和严重的疼痛。

鞍背刺蛾的毛虫具有锋利的毛,当它们将这些毛插入另一种动物体内时,这些毛就会脱落并释放出一种毒素。这有助于保护毛虫不被敌人伤害。

多种有毒动物的咬伤或蜇伤会使人生病。除非某些人对一些毒素存在过敏，在大多数情况下这些毒素都不是致命的。不过，还有一些有毒动物则对人类很危险。例如，毒蛇每年都会造成非洲和亚洲成千上万人的死亡。

延伸阅读： 黑寡妇蜘蛛；吉拉毒蜥；蓑鲉；箭毒蛙；僧帽水母；响尾蛇；蝎子；海葵；刺魟。

海葵是一类像一株开花植物一般的海洋动物。细长的触须环绕着它的嘴。触须上的刺细胞会喷出毒液捕捉猎物。随后，海葵会吃掉猎物。

箭毒蛙能从皮肤中释放出一种能够轻易杀死其他动物的强力毒素。

有害生物

Pest

有害生物是任何能够杀死或危害人类、牲畜、农作物或建筑的生物。有害生物可能是细菌、杂草、昆虫、真菌或其他有机体。

有害生物会对农田和果园造成严重的破坏。在美国，有害生物对农作物的破坏每年能造成价值300亿美元的损失。纵观历史，有数次有害生物破坏重要农作物的例子。例如，在19世纪40年代，一种有害真菌破坏了土豆作物，导致许多爱尔兰人死亡。

昆虫是最常见的有害生物类型之一。有些昆虫会在树叶和茎上咬出孔洞，这些孔洞使植物难以从太阳获得足够的能量来生长。另一些昆虫会在植物的茎干上扎出孔洞，吸取植物的汁液。还有一些昆虫则会以花或果实为食。

雌蚊依靠吸食人类的血液存活，而在这个过程中，细菌会侵入人体内。

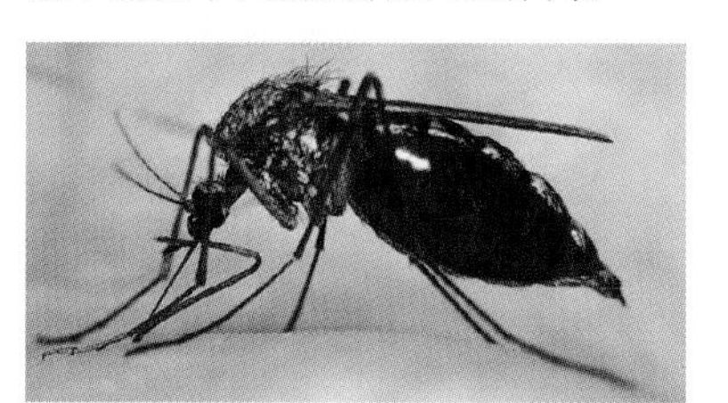

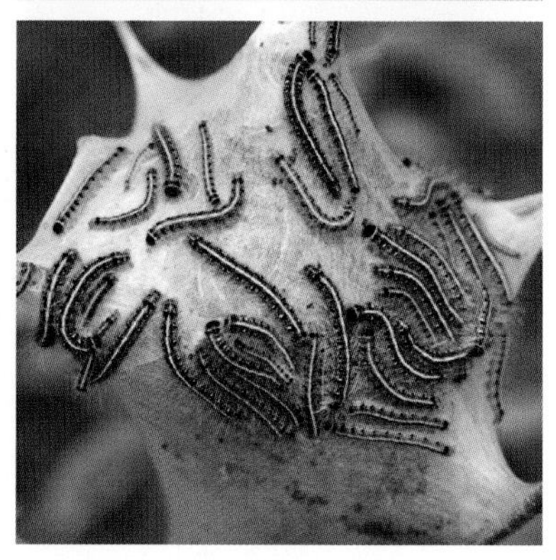

舞毒蛾是一种对森林、行道树和果树具有破坏性的害虫。舞毒蛾的幼虫会取食树叶，它们可以吃光一棵树的树叶，从而杀死树木。这些害虫在世界各地摧毁了成千上万棵树。

诸如鹿、兔子和松鼠这样的动物常常会通过啃食而破坏植物的生长。家畜会受到诸如蚊蝇等传播疾病的害虫的危害。建筑物也可能被白蚁和其他害虫破坏。

许多农民会通过喷洒杀虫剂来保护他们的农作物。但是，这些杀虫剂会污染河流和其他水源。

延伸阅读： 蟑螂；农业与畜牧业；跳蚤；苍蝇；舞毒蛾；蚊子；寄生虫；白蚁；蜱虫。

蓟马是一类会通过吸食植物汁液阻碍植物生长，并传播疾病的小型昆虫。

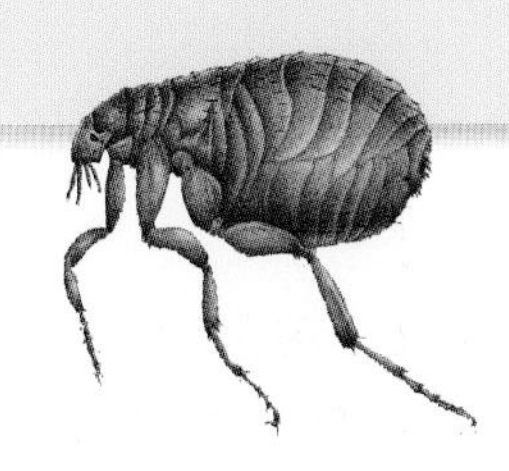

跳蚤是一类没有翅膀的小型昆虫，它们所携带的细菌可以导致各种严重的疾病。

蟑螂是世界各地常见的家庭害虫。

有丝分裂

Mitosis

有丝分裂是细胞分裂的一种。细胞分裂时，一个细胞会分裂成两个细胞。大多数细胞中都会发生有丝分裂。在有丝分裂中，一个细胞会分裂成两个独立的细胞。有丝分裂不同于减数分裂，减数分裂只发生在生殖细胞中。

细胞含有染色体。染色体携带着基因，基因是指导生物生长发育的化学指令。在有丝分裂之前，每条染色体都由两

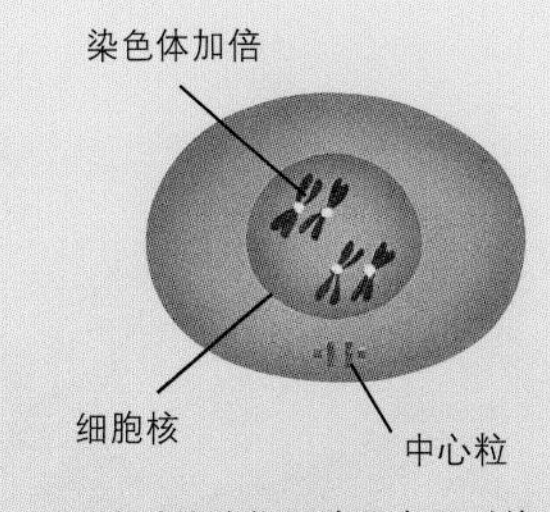

1. 这时的动物细胞具有两对染色体。在它开始有丝分裂之前，染色体和中心粒（细胞中的杆状颗粒）将首先进行复制。

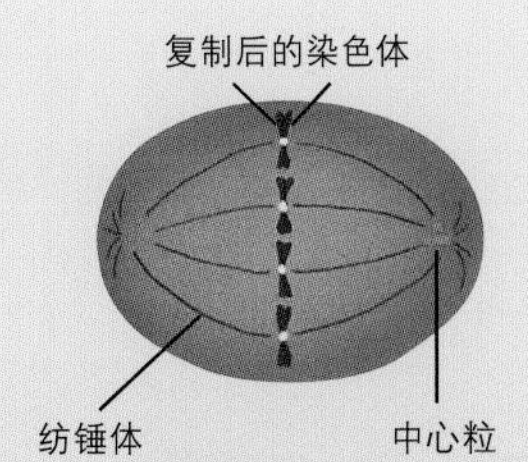

2. 两个中心粒会移到细胞的两端，其间出现纺锤体。复制后的染色体排列在纺锤体中间。

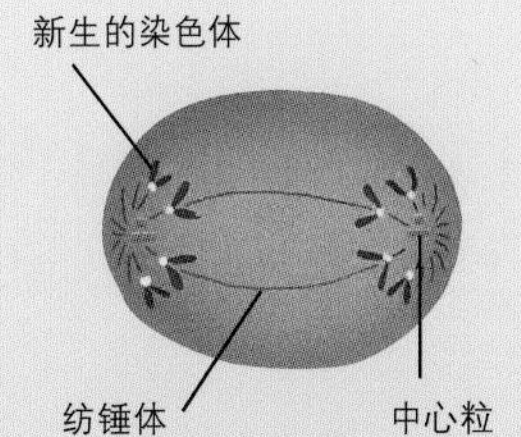

3. 复制后的染色体相互分离，并成为新的染色体。分离后的染色体移动到细胞的不同方向。

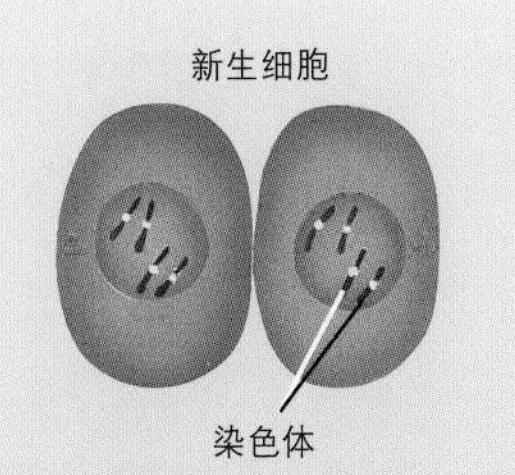

4. 细胞的主体分开，细胞分裂。每个新生细胞都获得了来自母体细胞的复制染色体。

条连接在一起的相同染色体链组成。这两条染色体链被称为姐妹染色单体。

随后，染色体会沿着细胞中部排列。姐妹染色单体会分开，变成独立的染色体。细胞的主体会分裂成两个细胞，即子细胞。每个子细胞包含一套完整的染色体。这套染色体与原始细胞中的染色体相同。

延伸阅读：细胞；脱氧核糖核酸；基因；减数分裂；生殖。

有蹄类

Ungulate

有蹄类是哺乳动物中脚趾末端为蹄的类群。它们只吃植物，会使用臼齿研磨食物。

有蹄类有两大类。一类称为偶蹄类，脚趾数为偶数，包括绵羊、山羊、骆驼、猪、牛和鹿等几十种动物。第二类是奇蹄类，脚趾数为奇数，包括马和犀牛等十几种动物。

许多有蹄类动物生活在草原上，这些动物具有与生存相适应的特点。例如，它们都有长腿，这样可以跑得很快，避免被吃掉。

延伸阅读：蹄；哺乳动物。

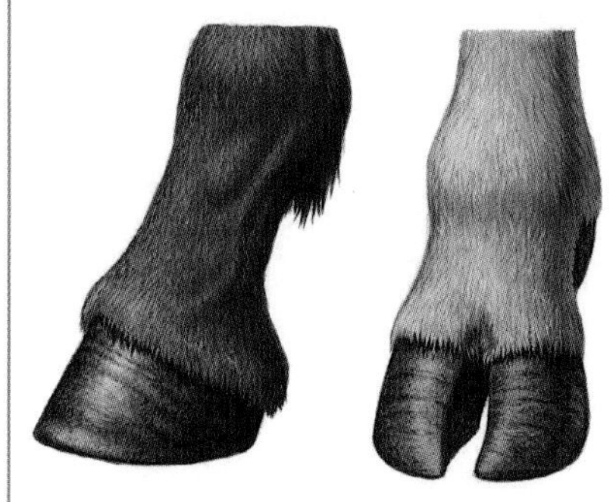

人们根据动物蹄子上脚趾的数量，对有蹄类进行分类。奇蹄类的脚趾数为奇数，偶蹄类的脚趾数为偶数。

幼体

Larva

幼体是一些动物生命史的初期阶段。某些虫类的幼体称为幼虫。幼虫形态通常与成虫不同。例如，毛虫是蝴蝶的幼虫，蛆是蝇类的幼虫。

许多动物在成年之前，都会以幼体的形态生活，包括昆虫和其他小型动物。青蛙等两栖动物也从幼体形态成长而来，青蛙的幼体为蝌蚪。许多生活在水中的动物会以幼体形态生存，包括藤壶、蛤、珊瑚、蟹、螺类和海绵。许多鱼也会

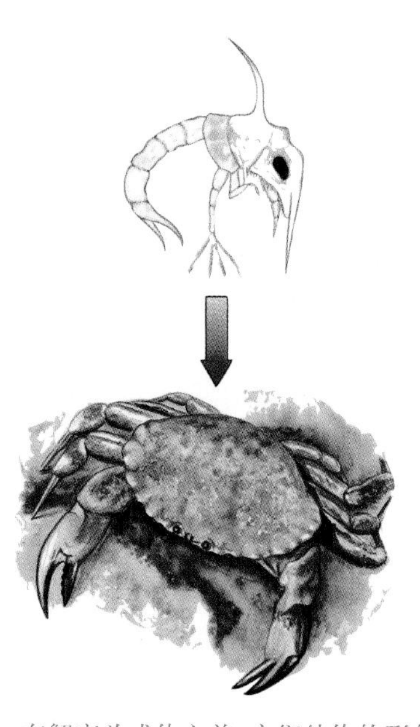
在蟹变为成体之前，它们幼体的形状和大小会改变好几次。

以幼体的形态成长。海洋中的动物幼体是浮游生物的重要组成部分。

动物从幼体到成体的显著转变称为变态发育。有些动物在变态发育的过程中身体仍然保持活跃，还有一些动物在经历变态发育改变身体形态时，会经历一个身体不活跃的阶段，例如，蛾类的幼虫会在蛹期把自己裹在茧中，而蛾类会在变态发育完成变为成虫后才离开茧。

延伸阅读： 毛虫；蛙；蛴螬；昆虫；变态发育；浮游生物；蛹；蝌蚪；蟾蜍。

菜青虫和它的毛虫

毛虫是蛾类和蝶类的幼虫

铃象鼻虫和它的蛴螬

蛴螬是一些甲虫的幼虫。蛴螬和它们的成虫会破坏棉花。

蓝瓶蝇和它的蛆

蛆是许多不同蝇类的幼虫。蓝瓶蝇会在动物的排泄物中繁殖，成虫会携带有害细菌。

鼬

Weasel

鼬是一类体型不大、身体狭长且毛茸茸的动物，具有短短的腿和小而圆的耳朵。鼬的种类很多。长尾鼬的体长可达46厘米。鼬类遍及除了非洲、澳大利亚和南极以外的世界各地。

大多数种类的鼬背部和身体侧面呈褐色，腹部则呈浅色。冬天，生活在寒冷地区的鼬，除一条黑色的尾巴外，它们的毛皮会变成白色。白色的鼬能够很好地隐藏在雪地中。

鼬通常在夜间觅食。它们以鼠类、松鼠、蛙类和其他小型动物为食。与臭鼬一样，当鼬受到威胁时，也会喷出一种带有恶臭的液体。

延伸阅读： 白鼬；林鼬和黑足鼬；哺乳动物；艾鼬；紫貂。

鼬

鱼

Fish

鱼生活在水中，体型相对较大。科学家已经鉴定出数千种不同的鱼，它们具有各种各样的形状、大小和颜色。例如，一些鱼看起来就像块状的岩石，而另一些则有公共汽车那么大。但是所有的鱼至少都具有两个共同点，那就是每条鱼都有脊椎骨，而且所有的鱼都是通过头部附近的鳃呼吸的，鳃使得鱼类能够完全在水下生活。

许多鱼成群游动。

鳃的形状与重叠的窗帘有些相像。鱼类会把水含进嘴里，然后再把水从鳃中挤出来，鱼鳃将氧气留下使用。氧气是生物生存和生长必需的气体。

科学家把鱼分成两大类：有颌鱼类和无颌鱼类。几乎所有的鱼都有颌，没有颌的鱼是七鳃鳗和盲鳗。

有颌鱼类又可以分为两个类型。其中一类叫硬骨鱼类，硬骨鱼类的骨骼由硬骨构成，世界上现存的约95%的鱼类是硬骨鱼。另一类则包括鲨鱼和它们的亲戚，它们的骨骼由坚韧而有弹性的软骨组成，因此鲨鱼及其近亲被称为软骨鱼类。

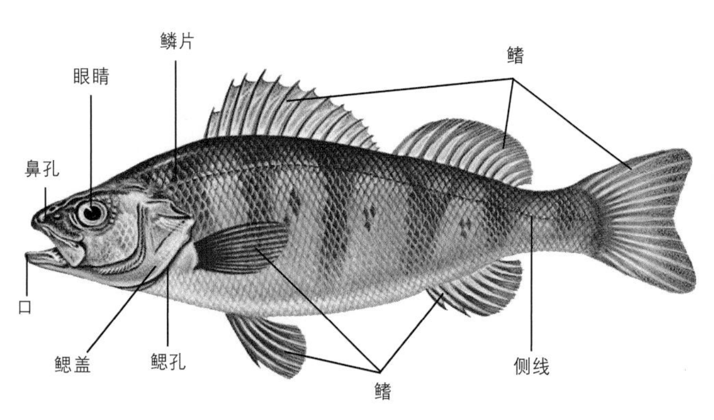

鱼的身体组成

鱼类几乎可以在任何有水的地方生存。有些鱼类生存于北冰洋的冰冷海水中，另一些则生活在热带炎热水域的溪流中。生活在海洋里的鱼称为咸水鱼，生活在湖泊、河流和小溪中的鱼称为淡水鱼。

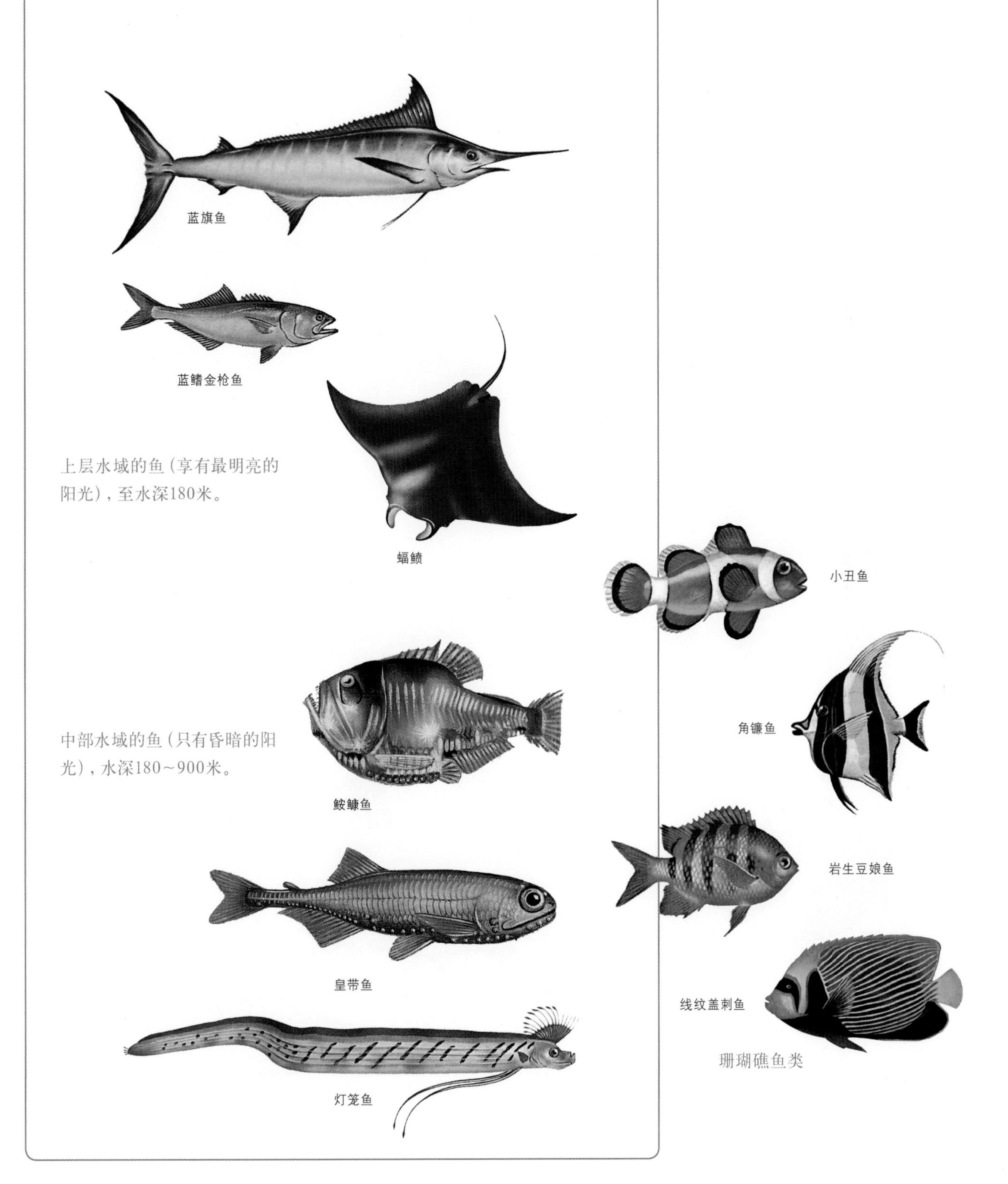

上层水域的鱼（享有最明亮的阳光），至水深180米。

中部水域的鱼（只有昏暗的阳光），水深180~900米。

珊瑚礁鱼类

世界上超过一半的鱼类属于咸水鱼。许多咸水鱼生活在珊瑚礁周围。珊瑚礁是由一种叫作珊瑚虫的小动物建造的巨大岩石状墙体构造，大多数珊瑚礁分布在温暖的浅水海洋环境中。

淡水鱼生活在河流、湖泊、溪流和沼泽中，鲈鱼、鲶鱼和鳟鱼是其中比较常见的种类。

在许多国家，鱼类是重要的食物来源，也有许多人把鱼当作宠物养在水族馆里，还有一些人为了娱乐而钓鱼，那些不能食用的鱼会被用来制作鱼胶。

鱼类主要受到过度捕捞和污染的威胁。有许多鱼类已经变得稀有，有些甚至有完全灭绝的危险。

第一条鱼在距今约5亿年前出现在地球上。鱼类是最早的脊椎动物，它们进化成了陆地上的第一批脊椎动物，这些动物进化出后来的两栖动物、爬行动物、鸟类和哺乳动物。

延伸阅读： 水族箱；珊瑚礁；鳍；渔业；鳃；海洋动物；海洋生物学。

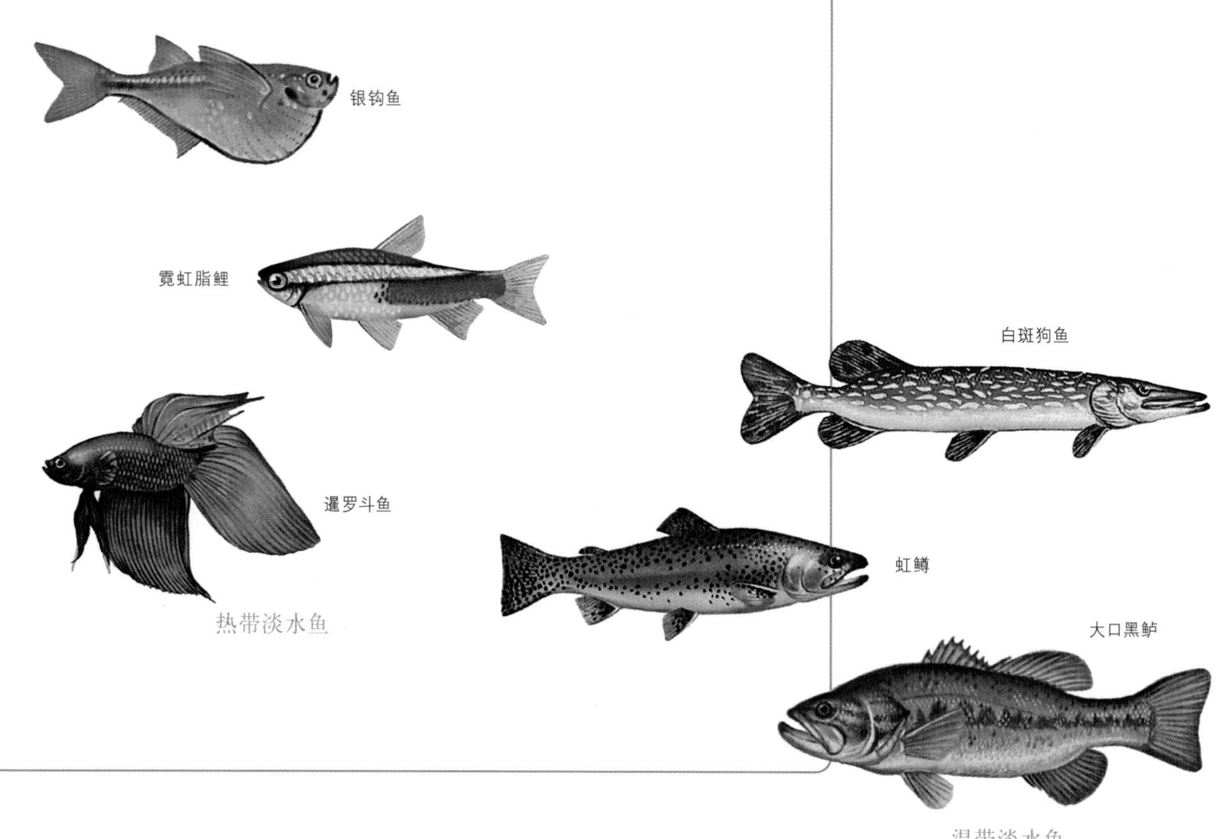

热带淡水鱼

温带淡水鱼

活 动

美妙水世界

养鱼当宠物很有趣。鱼类有很多不同的形状和大小。最容易照顾的是那些淡水鱼类，例如金鱼和孔雀鱼。那么为什么不建立自己的水族馆呢？

你需要准备：

- 40或80升的玻璃箱
- 气泵和过滤器
- 过滤干净的细砂
- 干净的砾石
- 一个旧盘子
- 水池草或其他水草
- 自来水
- 鱼食
- 鱼

怎么做：

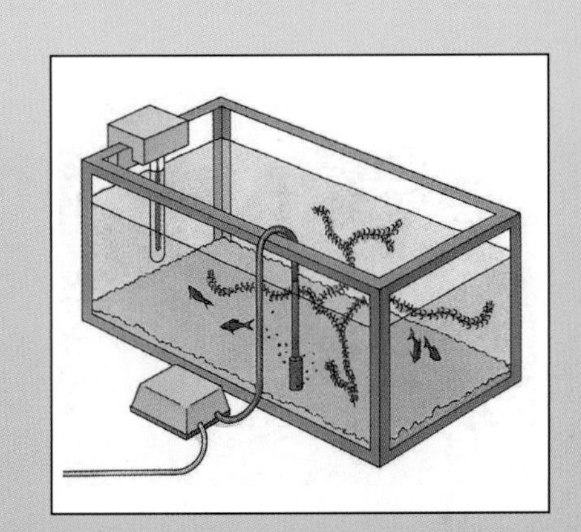

1.将鱼缸洗干净。切勿在水箱内使用肥皂或其他清洁剂，这会毒害你的鱼。在水箱底部放一层细砂，再用碎石覆盖，将水草牢牢地种在沙子里。

2.在水箱上安装滤水器和气泵，它们会保持水的干净。然后，把一个旧盘子放在砾石上，而不是放在植物上。把水慢慢地倒在盘子上，防止沙子和沙砾散落。当水箱充满水时，取出盘子。自来水通常用氯处理，为了去除氯，我们需要让水静置几天。

3.选择你的鱼。可以向水族店咨询在你的鱼缸里养多少条鱼比较合适。在把鱼放入鱼缸之前，确保它们要进入的水的温度与它们所处的水温相同。记得把鱼缸放在光线充足的地方，但不能在阳光直射下。鱼缸里的温度计可以帮助你确认温度。鱼缸盖子能够将热量以及鱼保留在鱼缸里。

4.每天给你的鱼喂少量的食物。不要喂得太多，未吃的食物会沉到容器底部腐烂，产生细菌，这会伤害甚至杀死鱼类。

5.鱼缸每1~2周就需要清洗一次。可以让成年人用虹吸管吸掉大约三分之一的水，也可以使用软管从碎石中吸出灰尘，可以用刮刀把鱼缸壁上的藻类刮掉，可以用湿海绵擦拭水面以上的玻璃部分。记住不要使用肥皂，用那些在一个不加盖容器里放置了几天的自来水重新装满你的鱼缸。

如果照顾得当，你的鱼每天都会给你带来乐趣。

渔业

Fishing industry

渔业包括捕捞、养殖、运输和加工鱼类和贝类。渔业是世界经济的重要组成部分，数百万人从事渔业。

许多人会在远洋船只、沿海船只或小船上捕鱼，其他一些人则在渔场工作。渔场是一片人工养殖鱼类的封闭水域，有些渔场是建在陆地上的巨型鱼池。目前，中国是世界上最大的渔业国家，其他主要的渔业国家包括智利、印度、印度尼西亚、日本、秘鲁、泰国和美国。

渔场通常位于河流等封闭的淡水水域，在那里人们会养殖鱼类。

渔业涉及对于多种鱼类的捕捞，目前海洋是鱼类资源的主要来源。凤尾鱼、鲭鱼、沙丁鱼、鲑鱼和金枪鱼等鱼类都是人类在海洋表层捕捞的，而像鳕鱼和鲱鱼这样的鱼是人类在海底附近捕捞的，淡水鱼，如鲤鱼、鲶鱼和白鲑鱼，是在内陆水域捕获或在渔场养殖的。

从事商业捕捞的人员会使用巨大的渔网捕鱼。现代渔业能够在远离港口的地方追踪鱼类，商业捕捞船可能会在海上待好几个月，这类船上装有制冷设备。一旦捕获鱼类，他们会很快将鱼冷冻，从而使得捕获的鱼在长途航行中不会腐败变质。

人类已经有数千年的捕鱼历史了。20世纪末，许多国家扩大了捕鱼业，他们捕了很多鱼，使得鱼类的种群数量越来越少。如今，国际法规一直在尝试限制这种过度捕捞行为。

延伸阅读： 农业与畜牧业；鱼。

从事商业捕捞的人员使用巨大的渔网捕捉海洋鱼类。过度捕捞已经导致诸如鳕鱼这样曾经数量众多的鱼类面临资源枯竭。

羽毛

Feather

羽毛是一类覆盖于鸟类身体上的轻而薄的生长物。羽毛的存在使得鸟类能够飞行，也帮助鸟保持体温。鸟类羽毛的颜色可以帮助它们隐藏自己或向其他鸟类发出信号。

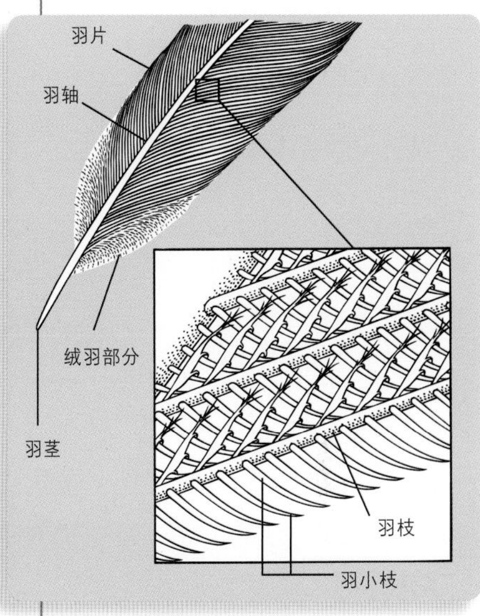

正羽上宽而平的羽片连接在长长的中央羽轴上。正羽的中空圆形基部，称为羽茎，它会从羽片延伸到鸟类的皮肤里。羽轴的上部逐渐变细的实心部分，称为羽干，它会穿过羽片。

鸟类主要有两类羽毛。一类长而宽，并向尖端逐渐变细。这类羽毛以飞羽最为著名，只生长在鸟类身体上的一些特定区域，例如翅膀上的羽毛就是典型的飞羽。另一类羽毛短小、柔软而蓬松，这类羽毛叫作绒羽，鸟类的全身几乎都长满了绒羽，主要起保温作用。

所有的鸟类都有羽毛。羽毛会随着时间的推移而逐渐磨损，所以鸟类每年都会至少更换一次羽毛。

延伸阅读： 鸟；恐龙；蜕皮和换羽。

雨林

Rain forest

雨林是一个具有众多树木和丰沛雨水的地方。通常指生长在赤道附近的热带地区的森林。赤道是一条围绕地球中部的假想的线。热带雨林主要分布在非洲、亚洲、中美洲和南美洲，但是其他种类的雨林则生长在世界上较冷的地区，

泰国热带雨林中的美丽瀑布。热带雨林中有着丰富多样的植物，它们在温暖潮湿的环境中茁壮成长。

最大的热带雨林分布在中美洲、南美洲、非洲和亚洲的部分地区。较小的热带雨林则分布于澳大利亚的东北海岸和一些岛屿上。这些森林位于赤道附近。

其中就包括美国西北部。这里主要介绍热带雨林。

世界上已知的动植物物种有一半以上都生活在热带雨林中。热带雨林所拥有的树木种类比世界上其他任何森林都要多。

最高的雨林树木高度可达50米。树木的顶端会形成一层由树叶组成的树冠层，就像马戏团的帐篷一样。在树冠层里面是一些更小的乔木、灌木等植物所形成的亚冠层。而在靠近地面的区域，则形成了一个林下层，这里几乎照不到阳光。雨林的底层是地面，那里有落叶、种子、果实和树枝。

热带雨林通常是温暖多雨的，每年可能会下200多天的雨。大多数雨林每年的降雨量超过200厘米。树木会通过树叶蒸腾散发水分。在一些雨林中，这些蒸腾出的水几乎占到降雨量的一半。由于雨水的滋养，热带雨林总是呈绿色。许多树木会长出巨大的花和果实。

并不是所有的雨林都在热带地区。驼鹿和其他动物在诸如美国西北部华盛顿州等较冷地区的雨林中漫步。

热带雨林中栖息着种类繁多的动物。其中一些栖息在树上，不会到地面上去。蝙蝠、猴子、松鼠、鹦鹉等动物会在树冠上取食浆果和坚果，树懒和猴子还会取食树叶。鸟类则会吸食花蜜。许多蛙类和蜥蜴在树枝间爬行。体型更大的鸟类和蛇类则会在树上捕食小型动物。

有些雨林中的动物特别擅长在树

顶生活。例如，鼯猴和鼯鼠能够在树木间进行长距离滑翔。小食蚁兽、一些猴子、负鼠和豪猪则可以用尾巴悬挂在树枝上。

另一些动物则生活在雨林中的草地上。羚羊、鹿、猪和貘会取食植物的根、种子、叶子和掉到地上的水果。黑猩猩等动物在地上和树上都能生活。蚂蚁、蜜蜂、苍蝇、蛾子和蜘蛛则生活在森林的各个角落。

还有数百万人生活在雨林中。一些族群已经在雨林中生活了数百年，他们打猎、捕鱼、收集森林的各种产物，并进行耕种。

雨林为人们提供了木材、食物和药品等，还有助于控制地球的气候。但是人类为了获得农田和建筑用地而砍伐雨林，许多雨林中动植物濒临灭绝。政府和保护组织正在努力保护雨林。

延伸阅读： 生物群落；自然保护；濒危物种。

分布在南美洲雨林中的动物，包括许多种类的昆虫、蛙类、蛇类、蜥蜴、鸟类和哺乳类。

对热带雨林的砍伐威胁着成千上万种动植物。人们为了获取农田、住宅和商业空间而砍伐雨林中的树木。

雨燕

Swift

雨燕是一类能够长时间飞行的小型鸟类，具有长而有力的翅膀。由于雨燕的脚和腿小而纤弱，所以它们很少停歇在树枝上。

雨燕会在飞行时捕食昆虫。它们群栖，几乎总是在日落时分回到山洞、烟囱或树洞里。雨燕会用树枝筑巢。

世界上的雨燕有很多种。大多数雨燕体色为深褐色或青黑色，有些雨燕的喉部呈白色。雨燕会发出一系列短促的声音，并且会重复很多次。

北美洲东部的烟囱雨燕是一种著名的雨燕。它们几乎总是在烟囱上筑巢，有时会成群结队地聚集在大烟囱里。

延伸阅读： 鸟。

飞行中的雨燕

育种

Breeding

育种是指人类为了获取更多有用的生物后代，而对动植物主动进行筛选和配对的过程。人类对动植物进行育种已有数千年的历史，育种有两种方式：筛选和杂交。

在进行筛选时，育种者会从群体中选择最有用的植物或动物个体，然后只允许这些个体繁殖产生后代。这些后代便会继承它们父母所具有的有用性状。例如，育种者可能会筛选出两个不同品种的猪进行交配以提高肉的品质。

育种者总是会试图保持某些犬种的纯种性，因为这些动物的价值就在于它们的外表和一些独特的特征。

在进行杂交时，育种者将个体配对进行交配，有时会选用不同植物和动物物种进行杂交。不同物种杂交产生的后代叫作杂交个体。例如，杂交玉米就来自两种不同类型的玉米。

动物的育种时间通常要比植物长，因为动物需要更长的时间才能完成繁殖。一个动物的祖先记录被称为它的谱系。

育种者可能会为了获得具有良好谱系的动物而支付高价，他们希望这些拥有良好谱系的动物能产生更多有用的后代。

延伸阅读：猫；狗；农业与畜牧业；基因；遗传学；马；物种。

鹬

Sandpiper

鹬是一些鸻鹬类的通称。它们的羽毛会呈棕褐色、棕色、灰白色或黑色。鹬会在软泥和沙子里挖洞，或者在岩石中寻找昆虫、蠕虫和虾。它们以优雅的动作和欢快的叫声而闻名。鹬的种类繁多。不过并非所有鹬类的亲缘关系都很近。

斑腹矶鹬是北美洲最著名的鹬类物种之一。高原鹬是一种捕食昆虫的益鸟，是唯一一种不栖息在海洋附近的鹬类。它们栖息在加拿大和美国北部潮湿的草原上。每年秋天，它们会往南迁徙到阿根廷和巴西南部。

鹬类的雌鸟一般一次产3～4枚卵。卵呈浅灰色、棕褐色或绿色，并带有深褐色斑点。

延伸阅读：鸟；三趾鹬。

鹬是一类以优雅的动作和欢快的叫声而闻名的小型鸟类。

原核生物

Prokaryote

原核生物是由一个细胞构成的微小生物。细菌是最著名的原核生物。

科学家通常会把所有的生物划分为三个域。而原核生物构成了其中两个域，即细菌域和古生菌域。细菌域是由各种各样的细菌组成，其中包括诸如蓝细菌这样的藻类（有时也称为蓝藻）。古生菌域由那些与细菌相似的原核生物组成，但它们在许多重要方面与细菌不同。古生菌以某些种类能够在诸如热泉这样的极端环境中生存而闻名。其他所有生物都属于真核生物域。例如，所有的动植物都属于真核生物。

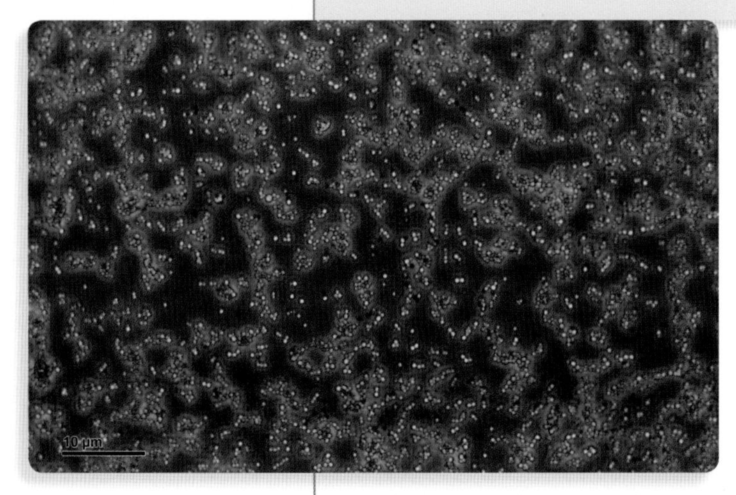

葡萄球菌是一类能够引起食物中毒的原核生物。

原核生物没有细胞的中心部分，即细胞核。相比之下，真核生物的细胞有一个细胞核。细胞核起着“控制中心”的作用，指导着细胞的活动。此外，原核细胞通常比真核细胞小得多，结构也没有真核细胞那么复杂。

原核生物遍布世界各地，无论是在陆地上还是在水中。一些原核生物生活在其他生物无法生存的环境。原核生物会独自生活或聚成菌落一起生活。单个原核生物只有在高倍显微镜下才能看到，而它们所形成的菌落则常常不用显微镜就能看到。

科学家普遍认为原核生物是地球上第一类生命。它们最早出现在距今约35亿年前，真核生物则要在很久以后才出现。

延伸阅读： 细菌；细胞；微生物；原生生物；原生动物。

原生动物

Protozoan

原生动物是一类只有一个细胞的生物。它们在某些方面与动物很相似。例如，大多数原生动物必须以其他生物为食从而获取能量。它们也可以自由移动。不过，有些人认为原生动物属于原生生物。原生生物既不是动物也不是植物。

原生动物的种类成千上万。它们中的大多数体型十分微小，人们不借助显微镜就无法看见它们。原生动物通常栖息于潮湿的地方。它们生活在咸水、淡水和土壤中。有些原生动物生活在植物体内。

原生动物包括多种变形虫，变形虫能够伸展身体并像液体般移动到新的位置。还有一些原生动物则用细小的毛发状纤毛来游动。

有一些原生动物能够在人类身上引发严重的疾病。例如，疟疾是由一种原生动物引起的疾病，通过蚊虫叮咬而传染。非洲昏睡病也是由原生动物引起的。

延伸阅读： 变形虫；纤毛；鞭毛；微生物；原生生物。

科学家根据原生动物的活动方式将它们分为四大类。鞭毛虫通过摆动又长又细的鞭毛进行移动，肉足虫则靠伸出手指状的“伪足”进行移动，顶复虫靠滑动进行移动，纤毛虫通过毛发状的纤毛进行移动。

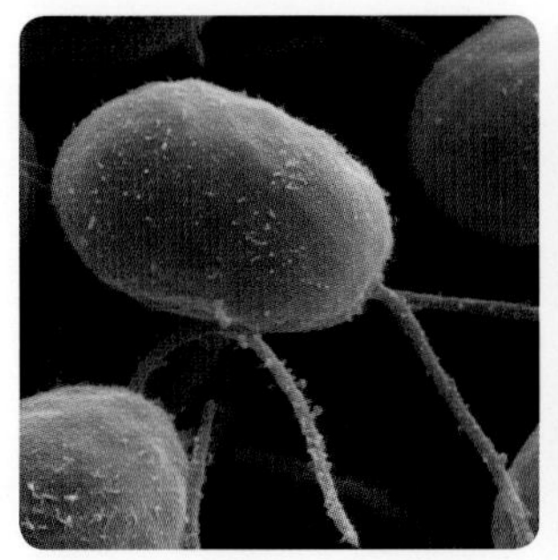

鞭毛虫

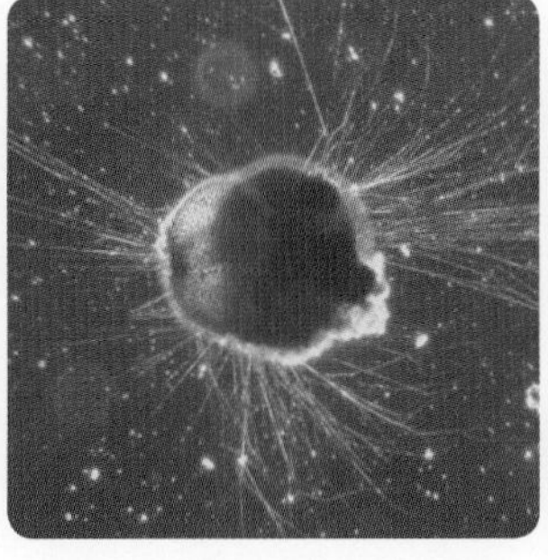

肉足虫

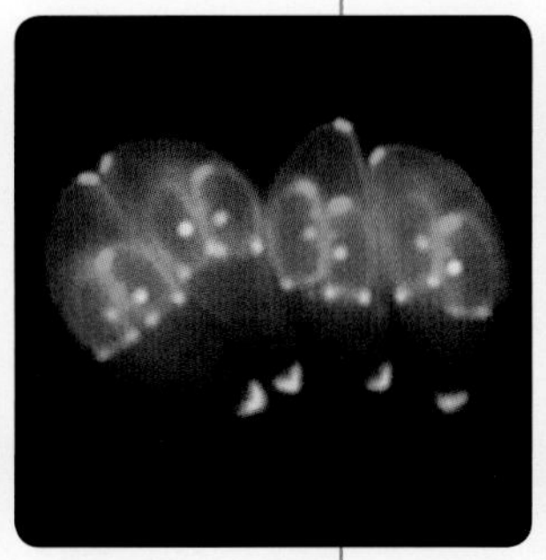

顶复虫

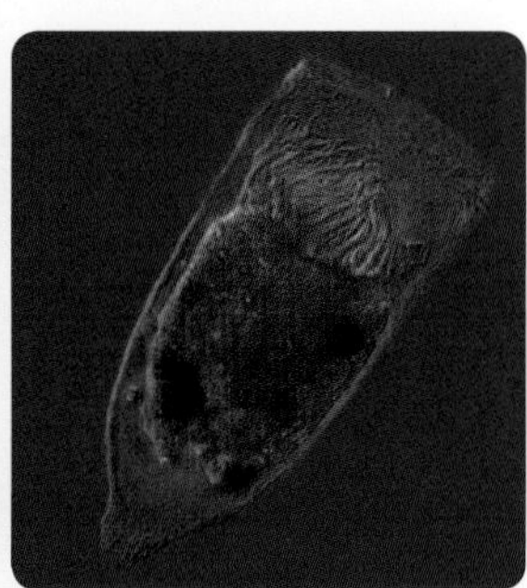

纤毛虫

原生生物

Protist

原生生物是一个很大的生物类别，大部分是体型微小的生物。原生生物构成了生物的一个界。而生物中其他的界还包括植物界和动物界。有些原生生物在很多方面都与动物很像，还有一些则与植物很像。大多数原生生物体型太小，不借助显微镜无法看见。不过，在裸眼条件下，海藻和一些其他原生生物也是能够看得到的。

原生动物是原生生物的一个类型。原生动物只有一个细胞，它们在某些方面像动物。例如，大多数原生动物必须以其他生物为食，从而获取能量。它们也可以自由移动。原生动物包括多种变形虫，变形虫能够伸展身体并像液体般移动到新的位置。其他的原生动物则会利用纤毛游动。

这个原生生物具有漏斗状的结构。在每个漏斗的顶端都有毛发状的纤毛，这些纤毛能够通过摆动将食物颗粒吸入原生生物体内。

藻类是另一类原生生物。藻类在某些方面与植物相似。例如，它们能利用阳光中的能量为自己制造食物。藻类可能由一个细胞或多个细胞组成。大型海藻（例如海带）是一类有许多细胞的藻类。

原生生物在地球上几乎无处不在。许多原生生物漂浮在水面上，这些原生生物组成了大部分浮游生物。许多原生生物生存在土壤中，还有一些原生生物则以寄生虫的形式生存在动物体内。

延伸阅读： 变形虫；纤毛；微生物；草履虫；寄生虫；浮游生物；原核生物；原生动物。

原驼

Guanaco

原驼是一种看起来与小骆驼相似却没有驼峰的动物，原产于南美洲。

原驼的肩高可达1.2米。它们毛茸茸的毛皮大部分为棕褐色，但腹部是白色的。原驼的面部呈现灰色或黑色。它们集群栖息于秘鲁、智利和阿根廷的安第斯山干燥的山坡上，也分布于阿根廷巴塔哥尼亚高原。原驼能够在海拔4300米的地区生存。原驼与家羊驼和羊驼的亲缘关系密切。

延伸阅读： 羊驼；家羊驼；哺乳动物；小羊驼。

原驼原产于南美洲。它们与小羊驼、家羊驼和羊驼有亲缘关系。所有这些动物都属于骆驼科。

猿

Ape

猿是类似人类的动物。大猩猩是最大的猿，接着是猩猩、黑猩猩和倭黑猩猩，长臂猿则是最小的猿。

猿没有尾巴。它们的手臂比腿长，并且长着长长的手指和脚趾。猿拥有巨大的大脑，它们是所有动物中最聪明的类型。

猿的身体在很多方面和人类相似，但在另一些方面又不同。人类用双腿行走，猿类则通常依靠腿和手臂行走，它们只能短暂地用双腿行走。相比之下，人类还拥有更长的双腿、更大的大脑以及更少的体毛。

猿与猴是近亲，但也有不同之处。例如，几乎所有的猴都有尾巴，并且它们总是四肢行走。

猿类生活在亚洲和非洲的热带雨林。它们主要取食植物的果实，也吃植物的其他部分。黑猩猩会吃肉，其中包括猴类和白蚁。

大多数猿类通常集群生活。但对于猩猩而言，除了携带幼崽的母猩猩，它们通常独立生活。

黑猩猩栖息于非洲的草地和森林，它们既能在树上生活，也能在地面生活。

倭黑猩猩看起来就像是苗条版的黑猩猩。它们生活在刚果民主共和国的热带雨林中，它们也既能在树上生活，又能在地面生活。

大猩猩栖息于非洲的森林中。它们在地面行走，生活在由年长雄性带领的群体中。

猩猩栖息于婆罗洲和苏门答腊的热带雨林，它们几乎终生待在树上。

几乎所有的猿类都处于完全灭绝的巨大危险中，它们主要受到人类活动的威胁。人类会捕杀猿类作为野味，诱捕猿类作为宠物或实验动物，并进行贩卖。不仅如此，人类还摧毁了许多猿类赖以生存的森林。

延伸阅读： 倭黑猩猩；黑猩猩；濒危物种；长臂猿；大猩猩；哺乳动物；猩猩；灵长类动物；雨林。

大猩猩是最大的猿。它站立时的高度为1.8米。

黑猩猩集群生活，它们既能在树上也能在地面生活。

杂食动物

Omnivore

杂食动物是一类既吃动物又吃植物的动物，包括猪、负鼠、浣熊和鼠类。人类也属于杂食动物。相比之下，食肉动物只吃肉类，食草动物只吃植物。

大多数杂食动物只能以某些植物为食。杂食动物通常会取食水果和蔬菜，它们可能无法吃诸如草这样更坚硬的植物。杂食动物会吃各种各样的动物。许多杂食动物也以昆虫和鸟蛋为食。

延伸阅读： 食肉动物；食草动物。

杂食动物既吃动物也吃植物，例如猪和乌鸦。

再生

Regeneration

没有腿的脆蛇蜥在遇到攻击时，能够将尾部切断，并且会在之后长出一条新的尾巴。新的尾巴通常与原来的尾巴颜色不同。

再生是某些动物重新生长出新的身体部位来代替那些已经失去或损坏的身体部位的方式。

再生最常出现于那些体型小且身体相对简单的动物身上。一些蠕虫能够重新长出失去的身体部位。当这些蠕虫被切成碎片后，每一块碎片都能长成一个新的动物。海星能够长出新的腕。淡水螯虾可以长出新的爪子、眼睛和腿。

大多数脊椎动物不能再生失去的身体部位，但是某些种类的蜥蜴和蝾螈能通过切断自己尾巴末端的方式来逃脱攻击。之后，它们的尾巴会重新长出来。

延伸阅读： 淡水螯虾；壁虎；蝾螈；海绵；海星；蠕虫。

章鱼

Octopus

章鱼是一类身体浑圆、眼睛大、肢体长的海洋动物。章鱼属于软体动物，软体动物是一类包括乌贼、贝类和螺类等在内的动物类群。世界上现存的章鱼有很多种。

章鱼的体型大小多样。体型最大的章鱼肢体伸展开时，直径可超过6米。而最小的章鱼身体直径约为2.5厘米。

章鱼主要取食蟹类、贝类和螺类。海豹、鲸和某些鱼类会取食章鱼。人们也会吃某些种类的章鱼。章鱼有很多躲避捕食者的方法。章鱼能从身体里射出强大的水流，使自己能快速向身体后方游动，也可以通过喷射墨汁或快速改变颜色融入周围环境来隐藏自己。

章鱼具有一些躲避捕食者的方法，其中包括快速改变身体颜色以融入周围环境。

延伸阅读： 保护色；软体动物；乌贼。

蟑螂

Cockroach

蟑螂是一类被认为是家庭害虫的昆虫。蟑螂以生命力顽强而著称，人们很难消灭在家里出没的蟑螂。世界上现存的蟑螂有数千种，栖息于从热带雨林到沙漠的各种地区，大约有20种蟑螂栖息在人们的家中。

蟑螂与蝗虫和蟋蟀有亲缘关系。蟑螂有肥胖的身体，大多数体型很小，但有些种类能长到13厘米长。它们的长腿上长满了又短又硬的毛，用来感知周围的物体。它们还具有长长的触角，能够帮助它们嗅闻气味。

蟑螂的奔跑速度很快，许多种类还能飞行。大多数蟑螂不喜欢光，会在夜晚活动。

蟑螂以各种各样的食物为食，甚至会吃纸和肥皂。有些蟑螂对人体有害，因为它们会传播疾病。蟑螂往往会被食物的残渣所吸引，所以及时清洁可以帮助我们远离蟑螂。

延伸阅读： 触角；蟋蟀；蝗虫；昆虫。

大约有20种蟑螂属于家居害虫，其中一些种类会传播疾病。

招潮蟹

Fiddler crab

招潮蟹是一类一个螯比另一个螯大的蟹类。雄性会挥动它们的大螯来威胁其他雄性或用来吸引雌性。它们挥动螯的动作看起来就像是一个人在拉小提琴。

招潮蟹遍布世界各地。它们栖息于温暖的热带海岸，在海滩、盐沼和红树林沼泽地，它们都会挖洞。

招潮蟹以水生藻类为食。它们会用螯抓取泥沙搓成泥球进食，它们能够从沙中刮出其中的藻类。因为大螯太大了，无法移到嘴里，所以雄性招潮蟹不能用大螯取食。

延伸阅读： 蟹；甲壳动物。

招潮蟹的一个螯明显比另一个大很多。

针鼹

Echidna

针鼹

针鼹是一类会产卵的不同寻常的哺乳动物。鸭嘴兽也是会产卵的哺乳动物。除了它们，其他所有的哺乳动物都以直接生育的方式产下后代。

针鼹主要以蚂蚁和白蚁为食，背部和身体两侧长有许多尖刺，除此之外，它们有粗糙的棕色头部毛发。世界上现存的针鼹有好几种，分布于澳大利亚和新几内亚。针鼹的体长能达到30厘米，体重则从3.2~10千克不等。

针鼹的嘴又长又细，它们还有用来舔食昆虫的长舌头。针鼹没有牙齿，但它们嘴里有能够把食物压碎的坚硬肉垫。针鼹有非常强壮的爪子，为了保护自己，针鼹会用爪子迅速垂直向地下挖掘，把自己部分掩埋起来。

雌性针鼹每年产一枚卵，这枚卵具有坚硬的皮质外壳。针鼹会把卵放在雌性腹部的育儿袋里。卵会在育儿袋里孵化。幼年针鼹以母亲的乳汁为食，它们会继续在育儿袋里待上几个星期。在分类上，产卵的哺乳动物被归为单孔目。

延伸阅读： 食蚁兽；卵；哺乳动物；鸭嘴兽。

蜘蛛

Spider

蜘蛛是一类会吐丝的小型动物。大多数种类的蜘蛛都会用丝织网。世界上有成千上万种蜘蛛。狼蛛是世界上体型最大的蜘蛛。

蜘蛛栖息在任何能找到食物的地方。它们栖息于田野、森林、沼泽、洞穴和沙漠中。有些蜘蛛会在建筑物的外墙或者纱窗上结网。在晚上，蜘蛛经常出没在吸引昆虫的灯光附近。

有些人认为蜘蛛是昆虫。然而，蜘蛛实际上属于蛛形动物。蛛形动物和昆虫有一些不同之处。例如，蛛形动物有八条腿，昆虫只有六条腿。

蜘蛛是一类用丝织网的小型动物。它们会用网捕捉昆虫。

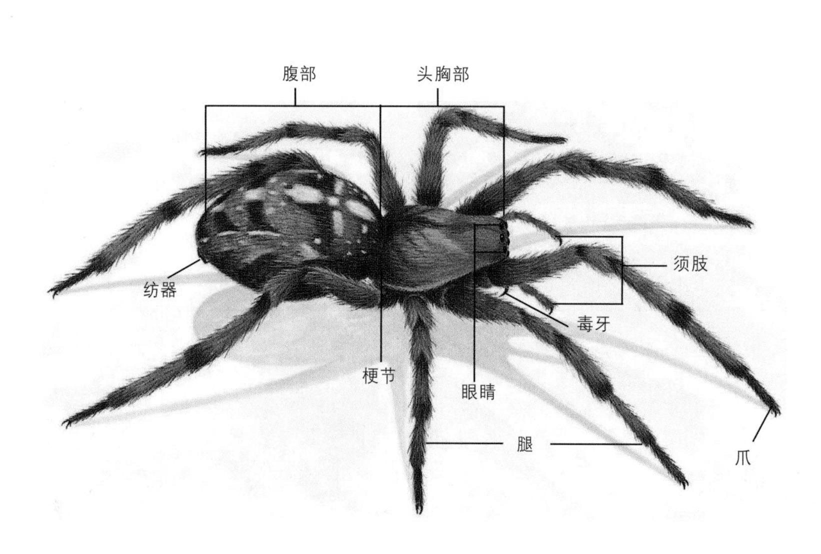

蜘蛛的身体有两个主要部分：由头部与胸部连接在一起组成的头胸部，以及腹部。一根细细的腰肢叫作梗节，连接着头胸部和腹部。须肢则是连接在嘴两侧的一对看起来像腿一样的部分。每个须肢上都有一个锋利的尖爪，用来帮助蜘蛛切割食物。纺器是蜘蛛吐丝的器官。

蜘蛛具有坚硬的外骨骼。大多数蜘蛛的身体上都覆盖着毛、突起和刺状物。

蜘蛛的眼睛长在头顶或头顶附近。眼睛的大小、数量和位置取决于蜘蛛的类别。

连在一起的头部和胸部组成了蜘蛛身体的前部，腹部则组成蜘蛛身体的后部。蜘蛛有毒牙。它们会用毒牙刺向昆虫，然后吸食昆虫的体液。

科学家认为跳蛛的眼睛几乎和人类的眼睛一样复杂。蜘蛛具有许多对眼睛，使得它们几乎可以看到身体周围的一切。

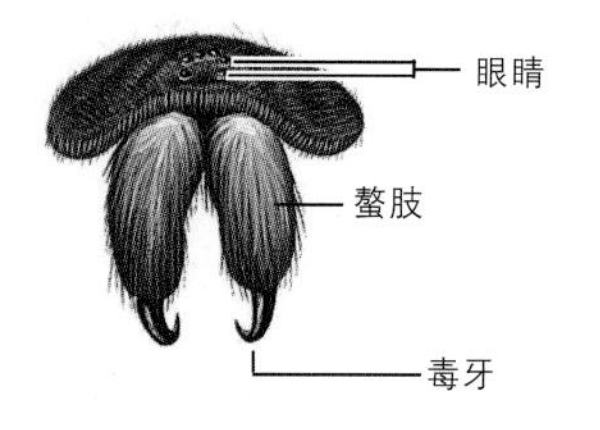

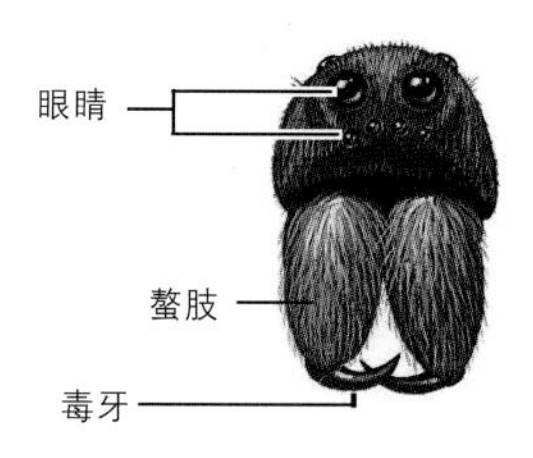

大多数种类的蜘蛛具有八只眼睛，每四只排成一行。有些种类的蜘蛛则具有六只、四只或两只眼睛。蜘蛛用一对叫作螯肢的附肢来捕捉猎物。螯肢位于嘴的上方，末端是坚硬的尖爪，这就是蜘蛛的毒牙。

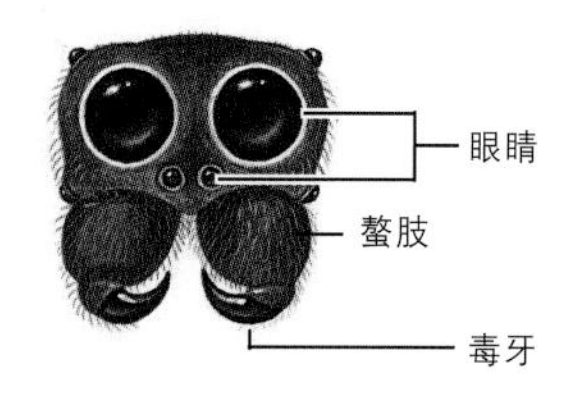

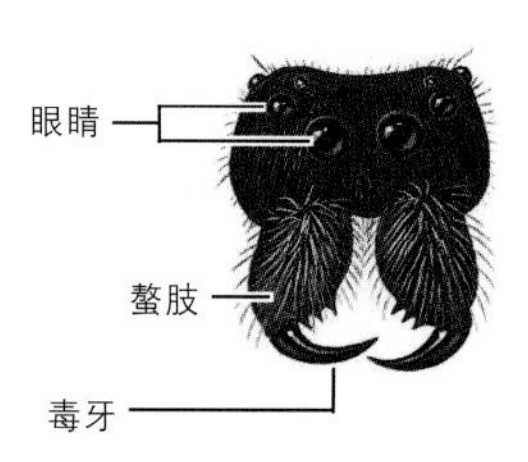

蜘蛛的腹部具有吐丝器官。无论蜘蛛去哪里，它都会编织一根牵引丝。蜘蛛可以用牵引丝使自己吊在空中或者落到地上从而逃脱危险。

蜘蛛捕食的方式多种多样。织网的蜘蛛捕捉粘在网中的昆虫。直接捕食的蜘蛛会爬到昆虫身上或伺机扑向昆虫。

当小蜘蛛从卵中孵化出来时，它们就开始吐丝了。许多小蜘蛛随后便会被风吹到其他地方。

许多动物都以蜘蛛为食，如蛇、青蛙、蟾蜍、蜥蜴、鸟类、黄蜂和鱼类。

延伸阅读： 蛛形动物；黑寡妇蜘蛛；棕色隐遁蜘蛛；避日蛛；家蜘蛛；有毒动物；红背蜘蛛；狼蛛；陷阱蛛。

大多数种类的蜘蛛都是用丝织网的。无论蜘蛛去到哪里，它都会编织一根牵引丝，用来躲避敌人。

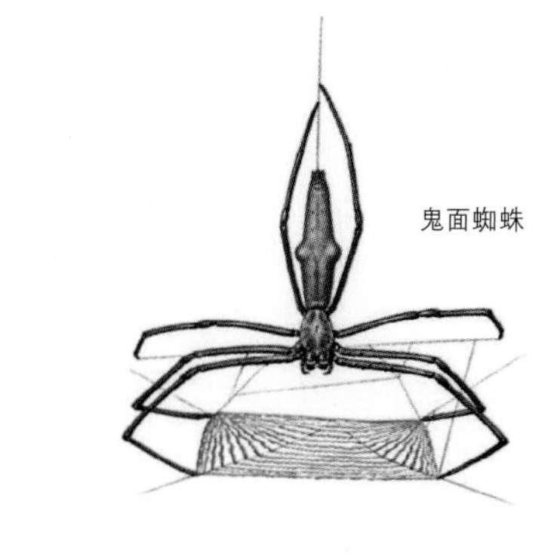

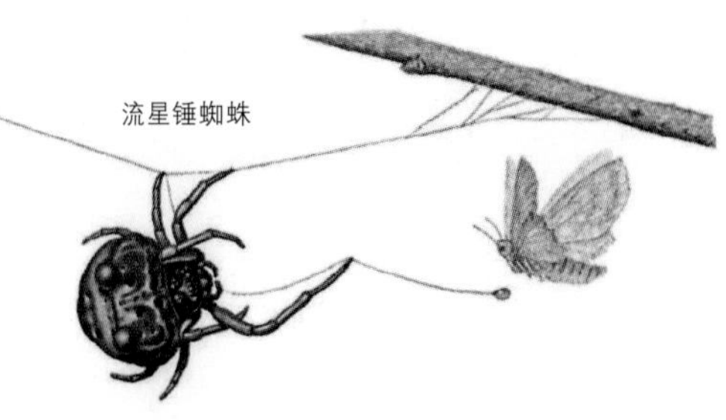

蜘蛛用蛛丝以不同的方式捕捉昆虫。鬼面蜘蛛把昆虫困在一张蜘蛛网里。流星锤蜘蛛则会把蛛丝的末端做成黏黏的球状，然后把蛛丝甩向一只昆虫，从而把它粘住。

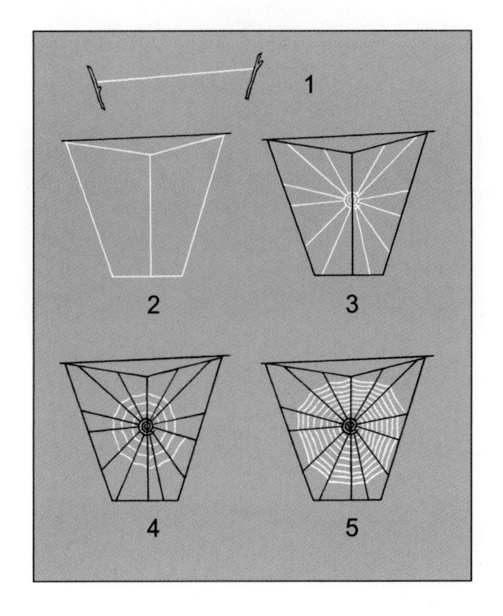

要构建一个圆形的蜘蛛网，蜘蛛会遵循一系列步骤。首先，它们会用直线来限制蛛网的整体面积。然后，它们会编织像车轮辐条一样的丝线。最后，它们会绕着网缠绕一圈又一圈。

幼蜘蛛是从卵囊内孵化出来的。它们会一个接一个地穿过一个很小的侧边洞离开卵囊，并开始旋转自己的牵引丝，直到落在地上。

蜘蛛猴

Spider monkey

蜘蛛猴是中美洲和南美洲的大型猴类。蜘蛛猴能够用尾巴将身体倒挂起来，还可以通过卷曲尾巴来捡拾物品。这类动物有时会用长长的胳膊、腿以及尾巴抓住一根树枝，然后倒挂起来。这种姿势使得它们看起来就像一只巨大的蜘蛛。全世界现存的蜘蛛猴有好几种。

蜘蛛猴分布于从墨西哥中部到玻利维亚中部的热带森林中。它们会以大约35只的规模群居。它们大部分时间都会待在高高的树上，并在那里取食水果和种子。蜘蛛猴的毛发会呈现黑色、褐色、金色、红色或黄褐色。成年蜘蛛猴的体重为5~8.6千克，体长可达60厘米。它们的手具有四根长长的手指，没有拇指。

蜘蛛猴是南美洲最受威胁的猴类之一。在亚马孙河流域，由于猎杀，它们已经濒临灭绝。

延伸阅读： 濒危物种；哺乳动物；猴；灵长类动物。

众所周知，蜘蛛猴能够使用尾巴作为额外的肢体。它们可以用尾巴把身体倒挂起来，甚至可以通过卷曲尾巴来捡拾东西。

蜘蛛蟹

Spider crab

蜘蛛蟹是一类外形有点像蜘蛛的蟹类。大多数蜘蛛蟹具有圆形的身体和长长的腿。它们会沿着海底缓慢地爬行。最小的蜘蛛蟹体宽只有2厘米，巨型蜘蛛蟹体宽能达到4米。它们分布于日本的近岸深海水域中。蜘蛛蟹会被捕捉作为食物，尤其是在东亚地区。

延伸阅读： 蟹；甲壳动物。

蜘蛛蟹

指猴

Aye-aye

指猴是马达加斯加一种稀有的树栖哺乳动物。它们具有毛茸茸的褐色毛皮和一条又长又浓密的尾巴。它们与狐猴的亲缘关系密切。指猴的体重为2～3千克，从头到尾的长度约为1米。与狐猴一样，指猴也长着不同寻常的大耳朵和大眼睛。

夜间猎食时，指猴会变得极为活跃。它们会用与啮齿动物相似的大门牙在树上钻孔，然后用细长、有爪的第三指来探测昆虫并食用。到了白天，指猴会躲在树杈里、藤蔓中或者小树枝制作的窝里。它们大多独自生活和取食，只有在繁殖时才聚在一起。幼年的指猴在能够独立生存之前，会一直和妈妈待在一起。

指猴在马达加斯加受法律保护。然而，森林的破坏和非法狩猎正威胁着它们的生存。

延伸阅读： 狐猴；哺乳动物；灵长类动物。

指猴原产于非洲东海岸的马达加斯加岛。它们是狐猴的近亲。

指示犬

Pointer

指示犬是一个用来捕猎鹌鹑和其他鸟类的犬种。指示犬的速度快，嗅觉灵敏。当它们闻到鸟的气味时，会像雕像一样静止不动。它们会面向鸟的方向进行“指示”。通常情况下，它们会抬起一只前爪，并会把尾巴保持在身体后面。

指示犬的毛短而光滑。它们的体色发白，上面点缀着一片片柠檬色、红棕色、黑色或橙色。指示犬的肩高为60～70厘米，体重为20～35千克。

在北美洲和英国，指示犬是深受人们喜爱的狩猎犬。

延伸阅读： 狗；哺乳动物。

指示犬之所以有这样的名字，是因为当它们闻到鸟的气味时，会像雕像一样一动不动，并面向鸟的方向进行“指示”。

雉鸡

Pheasant

雉鸡是一类与孔雀和家鸡具有亲缘关系的中型鸟类。人们为了雉鸡美味的肉和美丽的羽毛而捕猎它们。世界上现存的雉鸡有很多种。

大多数雉鸡都具有一条长尾巴和一个短而强壮的喙。有些种类的头上长着红色的裸露皮肤。几乎所有的雄性雉鸡都具有鲜艳的羽毛。雌性则具有褐色和棕黄色的羽毛，上面还带有黑色的斑纹。大多数雉鸡栖息在林地里，但也有一些种类栖息在草地上。雉鸡以种子、水果、植物的根茎、枝叶、花朵和昆虫为食。它们只能飞很短的距离。雉鸡大部分时间都会待在地上，但也有许多种类晚上会栖息在树上。

延伸阅读： 鸟；鸡；孔雀。

雉鸡（环颈雉）是一类很受欢迎的狩猎鸟类。雄性的头部和颈部具有鲜艳的羽毛。

中国沙皮犬

Chinese shar-pei

中国沙皮犬是一个源于中国的犬种，简称沙皮犬。沙皮犬耳朵短、毛短、毛皮为纯色。它们的毛摸起来很粗糙，皮肤很松弛，头部、颈部、肩部都覆盖着褶皱，小狗的皮肤尤其松弛而充满褶皱。大多数沙皮犬的肩高为46～51厘米，体重为18～25千克。它们的舌头呈现蓝黑色。沙皮犬具有警觉、独立、聪明、忠诚的特点。

沙皮犬于公元前200年左右起源于中国。它们被用作警犬，也被培育来进行打斗。

延伸阅读： 狗；哺乳动物；宠物。

沙皮犬以它们松弛而充满褶皱的皮肤闻名。

螽斯

Katydid

螽斯是一类具有长触角的大型昆虫。螽斯常常会被当作蝗虫，但它们并不是真正的蝗虫。螽斯以雄性用来吸引异性的鸣叫声而闻名。它们通过摩擦两只前翅的共同基部而鸣唱。许多螽斯会在傍晚时分开始鸣唱，然后唱个通宵，它们最常在夏末至秋天鸣唱。螽斯有很多种类。

螽斯

大多数螽斯的体长约为5厘米。螽斯的体色通常为绿色或褐色。它们有一对很大的后翅，能够折叠在背上。许多螽斯的身体形状就像叶子，它们翅膀上的图案看起来也像树叶的纹理一般。

大多数的螽斯栖息于树上和灌木丛中，它们以树叶和树枝为食。螽斯的幼体看起来与成年螽斯很像，但没有翅膀。

重爪龙

Baryonyx

重爪龙是一种可能以鱼类为食的大型恐龙，生活于距今约1.25亿年前。其体长超过9米，体重约1.8吨。这种恐龙双足行走，并用长尾巴保持平衡。

重爪龙名字中的重爪意思是沉重的爪或强壮的爪，这种动物拇指上有巨大的弯爪，爪子大约有30厘米长。

重爪龙的嘴与鳄类的嘴很相似，其中布满了锯齿状的牙齿。据推测，重爪龙可能会在浅水中半蹲着捕食。它们可以用嘴咬起游过的鱼类，或者用巨大的爪子捕获鱼类。

延伸阅读： 恐龙；古生物学；史前动物。

皱褶蜥蜴

Frilled lizard

皱褶蜥蜴是一类以环绕颈部的宽大皮肤而闻名的爬行动物。这类蜥蜴会伸展自己的颈部皱褶使自己看起来更大，这种行为能够吓跑那些想要捕食它们的动物。皱褶蜥蜴原产于澳大利亚和新几内亚。

皱褶蜥蜴

皱褶蜥蜴能够长到0.9米长，它们的尾巴能占到体长的一半以上。雌性的体型比雄性略小。它们的体色通常呈现黄绿色到棕灰色。它们的颈部褶皱直径可达0.3米或者更大。与身体相比，皱褶的颜色更为明亮，并且可能呈现黑色、棕色、绿色、橙色、红色、白色和黄色等各种颜色。

皱褶蜥蜴喜欢栖息于森林和草地。它们大部分时间都待在树上，觅食时会爬下来。皱褶蜥蜴主要以蚂蚁、蜘蛛和白蚁为食，有时也会捕食小型蜥蜴和啮齿动物。大型鸟类、巨蜥、蛇、野狗和猫都会捕食它们。

当受到威胁时，皱褶蜥蜴会把自己的皱褶伸展开，并用后腿直立起来。它们还会张着嘴发出嘶嘶声。雌性皱褶蜥蜴会在自己所挖的浅窝里产下5~25枚卵。

延伸阅读： 蜥蜴；爬行动物。

猪

Hog

世界上几乎每个国家的农民都饲养着不同品种的猪。人们会把猪肉做成猪排、火腿、熏肉和香肠。

猪的身体厚实而强壮，它们的身上覆盖着短而硬的毛。猪的头部和短而粗的颈部紧密连一起。它们扁平的鼻子可以用来挖掘蔬菜的根。猪两岁时成年，成年猪的体重为140~230千克。

有些人认为猪是肮脏的动物，理由是它们喜欢在泥里打滚。其实猪在泥里打滚是为了保持身体凉爽，因为它们不会出汗。泥还可以保护它们的皮肤免受阳光和昆虫叮咬。猪是最聪明的家畜之一。

延伸阅读： 野猪；牲畜；哺乳动物；疣猪。

猪

蛛形动物

Arachnid

蛛形动物是一类长着八条腿的小型动物，包括蜘蛛、蜱、螨、蝎子和盲蛛等，这些动物分布在世界各地的陆地环境中。

蛛形动物经常被误认为是昆虫，但是它们在许多方面与昆虫不同。蛛形动物有八条腿，昆虫只有六条腿；大多数昆虫都有翅膀和触角，但蛛形动物却没有；同时，蛛形动物的身体只有两个部分，昆虫的身体则有三个部分。

蛛形动物没有骨骼。相反，它们有一个叫作外骨骼的坚硬外壳。外骨骼不会随动物一起生长。蛛形动物在生长过程中必须脱掉外骨骼，以替换为新的更大的外骨骼。

蛛形动物没有肺。有些蛛形动物通过身体两侧的小孔呼吸，另一些体内长着像肺一样的小囊。

大多数蛛形动物长着1～6对眼睛，但是有些却没有眼睛。

狼蛛是世界上体型最大的蛛形动物之一。

大多数蛛形动物的生命都是从卵开始的，但是蝎子和其他一些种类的蛛形动物不产卵，它们会直接产下活的后代。

蛛形动物主要以昆虫为食，有些也会捕食小蝌蚪、蛙类和鼠类。

许多蛛形动物对人类有益。它们会取食那些破坏农作物、传播疾病的有害昆虫。然而，有些蛛形动物对人类却是有害的。它们会咬人或蜇人，这些咬伤或蜇伤令人疼痛，并且在极少数情况下，它们还可能对人类造成严重的伤害甚至死亡。但是蛛形动物通常不会危害人类。

作为蛛形动物的蝎子，全身有六对附肢。

延伸阅读： 盲蛛；螨虫；蝎子；蜘蛛；狼蛛；蜱虫。

主红雀

Cardinal

主红雀因雄鸟具有鲜红色的羽毛而闻名，有时也被称为红鸟。主红雀属于鸣禽，它们的鸣唱声听起来像是用乐器演奏的音乐一般。这种鸟栖息于北美洲的东部地区。

成年主红雀的体长约为18～23厘米。雄性主红雀体色为鲜艳的红色，背部有少许灰色，眼睛和喙的周围有一圈黑色的羽毛。雌性主红雀的体色为棕色，它们只在头上、翅膀和尾巴上有一点红色。主红雀的头顶上有能够竖起的羽毛，即冠羽。当它们感受到威胁时，会把冠羽竖起。

具有一身红色羽毛的主红雀雄鸟比大部分羽毛为棕色的雌鸟色彩鲜艳得多。

主红雀以种子、水果、谷物、蠕虫和昆虫为食。每到冬季，它们会在公园和院子里的鸟类喂食器上寻觅食物。主红雀在灌木或小树上筑巢。

主红雀曾一度被当作宠物贩卖，它们的羽毛被用来装饰女士的帽子。不过现在主红雀已经受到法律的保护。

延伸阅读： 鸟。

啄木鸟

Woodpecker

啄木鸟是一类会用又长又尖的喙在树上啄洞的鸟。啄木鸟会在树皮和树干上啄洞寻找昆虫吃，还会在树干上啄洞筑巢。

啄木鸟的身体具有几个独有的特征。强壮的脚和锋利的爪子能使啄木鸟得以在树干上直上直下。强壮的颈部肌肉则使它们能够在树上啄洞。同时，当它们在树干上啄洞时，坚硬的尾羽能够支撑着它们的身体。

一些啄木鸟也会在地上或空中捕捉昆虫。许多啄木鸟也会取食浆果和坚果。

啄木鸟有时会损坏建筑物和树木。不过大多数时候，啄木鸟是对人类有益的，它们会取食那些危害庄稼和树木的昆虫。

延伸阅读： 鸟。

北美黑啄木鸟在树上啄洞寻找昆虫。它们会用长而尖的舌头挖出昆虫。

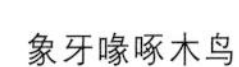

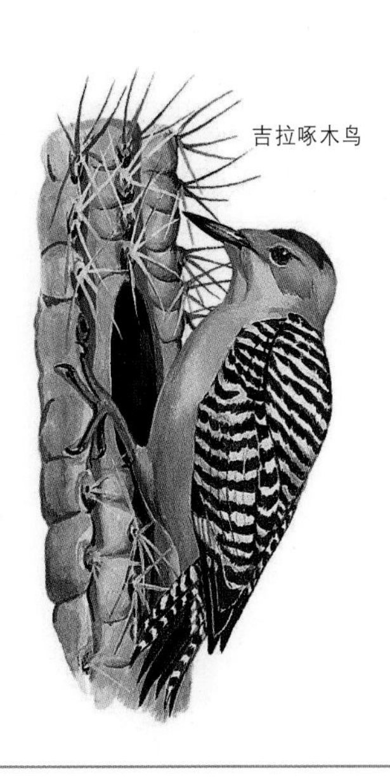

世界上现存的啄木鸟约有200种。分布于北美洲的著名物种包括吉拉啄木鸟、长嘴啄木鸟和象牙喙啄木鸟。象牙喙啄木鸟曾经被认为已经灭绝了。但2004年，在美国阿肯色州的大森林中发现了一只雄性象牙喙啄木鸟。这是60年以来第一次有人看到象牙喙啄木鸟。

紫貂

Sable

紫貂是鼬科动物的一种，因其优良的毛皮而颇具价值。紫貂的毛皮为深棕色或几乎为黑色，喉部具有一块黄色的斑块。与其他一些鼬科动物不同，紫貂的毛皮不会在冬季变为白色。

紫貂分布于从俄罗斯到日本的广大地区。它们与一种叫作松貂的美洲动物具有紧密的亲缘关系。紫貂的体长可达50厘米。

紫貂是一种分布于亚洲北部大部分地区的鼬科动物。

紫貂栖息在森林中，有时也在高山上出没。它们常常出现在溪流附近，主要在地面活动，但也能爬树。紫貂会栖息在岩石、原木或树根之间的洞穴里，主要以啮齿动物为食，也以鸟类、鱼类、蜂蜜、坚果和浆果为食。

延伸阅读： 哺乳动物；貂；鼬。

自然保护

Conservation

自然保护工作保护了诸如湿地这样的野生动物家园。

自然保护指对自然资源的保护和谨慎利用。自然资源包括所有有助于维持生命的东西，阳光、水、土壤和矿物属于自然资源，植物、动物和其他生物也属于自然资源。

地球上许多自然资源的数量有限，但是世界人口在不断增长，人类正占用着越来越多的自然资源。此外，随着人们生活的改善，他们会需要更多的物品，会使用更多的地球资源来制造这些物品。自然保护者

致力于确保自然环境健康运转，从而继续满足人类的需求。

如果没有自然保护工作，地球上的大部分资源都将被浪费、破坏。

自然保护者通常将自然资源定义为四种类型：有些资源永远也不会枯竭，例如，总是会有充足的阳光；其他一些资源使用后能再生，例如，一块玉米田可以被收割，然后很快重新进行种植；还有一些资源使用后不能再生，例如地球上的石油就这么多，当它用完后，就不能再生了；有些资源可以被回收利用，例如，易拉罐中的铝可以在回收后用来制造新的易拉罐。

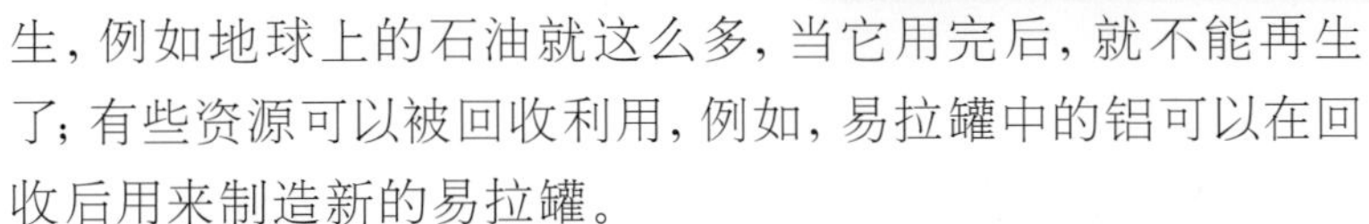

在上面的照片中，这座房子的屋顶有一个太阳能电池板，它能够吸收太阳能产生可持续的电力。

自然保护工作关系到如何合理有效地使用自然资源，因此非常重要。随着地球人口的增长，如果没有自然保护工作，人类将无法满足自己的需求。同时，自然保护也能够拯救濒危的野生动植物。植物和动物对维持健康的自然环境至关重要，人类以各种方式依赖着这样的自然环境，人们呼吸的大部分氧气由植物产生，大自然还为我们提供了极致的美景。许多人认为，不论自然是否对人类有用，自然本身就是有价值的。

自然保护工作有很多类型，每个类型都面临着不同的挑战，应对这些挑战的方式各不相同。

保护水资源可以维持淡水、洁净水的供应。人们需要洁净水来饮用、做饭和洗澡，工厂和农场也需要用水，许多种类的野生动植物依靠淡水生存。但是世界上一些地区并没有足够的水，而在其他许多地区，人们却浪费大量的水。一些地区还存在水污染问题。

保护放牧地对于草原地区十分重要。牛和其他动物以植物为食，如果吃草的动物数量过多，植物就会死亡，土壤就会被侵蚀。

人们还开展了野生动物保护工作。人类已经破坏了众多自然生境，将土地用作农田、建造房屋和工厂，野生动物保护工作就是为了保护这些自然区域中野生动物的家园。

污染也会杀死野生动物，自然保护者试图发现污染源，减少它对自然环境的破坏。

在史前时代，地球上的人口要比现在少得多，那时的人类很少使用地球的资源。即便如此，人类也可能在某些地区猎杀了太多的动物。一些科学家认为，像猛犸象这样的巨型动物，其灭绝的部分原因就是人类的捕猎。当人类开始饲养动物时则出现了更多的问题，在许多地区，牲畜被随意放牧导致植物全部死亡，随之而来的就是土壤被侵蚀，土地变成了沙漠。

塑料和其他被扔进海里的物品正将海龟等野生动物推向灭绝的边缘。

历史上一些早期人类也推行过自然保护工作。在中东，一些早期的农民在山坡上开垦了梯田，这些梯田能够防止土壤流失。为了保持农田的土壤肥沃，两千多年前的希腊人学会用轮作方式种植农作物。而后，罗马人还发明了许多把水引到田地上的方法。

18—19世纪，欧洲和美国的工业迅速发展。烟雾、煤烟和来自工厂及家庭的废弃物造成了污染问题。同时，世界上的人口数量也在不断增加。当人们迁移到新的土地上时，野生动植物资源就会被严重破坏。

在美国，增长的人口数量引发了许多问题。人类砍伐了大片的森林；他们毁坏了原本长在地上的植被，并用农田取而代之，这样的农业过程破坏了土壤，导致土壤被侵蚀；人类还捕捉并杀死了许多野生动物。在19世纪末，人类开始意识到自己所造成的危害。世界上第一个国家公园黄石公园于1872年建立，目的是保护野生动植物，它为后来的众多国家公园开了先河。

今天，自然保护工作在全世界都受到重视。自然保护者尝试保护自然生境免受农业、建筑业和工业的破坏。一些国家正在全球范围的项目上进行合作，达成了减少水和空气污染的协议，并通过法律保护濒危野生动植物。

延伸阅读： 亚当森；奥杜邦；卡森；濒危物种；环境；灭绝；生境。

自然平衡

Balance of nature

每种动物都是自然界食物链的一部分。动物间的相互捕食，有助于保持自然平衡。

自然平衡是指一片区域内生物之间相对稳定的关系。这个世界上的大多数地方都是许多种不同的动物、植物和其他生物的家园。这些生物在生命网中互相依存。如果生命网的一部分出现任何变动，生命网的其他部分也会发生相应的变动，使得生命网趋于平衡。这种自然平衡有助于保持生命网的健康。

想象在一个兔子吃草、狐狸吃兔子的地方。在某一年，可能因为良好的生长条件使得草长得很好，因此兔子就有更多可吃的食物，丰富的食物使它们产下更多的后代。随着时间的推移，这个地方的兔子数量可能会很多，从而使草量减少，于是，兔子就没有足够的食物了。但是兔子的增加意味着狐狸将有更多的食物，因此，狐狸的数量也会上升，而这些狐狸将吃掉更多兔子。很快对于所有狐狸而言，就没有足够的兔子了。之后，狐狸的数量也就随之减少。

这个例子表明，生命网中某一部分的改变是如何通过其他部分的变化而最终实现平衡的。草的增加由兔子的增加所平衡，草量因此下降。兔子的增加由狐狸的增加所平衡，兔子的数量也因此下降。而狐狸数量的下降也就很快会到来。因此，自然平衡往往会阻止任何一种生物的数量过多。

然而，自然平衡会受到人类活动的破坏。例如，美国人曾经杀死了几乎所有的狼。这些狼曾经能捕捉很多鹿。自从狼消失后，鹿的数量大大增加。在有些地区，鹿甚至吃掉了大部分植物。因此，那里的生命网已经失去平衡。

延伸阅读： 食肉动物；自然保护；生态学；食物链；食物网；食草动物。

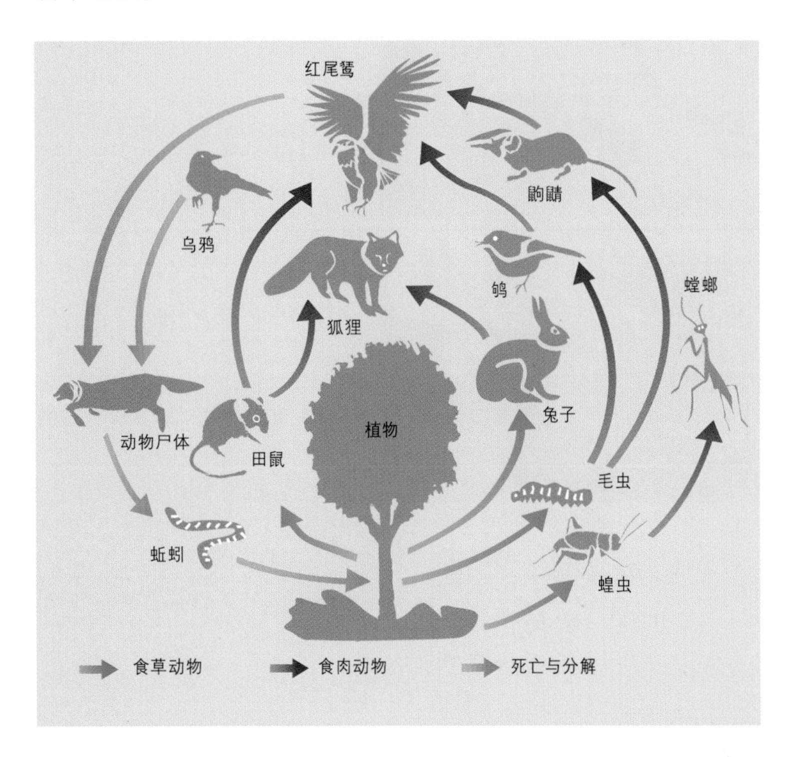

出于对食物、庇护所以及其他需要，很多动物物种之间相互依存。食物中能量的转移（如箭头所示）将狐狸与它的猎物兔子、田鼠相连接。而这两种猎物又依赖植物为生。当这种相互关系网被打破时，整个生态系统便可能受到影响。

自然选择

Natural selection

自然选择指的是生物的某些性状随着时间的推移，而变得更加普遍的过程。每个生物生来都有不同的性状。某些性状使个体具有了更大的存活可能性，并能够繁衍后代。没有这些性状的个体生存和繁衍后代的可能性较小。随着时间的推移，这些性状将在一个物种的不同成员中变得越来越普遍。物种是一个特定的生物种类。自然选择有时也被描述为适者生存。

自然选择是进化论的重要组成部分。进化论描述了生物在许多代的时间里如何发生变化。

以长颈鹿争着吃树叶为例。有些长颈鹿的脖子可能比其他长颈鹿长。脖子长的长颈鹿比脖子短的长颈鹿能接触到更多的树叶。因此，脖子长的长颈鹿能够得到更多的食物，更有可能生存和繁衍。与脖子短的长颈鹿相比，脖子长的长颈鹿将有更多的幼崽存活下来并最终繁衍后代。随着时间的推移，越来越多的长颈鹿会长着较长的脖子。通过这样的方式，自然选择就导致了长颈鹿脖子逐渐变长的演化过程。

如果动物所处的环境发生变化，性状可能会向有利于生存的方向改变。一个动物物种的整体特征可能也就会随之改变。通过这种方式，物种适应着环境。如果一个物种的成员生活在不同的环境中，自然选择就会根据个体的栖息环境选择不同的性状。最终，个体间的差异就会大到使它们成为两个独立的物种。

随着时间的推移，长颈鹿的脖子越来越长。脖子长的长颈鹿比脖子短的长颈鹿能接触到更多的树叶。这正是一个自然选择如何在生物的许多代之间驱使进化的例子。

达尔文是英国科学家和博物学家，他首先提出了自然选择理论。达尔文最初于1858年向一群科学家提出了他的观点。他还写了几本书进一步解释他的理论。自然选择是他的进化论的核心。如今，几乎所有的科学家都相信自然选择和进化论是正确的。但有些人反对这些理论，因为这与他们的宗教信仰相冲突。自然选择理论也对生物学和解剖学等其他学科的研究产生了影响。

延伸阅读： 适应；达尔文；进化；长颈鹿；物种。

自游生物

Nekton

自游生物是一类海洋生物的通称，包括所有能自由游泳的动物。还有一些生物则随波逐流，称为浮游生物。

许多我们所熟悉的海洋动物都属于自游生物，包括鱼类、章鱼、乌贼和海洋哺乳动物。大多数自游生物分布在海面附近，该区域有很多食物。但也有许多其他的自游生物栖息在海洋深处食物匮乏的区域。

鱼类是自游生物中最重要的动物类群之一。海洋中生活着数千种鱼类，这些鱼的体长从1厘米到12米不等。

章鱼和乌贼则是自游生物中的无脊椎动物，它们也有很多不同的种类。

自游生物还包括哺乳动物中的鲸、海豹等。

延伸阅读：鱼；海洋动物；浮游生物。

海豹属于自游生物。

棕色隐遁蜘蛛

Brown recluse

棕色隐遁蜘蛛是一种分布于美国的毒蜘蛛。它们的体长约10毫米，背部具有一个黑色的小提琴形状的记号。大多数蜘蛛有八个单眼，而棕色隐遁蜘蛛只有六个单眼。这种蜘蛛在撕咬时会分泌出强大的毒液。被咬者在受伤之后的几小时内，伤口附近的皮肤就会变得红肿，随后伤口会剧痛，可能需要几个月的时间才能痊愈。咬伤所造成的反应程度不同，有时会很严重。

棕色隐遁蜘蛛通常栖息于户外的岩石下面。在室内，它们经常出现在家具和诸如存储盒等不受干扰的区域。人们会被咬伤是因为接触到了蜘蛛栖居的衣服和其他物品。棕色隐遁蜘蛛主要在夜间活动。

延伸阅读：蛛形动物；黑寡妇蜘蛛；有毒动物。

棕色隐遁蜘蛛

鬃狼

Maned wolf

鬃狼是分布于南美洲的一种与狼相似的大型动物，体色呈淡红色，颈部具有深色的鬃毛，小腿和嘴部的毛也呈黑色。鬃狼的体长可达1.5米，肩高约为75厘米。它们的长腿使它们能越过高高的草丛看到物体。

鬃狼栖息于巴西、玻利维亚、巴拉圭和阿根廷的草原和沼泽地区。鬃狼独居。它们通常在夜晚捕猎，以鸟类、小型动物、昆虫和水果为食。

延伸阅读：哺乳动物；狼。

鬃狼独居于南美洲的草原和沼泽地区。

走鹃

Roadrunner

走鹃是一种以奔跑速度快而闻名的鸟类，主要分布在美国西南部和墨西哥的沙漠中。走鹃能够飞行，但是它们通常会待在地上。走鹃是美国新墨西哥州的州鸟。

走鹃具有长而强壮的腿和细而尖的喙。上半身大部分呈棕色，上面具有黑色的条纹和白色的斑点。颈部和上胸部则呈白色或棕色，并具有深色条纹，腹部则呈白色。每只眼睛后面都具有一小块橘色和蓝色的皮肤。

走鹃主要以昆虫为食，也会捕食像囊地鼠、蜥蜴和小鼠这样的小型动物。

延伸阅读：鸟。

走鹃是美国新墨西哥州的州鸟。

鳟鱼

Trout

鳟鱼是一类与鲑鱼具有亲缘关系的鱼类。鳟鱼曾经只分布于北半球的冷水环境中，但是人类把它们带到了世界各地。大多数种类的鳟鱼栖息于淡水溪流和湖泊中。鳟鱼是很有价值的食用鱼。人们也喜欢钓鳟鱼。

所有的鳟鱼都具有强壮的牙齿和布满小型鳞片的流线型身体。它们身上具有黑斑。鳟鱼的体长为25~60厘米。最著名的一种鳟鱼是虹鳟。其他种类的鳟鱼包括溪红点鲑、欧鳟和湖鳟。虹鳟和断喉鳟被誉为钓鱼运动中的明星鱼类，因为它们被钓时会激烈反抗。

延伸阅读：鱼；鲑鱼；白鲑。

鳟鱼的种类很多，包括虹鳟（上）；褐鳟（中）；金鳟（下）。

图书在版编目（CIP）数据

动物. 2 / 美国世界图书公司编；何鑫，程翊欣译
. —上海：上海辞书出版社，2021
（发现科学百科全书）
ISBN 978-7-5326-5504-5

Ⅰ. ①动… Ⅱ. ①美… ②何… ③程… Ⅲ. ①动物—少儿读物 Ⅳ. ①Q95-49

中国版本图书馆CIP数据核字（2020）第066019号

FAXIAN KEXUE BAIKEQUANSHU DONGWU 2

发现科学百科全书 动物 2

美国世界图书公司 编 何 鑫 程翊欣 译

责任编辑 周天宏
装帧设计 姜 明 王轶颀
责任印刷 曹洪玲

出版发行 上海世纪出版集团
上海辞书出版社（www.cishu.com.cn）
地 址 上海市陕西北路457号（邮政编码 200040）
印 刷 上海丽佳制版印刷有限公司
开 本 889×1194 毫米 1/16
印 张 17
字 数 390 000
版 次 2021年7月第1版 2021年7月第1次印刷
书 号 ISBN 978-7-5326-5504-5/Q·22
定 价 128.00元

本书如有质量问题，请与承印厂联系。电话：021-64855582